KB263654

물리학의 역사

생각하는 청소년을 위한

물리학의 역사

정완상 지음

성림원북스

저는 2004년부터 초등학생을 위한 과학·수학 도서를 집필해 왔습니다. 이번에는 독자의 범위를 넓혀, 중·고등학생과 일반인도 흥미롭게 읽을 수 있는 과학 역사 시리즈를 선보이고자 합니다. 이 시리즈는 과학의 거의 모든 분야를 다루되, 어려운 수식과 전문용어에 익숙하지 않은 독자도 부담 없이 읽을 수 있도록 쉽고 명료한 언어로 설명하면서, 과학의 흐름과 맥락을 놓치지 않도록 구성했습니다.

저는 1992년, 한국과학기술원(KAIST)에서 이론물리학, 그중에서도 초중력이론으로 박사 학위를 받았고 같은 해 서른의 나이에 경상국립대학교 물리학과 교수로 임용되어 현재까지 재직 중입니다. 지금까지 세계적인 학술지(SCI 저널)에 300여 편의 논문을 발표했으며, 틈틈이 과학과 수학을 쉽고 재미있게 전달하는 글쓰기를 즐깁니다.

이번 시리즈를 준비하며 수학과 과학의 역사에 관한 수십 권의 책을 읽고, 도서관 자료를 폭넓게 검토했습니다. 그 과정에서 연대기식으로 업적을 나열하거나 난해한 용어를 사용하는 기존 책들의 한계를 확인했습니다. 이에 저는 방대한 과학사를 '주제별 소역사'로 재구성하고, 과학자들의 삶을 동시대의 세계사와 나란히 배치하여 큰 흐름을 한눈에 파악할 수 있도록 하였습니다. 핵심은 "어떤 개념이 왜 태어나고 어떻게 자라났는가"를 이야기의 뼈대로 세우는 일입니다.

이 책은 속력·힘·운동, 소리와 파동, 유체와 비행, 열과 증기기관, 전기·전자기·전파와 전기제품 등 물리학의 핵심 주제를 중심으로 전개됩니다. 각 장은 꼭 필요한 사례를 선별하여 개념의 인과와 연결을 또렷이 보여 주고, 그 배경에 놓인 사람과 시대의 맥락을 함께 비춥니다. 이야기의 흐름을 따라가며 읽다 보면 개념의 자리와 의미를 자연스럽게 이해하게 될 것입니다.

이 책은 양자론과 상대성이론 이전의 물리학을 다룹니다. 이후의 내용은 『현대물리학의 역사』에서 이어갈 예정입니다. 이 책의 목적은 분명합니다. 누구나 이해할 수 있도록 쉽고 명료하게 과학을 전하고, 주제별 소역사로 개념의 뼈대를 세우며, 독자가 스스로 사고하는 힘을 기를 수 있도록 돕는 것입니다. 이를 통해 빠르게 다가오는 AI 시대에 필요한 기초과학 소양과 합리적 사고의 토대를 마련하는 데 작은 디딤돌이 되고자 합니다.

끝으로 이 책의 출간을 결정해 주신 성림원북스 이성림 사장님과 책을 아름답게 완성해 주신 출판사 여러분께 깊이 감사드립니다.

2025년 진주에서 이론물리학자 정완상 드림

속력과 낙하의 비밀

인간이 낼 수 있는 속도의 한계를 시험하는 100미터 달리기

정교수의 pick

◆ 제논의 역설　◆ 아리스토텔레스　◆ 운동론
◆ 갈릴레오　◆ 속력　◆ 자유 낙하

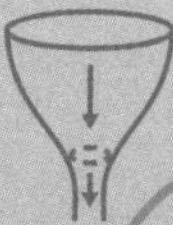

갈릴레오와 속력의 비밀

100미터 달리기 경기, 출발 총성이 울리자 선수들이 스타팅 블록을 박차고 동시에 앞으로 튀어 오릅니다. 불과 열 걸음 남짓한 가속 구간을 지나면 선수들은 초당 10미터 안팎, 시속 36~38킬로미터에 이르는 속도에 도달해요.

2009년 베를린 세계육상선수권 대회에서 우사인 볼트는 단 9초 58만에 100미터를 주파했습니다. 초당 약 10.4미터를 이동한 셈이지요. 우리는 이 기록 하나만으로도 속력이란 이동한 거리를 걸린 시간으로 나눈 값이라는 물리적 정의를 눈앞에서 확인할 수 있습니다. 우사인 볼트가 두 다리로 시속 38킬로미터에 육박하는 속도를 낸 그날, 관중들은 새로운 경이 앞에 박수를 보냈답니다.

제논의 역설

사람들은 아주 오래전부터 '누가 더 빠른가'라는 문제에 관심을 가졌습니다. 고대 올림픽에는 달리기와 전차 경주가 있었고, 사람들은 경험으로 무엇이 더 빠른지 쉽게 알 수 있었어요. 하지만 '빠르다'라는 것이 정확히 무엇을 뜻하는지, 운동과 속도를 논리적으로 따져 본 사람은 많지 않았지요.

이때 고대 그리스 철학자 엘레아의 제논 Zeno of Elea이 등장합니다. 제논은 이탈리아 남부의 그리스 식민지 도시 엘레아에서 태어나 활동한 철학자예요. 그는 스승 파르메니데스의 전통을 잇는 엘레아학파의 대표 철학자로, '운동이란 과연 가능한가?'라는 근본적인 질문을 던졌지요.

엘레아의 제논

제논이 살던 시기는 그리스의 황금기였습니다. 페르시아 전쟁에서 승리한 아테네는 점차 강성해졌고, 페리클레스가 이끄는 민주정 아래 철학과 예술, 건축이 눈부시게 발전했어요. 오늘날 아테네를 상징하는 파르테논 신전도 이 시기에 세워졌지요. 특히 이 시기에는 사람의 이성과 논리를 중시했어요. 이러한 분위기 속에서 제논은 세상을 놀라게 한 사고 실험을 제시합니다.

제논은 '운동이 과연 가능한가?'라는 근본 질문을 던졌습니다. 가장 대표적인 역설은 제논의 역설로 알려진 '아킬레우스와 거북이'예요. 제논은 다음과 같은 문제를 떠올렸어요.

아킬레우스가 거북이보다 10배 빨리 이동할 수 있다고 가정하고,
거북이를 아킬레우스보다 100미터 앞에서 출발시킨다.
이때 아킬레우스는 거북이를 따라잡을 수 있을까?

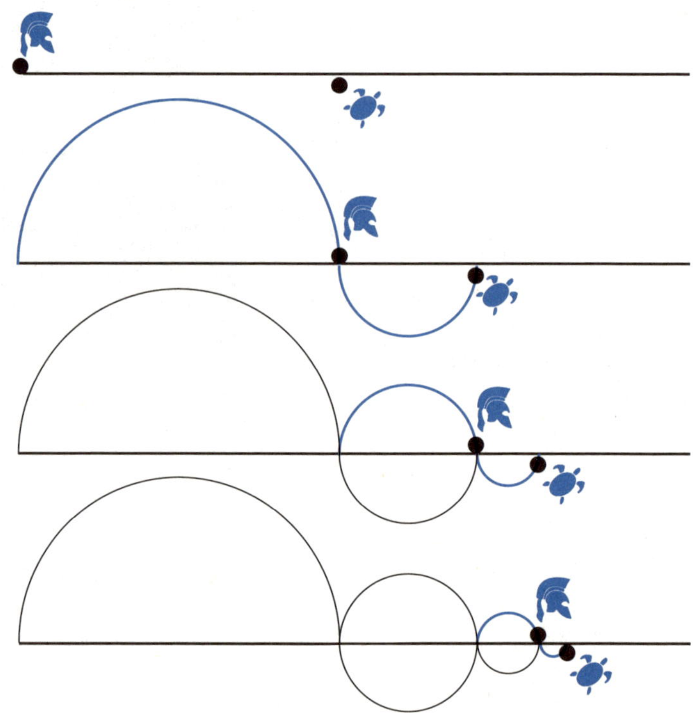

제논의 역설_ 아킬레우스가 거북이보다 10배 빨라도 절대 거북이를 따라잡을 수 없다.

제논은 아킬레우스가 영원히 거북이를 따라잡을 수 없다고 생각했어요. 아킬레우스가 100미터를 달려가면 거북이는 10미터를 이동하고, 거북이를 따라잡기 위해 아킬레우스가 10미터를 이동하면 그동안 거북이는 1미터를 이동해요. 이 과정을 무한히 반복하면 아킬레우스는 계속 거북이가 있던 자리에만 도착하게 되고, 거북이를 절대 따라잡을 수 없다는 결론에 이르게 되지요.

오늘날 우리는 제논이 물체의 운동을 설명하면서, 이동한 거리만 생각하고 물체가 이동하는 데 걸리는 시간을 간과했기 때문에 잘못된 결론에 도달했음을 알고 있습니다. 그러나 그의 역설은 단순한 농담이 아니라, 운동과 속도의 본질을 깊이 탐구하게 만든 철학적 도전이었어요.

아리스토텔레스의 운동론

오늘날 우리가 흔히 사용하는 '물리학'이라는 단어의 기원은 멀리 고대 그리스까지 거슬러 올라가야 합니다. 물리학은 영어로 Physics라고 쓰는데, 철학자 아리스토텔레스Aristotle의 책에서 유래했어요. 그는 세계 최초로 『물리학Physics』이라는 책을 집필하며 세상의 물질과 운동을 체계적으로 설명하려 했지요.

그런데 아리스토텔레스는 세상의 움직임을 이해하기 위해서 먼저 세상을 이루는 기본 재료가 무엇인지부터 알아야 한다고 보았습니다. 그래서 그는 세상을 이루는 기본 재료를 먼저 밝히고, 그 성질을 바탕으로 물

좌_ 아리스토텔레스
우_ 아리스토텔레스의 『물리학』

체가 어떤 방식으로 움직이는 지를 설명했어요.

먼저 아리스토텔레스는 물질이 흙, 물, 공기, 불이라는 네 가지 원소로 이루어져 있다고 생각했습니다. 이 네 가지 원소설은 사실 아리스토텔레스의 독창적 발상은 아니었어요. 약 한 세기 앞선 철학자 엠페도클레스Empedocles가 처음 제시한 개념이었지요. 그러나 아리스토

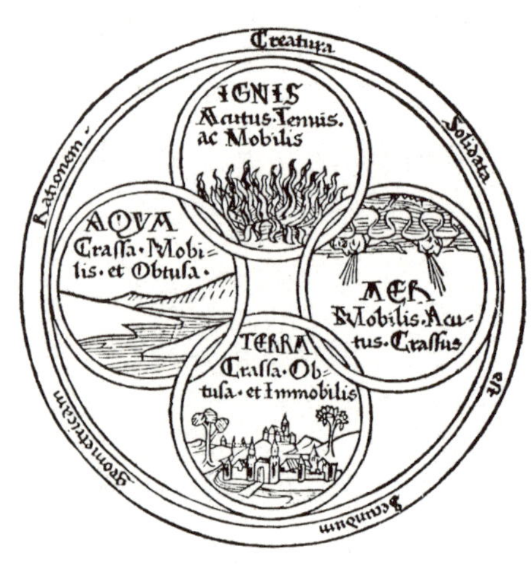

엠페도클레스의 사원소설

텔레스는 이를 단순한 세계 구성 원리로 두지 않고, 물체가 움직이고 변화하는 원리를 설명하는 데 활용합니다. 그의 설명에 따르면, 각 원소는 고유한 '자연의 자리'를 가지고 있었어요.

아리스토텔레스는 원소에 자연의 자리로 돌아가려는 성질이 있다고 보았습니다. 그래서 흙과 물이 아래로 떨어지는 것, 불꽃과 연기가 위로 오르는 것은 자연스러운 운동이라고 생각했지요. 그는 돌이 땅에 떨어지는 것은 돌에 흙 원소가 많아서이고, 연기가 위로 올라가는 것은 연기가 주로 불과 공기로 이루어져 있기 때문이라고 생각했어요.

반대로, 억지로 자연의 장소 반대쪽으로 움직이게 하는 운동을 강제적 운동이라고 불렀습니다. 즉 흙이나 물을 위로 움직이게 하거나 불이나 공기를 바닥에 떨어지게 하는 것은 모두 강제적인 운동이라고 생각했지요.

아리스토텔레스는 하늘의 세계를 설명하기 위해 또 하나의 원소를 도입합니다. 그것이 바로 다섯 번째 원소, 에테르Aether예요. 그는 태양과 달, 별과 같은 천체는 지상의 네 원소로는 설명할 수 없다고 보았어요. 천체는 절대 사라지지 않고 영원히 원운동을 하기 때문에, 그 바탕에는 불멸의 원소가 있어야 한다고 생각했던 거예요.

아리스토텔레스의 우주론_ 지구를 둘러싼 천체는 제5원소 에테르가 있다.

또한 아리스토텔레스는 물체가 낙하하는 현상, 즉 낙하 운동에도 관심을 기울였습니다. 그는 무거운 물체와 가벼운 물체를 동시에 떨어뜨리면 무거운 물체가 더 빨리 떨어진다고 생각했지요. 또 낙하 속력이 물체의 무게에 비례한다고 생각했을 뿐 아니라, 낙하가 이루어지는 매질의 성질에도 주목했어요. 공기처럼 밀도가 낮은 매질 속에서는 물체가 더 빠르게 떨어지고, 물처럼 밀도가 높은 매질 속에서는 더 느리게 떨어진다고 본 거예요. 즉, 낙하 속력은 물체의 무게에 비례하고, 매질의 밀도에 반비례한다는 것이 아리스토텔레스의 주장이었어요.

이 사실로부터 그는 '진공은 존재할 수 없다'라는 결론을 내립니다. 만약 진공이 존재한다면, 매질의 밀도는 0이 되므로 낙하 속력은 $\frac{1}{0}$에 비례하는데, 1을 0으로 나눈 값은 무한대이므로 결국 낙하 속력은 무한대가 되어야 합니다. 그러나 무한대의 속력이라는 것은 현실에 존재할 수 없으므로 진공도 존재하지 않는다고 설명한 거예요.

아리스토텔레스의 이론은 현대 과학의 관점에서 볼 때, 여러 점에서 사실과 어긋납니다. 그러나 그의 사상은 당시로서는 세상을 체계적으로 설명하려는 첫 시도였으며, 이후 오랫동안 서양 학문에 깊은 영향을 미쳤답니다.

갈릴레이 갈릴레오의 혁신

이렇게 완성된 아리스토텔레스의 운동론은 2천 년 가까이 서양 세계에서 절대적 진리처럼 받아들여졌습니다. 그러나 세월이 흐르면서 몇몇 학자들이 의문을 제기했고, 르네상스 시대에 이르러서는 본격적인 실험과 관찰이 시작되었어요. 그 선두에 선 사람이 바로 갈릴레오 갈릴레이 Galileo Galilei예요.

갈릴레오 갈릴레이는 1564년, 이탈리아 피사에서 태어났습니다. 당시 이탈리아는 르네상스의 마지막 불꽃이 눈부시게 타오르던 시기였어요. 갈릴레오가 세상에 태어나던 해, 미켈란젤로는 세상을 떠났고 레오나르도 다빈치는 이미 전설로 남아 있었어요. 예술과 철학, 수학이 함께 어우러져 르네상스의 마지막 장을 장식하던 순간이었지요.

갈릴레오는 장남으로 태어났습니다. 10살 무렵 가족과 함께 피렌체로 이사한 갈릴레오는 피렌체 근교 발롬브로사 까말돌리 수도원에서 14살까지 공부합니다. 조용하고 규칙적인 수도원 생활은 그에게 질서와 사

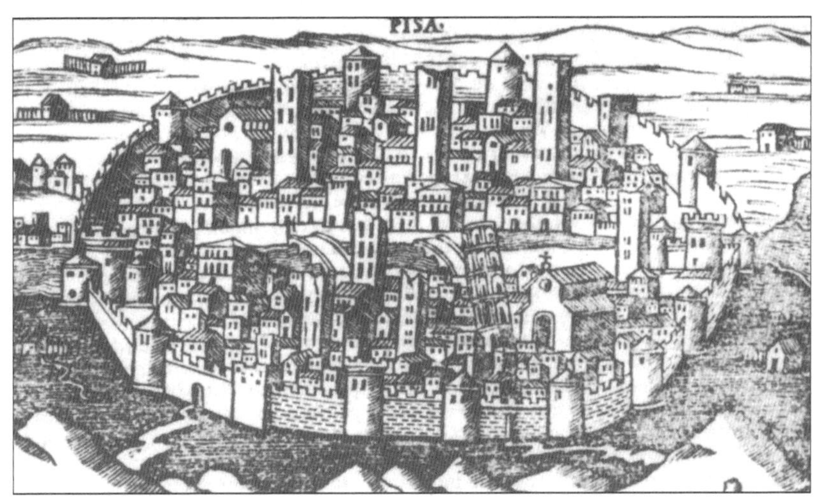

15세기 말~16세기 초 유럽에서 제작된 피사 목판화

유의 습관을 길러 주었어요. 이후 아버지의 뜻에 따라 1581년, 피사 대학 의학부에 입학했지만 의학보다는 수학과 물리학에 더 큰 흥미를 느꼈어요.

1583년, 갈릴레오는 피사의 성당에 방문합니다. 그런데 천장에 매달려 흔들리는 램프 하나가 그의 눈을 사로잡았어요. 갈릴레오는 천장에서 길게 매달린 램프가 천천히 흔들리는 모습을 보며 램프가 제 자리로 돌아올 때까지 걸린 시간을 맥박수로 헤아려 보았습니다. 놀랍게도 많이 흔들릴 때나 조금 흔들릴 때나 상관없이, 즉 흔들림의 크기와 관계없이 한 번 왕복하는 시간은 거의 일정했어요.

집으로 돌아온 갈릴레오는 천장에 줄을 매달고 끝에 작은 추를 달아 직접 실험을 하기로 합니다. 여러 차례 실험을 거듭한 끝에 갈릴레오는 진자는 흔들림의 폭과 상관없이 한 번 왕복하는 시간이 거의 일정하다는 것을 확인했어요. 이것이 바로 갈릴레오가 찾아낸 진자의 등시성이라는 법칙이에요.

성당의 램프를 통해 진자의 등시성을 발견한 갈릴레오는 실험과 관찰에 더 매료되었습니다. 하지만 대학 공부는 끝까지 이어 가지 못했어요. 대학 4학년이 되던 해, 그는 피사 대학을 중퇴하고 고향 피렌체로 돌아갑니다. 그곳에서 그는 아버지의 친구였던 궁정 수학자 오스틸리오 리치 Ostilio Ricci를 만나 본격적으로 수학과 물리학을 배우기 시작했어요.

1589년, 다시 피사 대학으로 돌아간 갈릴레오는 수학 교수로 임명되었습니다. 이 시기 동안 그는 아리스토텔레스의 운동 이론을 깊이 연구했는데, 오래지 않아 여러 한계와 모순점을 발견했어요. 아리스토텔레스가 주장한 '무거운 물체가 가벼운 물체보다 빨리 떨어진다'라는 생각은 실험에서도, 논리에서도 모두 맞지 않았던 거예요. 갈릴레오는 그 내용을 정리해『운동에 대한 오래전의 저술들De Motu Antiquiora』이라는 책을 씁니다. 하지만 이 책은 당시 출판되지 못했고, 무려 300년이 지난 1890년에야 세상에 알려집니다.

1592년, 갈릴레오는 파도바 대학으로 자리를 옮겨 새로운 연구

진자의 등시성을 발견한 갈릴레오

를 시작합니다. 그는 학생들에게 역학을 가르치며, 속력의 올바른 정의와 자유 낙하 운동에 대해 연구했어요. 또한 당시로서는 혁명적인 주장인 코페르니쿠스의 지동설을 지지하기도 했지요. 1632년, 갈릴레오는 자신의 생각을 『천문 대화』라는 책에 담아 세상에 내놓았어요. 이 책은 지구가 움직이고, 태양이 중심이라는 주장을 담은 대담한 내용을 담고 있었지요. 하지만 이 책은 곧 로마 교회의 분노를 샀어

갈릴레이의 『천문 대화』의 초판본

요. 이 책이 출간되자마자 로마에서는 인쇄가 중지되었고, 갈릴레오는 1633년 열린 종교 재판에 회부되어 가택 연금을 선고받습니다. 하지만 가택 연금이 시작된 후에도 갈릴레오는 연구와 집필을 멈추지 않았어요. 비록 자유는 없었지만 갈릴레오의 삶은 끝내 꺼지지 않은 실험정신의 상징이 되었답니다.

속력의 정의

교회의 탄압 속에서도 연구를 멈추지 않았던 갈릴레오는 결국 자신의 평생 연구를 집대성한 책을 세상에 내놓습니다. 1638년에 출간된 『두 개의 새로운 과학』이 바로 그 책이에요. 이 책에서 갈릴레오는 운동과 속력, 낙하 법칙, 포물선 운동 등을 체계화했고, 속력과 시간, 거리의 관계

를 정량적으로 다루었어요.

갈릴레오는 물체가 어떤 시간 동안 움직인 거리를 시간으로 나눈 값을 평균 속력이라고 정의했습니다. 어떤 사람이 10초 동안 100미터를 움직였다면 $100 \div 10 = 10$이므로 이 사람의 평균 속력은 초속 10미터(10m/s)가 되지요. 갈릴레오는 속력을 단순하게 정의했어요. 같은 거리를 움직일 때는 걸린 시간을 비교하면 되므로 짧은 시간이 걸린 물체의 속력이 더 크고, 반대로 같은 시간 동안 움직일 때는 거리를 비교하면 되므로 더 먼 거리를 간 물체의 속력이 크다고 본 거예요.

갈릴레오는 그때그때의 빠르기, 즉 어떤 순간의 속력에도 관심을 가졌습니다. 하지만 어떤 순간이란 걸린 시간이 0이라는 뜻이고, 수학에서 0으로 나누는 것은 금지되어 있기 때문에 어떤 순간의 속력을 정확히 정의하지는 못했어요.

이처럼 어떤 순간의 속력을 우리는 순간 속력이라고 부릅니다. 이를 처음으로 정의한 사람은 영국의 물리학자 뉴턴이에요. 뉴턴은 어떤 시각으로부터 아주 짧은 시간 동안 물체가 움직인 거리를 시간으로 나누어 평균 속력을 구한 뒤, 그 짧은 시간이 거의 0에 가깝게 줄어들면 곧 그 순간의 속력이 된다고 생각했어요. 뉴턴은 10초에서 $10.0000 \cdots 00001$초 사이의 평균 속력을 10초 시점의 물체의 순간 속력이라고 생각했지요. 뉴턴의 이러한 정의는 훗날 미적분학이라는 새로운 수학

갈릴레오의 『두 개의 새로운 과학』

체계로 이어졌고, 이 덕분에 사람들은 물체의 운동을 한층 더 정밀하고 정확하게 다룰 수 있게 되었어요.

갈릴레오의 경사면 실험과 사고 실험

앞서서 갈릴레오는 『두 개의 새로운 과학』에서 속력과 낙하 운동에 대해서 다루었다고 했었지요? 이렇게 갈릴레오가 속력을 정의한 이유는 단순히 움직임을 재는 데 그친 것이 아니었습니다. 그는 이 과정에서 물체가 떨어질 때 어떤 법칙을 따르는지 밝히고 싶었어요. 바로 이 과정에서 아리스토텔레스가 오랫동안 주장해 온 낙하 법칙이 무너졌습니다. 이제 그 주장이 어떻게 뒤집혔는지 살펴봅시다.

[갈릴레오의 경사면 실험]

16세기 후반~17세기 초에 걸쳐 갈릴레오는 경사면 실험을 통해 자유 낙하하는 물체가 등가속 운동을 한다는 사실을 발견합니다. 경사면을 굴러 내려오는 공이 움직인 거리는 걸린 시간의 제곱에 비례한다는 사실을 수학적으로 증명한 거예요.

먼저 갈릴레오는 길이 약 7미터, 너비 약 30센티미터, 두께 약 5센티미터인 나무판으로 경사면을 만든 다음, 각도를 달리하면서 공을 굴려 시간에 따라 움직인 거리를 측정했습니다. 시간은 물시계를 이용해 측정했어요.

이 실험에서 갈릴레오는 물체가 같은 시간 동안 경사면을 따라 내려

복원된 갈릴레오의 경사면
실험 장치

온 거리가 질량과 무관하게 같다는 사실을 증명했습니다. 그리고 1초, 2초, 3초 동안 움직인 거리의 비가 놀랍게도 1:4:9, 즉 제곱으로 나타내면 $1^2:2^2:3^2$이라는 것을 발견했지요. 이 값은 시간을 제곱한 비와 같았습니다. 갈릴레오는 이 비율이 경사면의 각도와도 무관하다는 것을 알아냈고, 따라서 경사면을 수직으로 세운 자유 낙하에서도 그대로 성립한다고 생각했어요. 이것이 바로 낙하하는 물체가 일정 시간 동안 떨어진 거리는 시간의 제곱에 비례한다는 갈릴레오의 낙하 법칙입니다.

[사고 실험]

갈릴레오는 여기에 그치지 않고, 날카로운 사고 실험을 제시했습니다. 그는 아리스토텔레스의 이론을 옳다고 가정한 뒤, 그 속에서 모순을 드러내려 했어요.

무거운 돌과 가벼운 돌을 줄로 묶어 동시에 떨어뜨린다면 어떻게 될까?

아리스토텔레스의 말대로라면, 무거운 돌은 빨리, 가벼운 돌은 느리게 떨어지려 하므로 서로 방해해 더 느려져야 합니다. 하지만 이 둘은 줄로 묶여서 더 무거운 하나의 물체가 되었으니, 아리스토텔레스의 이론대로라면 오히려 더 빨리 떨어져야 해요. 즉, 같은 이론에서 '느려야 한다'와 '빨라야 한다'라는 두 결론이 동시에 나오므로 모순이 생깁니다. 즉 아리스토텔레스의 이론 자체가 옳지 않다는 뜻이에요.

아리스토텔레스의 낙하 법칙을 반박한 사람들

사실 아리스토텔레스의 낙하 법칙에 대한 최초의 문제 제기는 갈릴레오 이전에도 있었습니다. 앞서 6세기의 철학자 필로포누스John Philoponus, 16세기의 수도사 도밍고 데 소토Domingo de Soto, 그리고 네덜란드의 시몬 스테빈Simon Stevin 같은 학자들이 아리스토텔레스의 주장에 의문을 품었어요.

[필로포누스]

6세기 알렉산드리아의 철학자이자 아리스토텔레스 연구가였던 필로포누스는 아리스토텔레스의 운동 이론에 공개적으로 이의를 제기했습니다. 그는 무거운 물체와 가벼운 물체를 동시에 떨어뜨리면 거의 같은 시각에 바닥에 떨어진다고 주장했어요. 아리스토텔레스의 권위에 정면으로 도전한 사례였지요.

[도밍고 데 소토]

16세기 스페인의 도미니코회 사제이자 신학자였던 도밍고 데 소토는 물체가 낙하할 때, 시간이 지남에 따라 속력이 점점 빨라진다고 설명했습니다. 자유 낙하 운동이 등가속도 운동이라는 개념을 세운 거예요. 이 생각은 훗날 갈릴레오의 실험과 이론으로 확실히 증명됩니다.

[시몬 스테빈]

아리스토텔레스의 낙하 법칙이 옳지 않다는 것을 직접 실험해 증명하려는 시도도 있었습니다. 네덜란드의 수학자 시몬 스테빈이 그 주인공이지요. 스테빈은 1586년, 동료와 함께 델프트의 한 교회 탑에서 실험을 합니다. 두 사람은 무게가 10배 차이가 나는 두 개의 납덩이를 약 9미터 높이에서 동시에 떨어뜨렸어요. 그 결과 두 물체가 거의 같은 순간 땅에 닿는다는 사실을 확인했지요. 이는 아리스토텔레스의 '무거운 물체가 더 빨리 떨어진다'라는 주장을 실험으로 반박한 중요한 사례가 되었답니다.

시몬 스테빈이 실험을 한 델프트의 교회 탑

실험실에서 놀이공원으로, 드롭 타워

낙하 운동에 대한 논쟁이 마무리된 오늘날, 낙하 운동이 가속 운동이며 물체의 질량과 상관없다는 사실은 누구나 아는 과학 상식이 되었습니다. 그런데 이 법칙을 단순히 책에서만 배우는 것이 아니라, 우리의 몸으로 직접 느껴볼 수도 있답니다. 놀이공

미국 놀이공원 식스 플래그에 있었던 인타민 사의 프리폴

원의 드롭 타워가 바로 그 대표적인 예예요.

드롭 타워는 유럽과 미국에서 처음 등장했습니다. 지금처럼 놀이기구의 형태를 갖춘 것은 리히텐슈타인의 놀이기구 제작사 인타민이 '프리

드롭 타워의 탄생

- 1939년 뉴욕 박람회, 파라슈트 타워: 미군 낙하산 훈련 장치를 놀이기구로 개조하여 처음 선보임. 일반 대중이 안전하게 자유 낙하의 스릴을 경험할 수 있었음.
- 1980년대 인타민, 프리폴: 탑에서 곤돌라가 갑자기 추락하는 체험을 가능하게 함. 현대 드롭 타워의 직접적 원형으로 평가됨.
- 1995년 미국 S&S, 스페이스 샷: 압축 공기를 이용해 곤돌라를 위로 발사한 뒤 자유 낙하시키는 방식을 구현함.
- 1998년 호주 드림월드, 자이언트 드롭: 높이 119미터, 낙하 속도 시속 135킬로미터로 당시 세계에서 가장 높고 빠른 드롭 타워였음.

폴'이라는 이름의 드롭 타워를 만들면서부터였지요. 우리나라에는 1998년 4월 11일, 롯데월드에 자이로드롭이라는 놀이기구가 생겼어요. 여기서 '자이로'는 회전이라는 뜻으로 올라갈 때는 회전하면서 올라가고 맨 위에 도달했다가, 잠시 뒤 떨어져 순식간에 자유 낙하하는 기분을 느낄 수 있어요. 떨어지는 순간에는 몸이 공중에 붕 뜨는 듯한 느낌이 들고 거의 중력만 느낄 수 있지요. 탑 꼭대기에서 곤두박질치는 그 몇 초, 우리는 갈릴레오가 궁금해했던 '떨어지는 운동'을 경험하는 셈이에요. 짧지만 강렬한 과학 체험이지요?

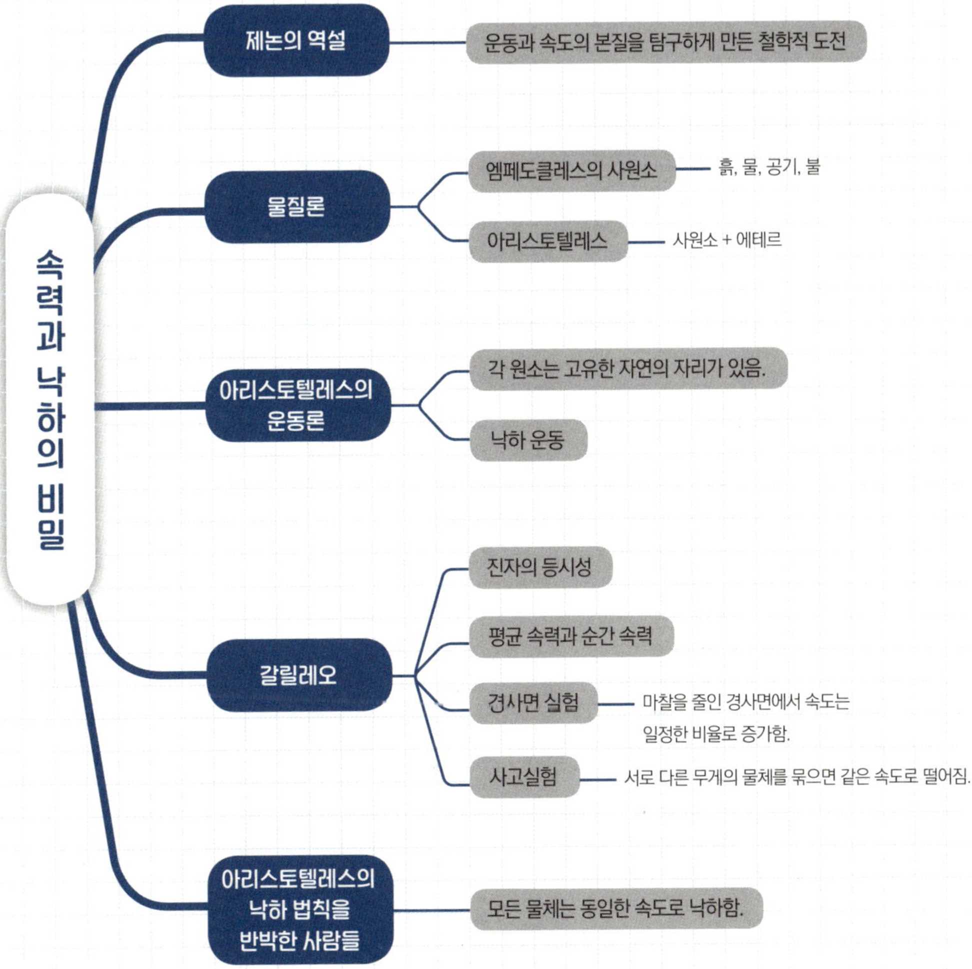

속력과 낙하의 비밀

- **제논의 역설** — 운동과 속도의 본질을 탐구하게 만든 철학적 도전

- **물질론**
  - 엠페도클레스의 사원소 — 흙, 물, 공기, 불
  - 아리스토텔레스 — 사원소 + 에테르

- **아리스토텔레스의 운동론**
  - 각 원소는 고유한 자연의 자리가 있음.
  - 낙하 운동

- **갈릴레오**
  - 진자의 등시성
  - 평균 속력과 순간 속력
  - 경사면 실험 — 마찰을 줄인 경사면에서 속도는 일정한 비율로 증가함.
  - 사고실험 — 서로 다른 무게의 물체를 묶으면 같은 속도로 떨어짐.

- **아리스토텔레스의 낙하 법칙을 반박한 사람들** — 모든 물체는 동일한 속도로 낙하함.

힘으로 보는 세계

힘이 숫자가 되는 순간, 역도

정교수의 pick

◆ 힘 ◆ 관성 ◆ 뉴턴의 운동 법칙 ◆ 중력
◆ 마찰력 ◆ 탄성력

운동 법칙의 발전과 중력

2008년 베이징 올림픽에서 대한민국의 장미란 선수는 여자 75킬로그램 이상급에서 인상 140킬로그램, 용상 186킬로그램, 합계 326킬로그램을 들어 세계 신기록을 세우며 금메달을 거머쥐었습니다. 종전 세계 기록보다 3.5킬로그램 뛰어넘은 기록이었어요. 그 순간, 그녀가 들어 올린 것은 쇳덩이가 아니라 '힘'의 상징이었어요.

역도는 무거운 역기를 얼마나 높이 들어 올리느냐를 겨루는 경기입니다. 태권도에서 발이나 주먹으로 단단한 송판을 단번에 부수는 것도 순간적으로 강한 힘을 내기 때문이지요.

그런데 힘은 단지 물체를 '움직이는 것'에만 쓰이지 않습니다. 힘은 물체의 모양을 바꾸기도 하고, 서로 다른 힘들이 균형을 이루어 물체를 정지시키기도 해요.

이처럼 힘은 다양한 모습으로 세상 곳곳에서 작용합니다. 지금부터 다양한 형태의 힘을 차례대로 살펴보며, 인류가 힘을 이해해 온 여정을 함께 따라가 보도록 합시다.

힘에 대한 아리스토텔레스의 생각과 그 한계

고대 그리스의 철학자 아리스토텔레스는 힘과 운동의 관계를 체계적으로 설명하려 한 대표적 인물입니다. 그는 운동을 일으키는 힘이 물체와 접촉해 있는 동안만 작용한다고 생각했어요.

예를 들어, 돌멩이를 던지는 경우를 볼까요? 손이 돌을 밀어내는 순간에는 힘이 작용하지만, 손에서 떨어지는 즉시 그 힘은 사라집니다. 그런데도 돌은 공중에서 날아가지요. 아리스토텔레스는 그 이유를 공기 때문이라고 설명했어요. 돌멩이가 지나가며 공기를 가르고, 갈라진 공기가 뒤에서 다시 모여 돌을 민다고 생각한 거예요. 이 힘은 점점 약해지는 데 힘이 모두 사라지면 돌은 땅으로 떨어진다는 것이 아리스토텔레스의 생각이었어요.

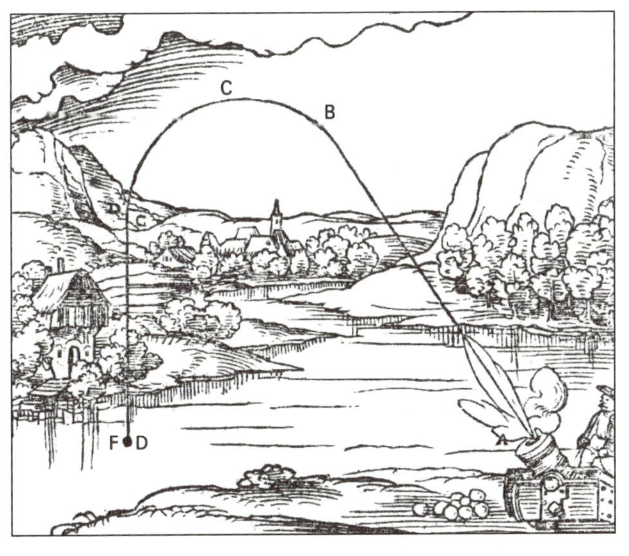

공기가 밀어 주는 힘이 사라지면 돌은 땅으로 떨어진다.

하지만 이 설명에는 분명한 허점이 있었습니다. 6세기 비잔티움 제국의 철학자 필로포누스John Philoponus는 아리스토텔레스의 주장을 강하게 비판하며 이렇게 말했어요.

> 만약 정말 공기가 물체를 밀어 준다면, 정지한 돌멩이 주변의 공기를 막대기로 휘저으면 돌이 저절로 움직여야 하지 않겠는가?

하지만 아무리 공기를 휘저어도 돌은 움직이지 않습니다. 그래서 필로포누스는 이 모순을 들어 아리스토텔레스의 설명에 중대한 결함이 있음을 지적했어요.

이븐 시나와 장 부리단의 새로운 전환

힘에 대한 고대 사람들의 생각은 중세로 이어지면서 변화를 맞이했습니다. 그 중심에는 이븐 시나Ibn Sina와 장 부리단Jean Buridan이 있었어요. 11세기 페르시아의 의사이자 철학자 이븐 시나는 운동에 대한 새로운

물체의 운동

물체의 운동을 바라보는 생각은 시대에 따라 크게 달랐습니다. 아리스토텔레스의 생각과 현대 과학자의 생각을 비교해 보세요.

* 아리스토텔레스의 생각: 물체가 날아가는 것은 공기가 뒤에서 '밀어 주기' 때문이다.

* 현대의 이해: 물체는 던져진 순간의 운동 상태를 스스로 유지하려는 성질(관성)을 가지고 있으며, 공기는 오히려 그 운동을 방해하는 저항 역할을 한다.

생각을 제시합니다. 그는 아리스토텔레스와는 달리 공기가 물체를 밀어주는 것이 아니라, 오히려 운동을 방해한다고 주장했어요. 이 설명은 공기를 물체의 운동을 돕는 요인으로 보던 기존의 설명을 근본적으로 뒤집은 것이었어요. 오늘날에는 이 방해하는 힘을 공기 저항이라고 불러요.

14세기 프랑스 철학자 장 부리단은 이 생각을 한 단계 더 발전시켰습니다. 그는 파리 르무안 추기경 대학 Collège du Cardinal Lemoine에서 문학을

이븐 시나

공부하고 파리 대학교에서 철학으로 공부한 뒤, 대학 총장 자리에 올라요.

부리단은 돌을 던진 후에도, 손에서 분리될 때 얻은 힘이 여전히 작용한다고 보았습니다. 다만 그 힘은 공기 저항 때문에 점차 줄어들어 결국 중력에 의해 돌이 떨어진다고 설명했지요. 이 과정에서 부리단은 운동하는 물체의 성질을 나타내는 새로운 개념을 도입했는데, 바로 임페투스 Impetus입니다. 그는 임페투스를 물체의 무게와 속력에 비례하는 양으로 이해했어요. 비록 현대의 운동량과는 다르지만, 물체가 계속 움직이려는 성질을 설명하려 한 중요한 시도였던 셈입니다.

장 부리단

르무안 추기경이 1303년에 설립한 '추기경의 집'은
이후에 르무안 추기경 대학이 되었다.

관성의 발견

고대와 중세의 논의가 이어지며, 사람들은 물체가 왜 움직이다가 멈추는지에 대해 더 근본적인 질문을 던지기 시작했습니다. 이제 '관성'이라는 개념이 등장할 차례예요. 17세기 갈릴레오 갈릴레이의 시대가 되면서, 질량을 가진 물체의 고유한 성질인 관성에 대한 이론이 제시되었어요. 관성이란 물체가 자신의 운동 상태를 스스로 유지하려는 성질을 말해요. 즉, 정지한 물체는 계속 정지하려 하고, 움직이던 물체는 같은 속도로 계속 움직이려 하지요.

여기서 짚고 넘어가야 할 속도Velocity 개념이 등장합니다. 속력과 비슷해 보이지만 속도는 속력(크기)과 방향을 함께 다루는 개념이에요. 예를 들어, 오른쪽으로 초속 5미터로 걷는 사람과 왼쪽으로 초속 5미터로 걷는 사람의 속력은 같습니다. 하지만 방향이 다르지요. 이때 우리는 두 사람의 속력은 같지만 속도는 다르다고 말해요.

다시 관성 이야기로 돌아가 보지요. 관성에 대한 논의는 갈릴레오의 『두 개의 새로운 과학』에서 본격적으로 등장합니다. 갈릴레오는 다음 그림과 같이 비탈면을 따라 공이 내려갔다가 평평한 곳을 지나 다시 비탈면을 따라 올라가는 경사면 실험을 고안했어요.

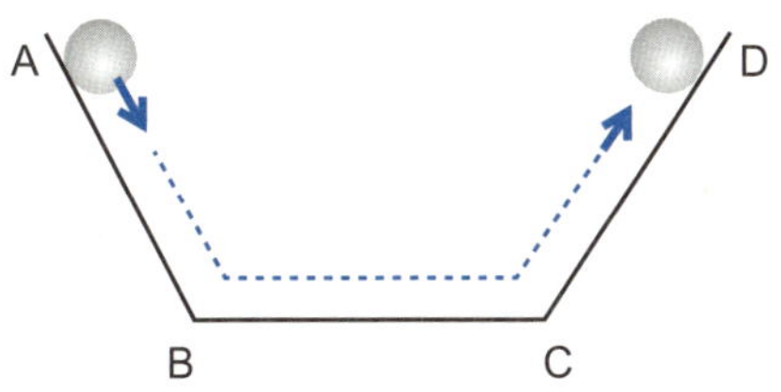

AB 구간에서 빨라지고, BC 구간에서는 일정한 속도를 유지하다가, CD 구간에서 공이 느려진다.

그는 공과 바닥 사이에 마찰이 없다고 가정하고, 공이 경사면 AB를 따라 내려오면 점점 빨라지고, 평평한 BC 구간에서는 속도를 유지하며, 다시 경사면 CD를 오를 때는 점점 느려진다고 생각했습니다.

이에 갈릴레오는 CD 구간의 길이를 늘여 경사면을 완만하게 만들어 공이 A와 같은 높이까지 올라가는 경우를 생각했어요. 이 경우도 공이 BC 구간을 지날 때 일정한 속도를 유지하지요.

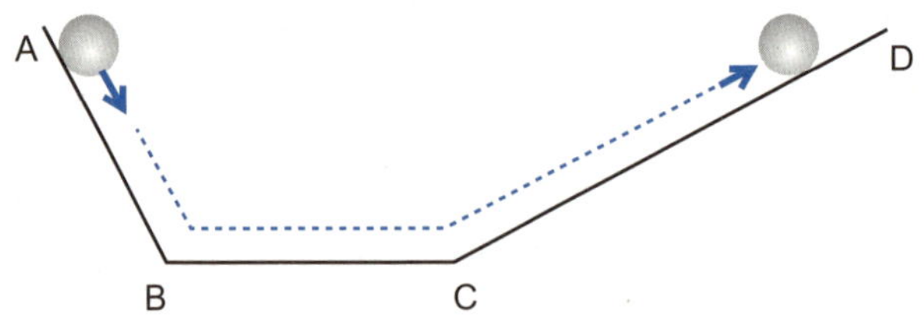

CD 구간이 길어져도 BC 구간의 속도는 일정하다.

이제 갈릴레오는 CD 구간의 길이를 무한히 늘이는 경우를 생각했습니다. 이 경우는 다음 그림과 같아요.

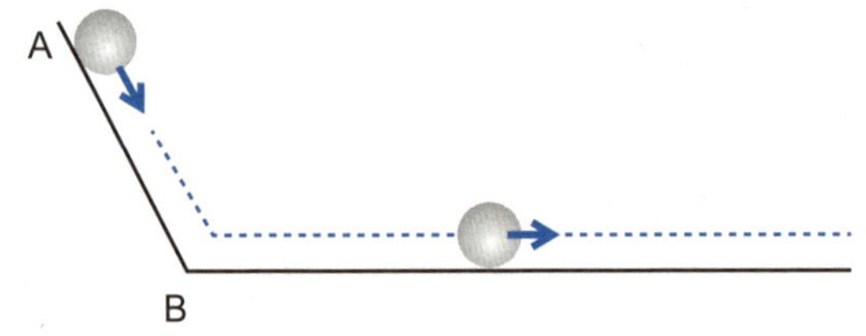

CD 구간이 무한히 늘어나면 결국 공은 영원히 일정한 속력으로 운동한다.

CD 구간의 길이를 무한대로 한다는 것은 CD 구간의 경사가 없어지는 경우를 의미해요. 그러니까 B로 내려온 공은 일직선을 따라 영원히 일정한 속력으로 직선 운동을 하지요. 갈릴레오는 물체가 가진 이러한 속성을 관찰하고 관성의 개념을 정립합니다. 다만 갈릴레오는 관성이 왜 생기는지, 그 근본적인 이유까지는 설명하지 못했습니다.

이 물음을 이어받아 답을 찾으려 한 사람이 바로 프랑스의 철학자이자 수학자, 물리학자 르네 데카르트René Descartes였습니다. 데카르트는 프랑

스 투렌 지방의 작은 도시 라에에서 태어
나 어린 시절을 보냈어요. 외할머니 밑에
서 자라며 조용히 사색하는 습관을 키웠
고, '꼬마 철학가'라는 별명을 얻을 정도
로 호기심이 많았지요. 1607년, 그는 예수
회가 운영하는 라 플레쉬 콜레주에 입학
했고, 이후 푸아티에 대학에서 법학을 공
부했어요.

데카르트

　1618년, 젊은 데카르트는 네덜란드군에
자원입대합니다. 당시 유럽은 가톨릭과
개신교의 갈등으로 시작된 30년 전쟁(1618~1648)의 소용돌이에 휩싸
여 있었어요. 데카르트는 전쟁터에서 포탄의 궤적, 대포의 굉음, 전술 지
도, 항로 탐색 등을 보며 탄도학·음향학·투시법·기하학에 큰 관심을 갖
게 되었습니다.

　군 생활을 마친 뒤 학문 연구에 전념한 그는 1644년, 『철학의 원리』에
서 갈릴레오의 관성 개념을 다음과 같이 명확히 정리했습니다.

멈춰 있던 물체는 계속 정지하려 하고, 운동 중인 물체는 계속 운동을 유지하려 한다.
외부의 작용이 없다면 물체는 그 운동 상태를 바꾸지 않는다.

　이렇게 관성의 법칙이 철학적 언어로 공식화된 거예요.
　데카르트의 법칙은 곧 네덜란드 과학자 크리스티안 하위헌스Christiaan
Huygens에 의해 더 세련되게 다듬어졌습니다. 하위헌스는 충돌과 원운동

을 연구하면서, 『충돌하는 물체의 운동』에서 다음과 같이 썼어요.

운동하는 물체는 방해받지 않는 한 직선상에서 같은 속력으로

영원히 움직이거나 정지 상태를 유지한다.

그의 책은 그가 살아 있을 때 집필되었지만 출간은 1703년, 사후에 이루어졌어요. 그럼에도 하위헌스의 정리는 갈릴레오의 실험, 데카르트의 정리와 함께 관성 개념을 완성하는 결정적 역할을 했습니다.

힘의 평형과 스테빈

갈릴레오와 같은 학자들이 관성을 통해 '물체는 스스로 운동을 이어가려 한다'라는 사실을 밝혀냈다면, 이제 학자들의 관심은 힘이 여러 개

작용할 때 물체가 어떻게 움직이는가로 옮겨갔습니다.

다음과 같이 정지된 하나의 물체에 서로 반대 방향으로 같은 크기의 힘이 작용하면 어떻게 될까요? 이 경우 물체는 마치 아무 힘도 받지 않은 것처럼 정지 상태를 유지합니다. 이렇게 크기는 같고 방향이 반대인 두 힘이 한 물체에 작용하는 것을 두 힘의 평형이라고 불러요.

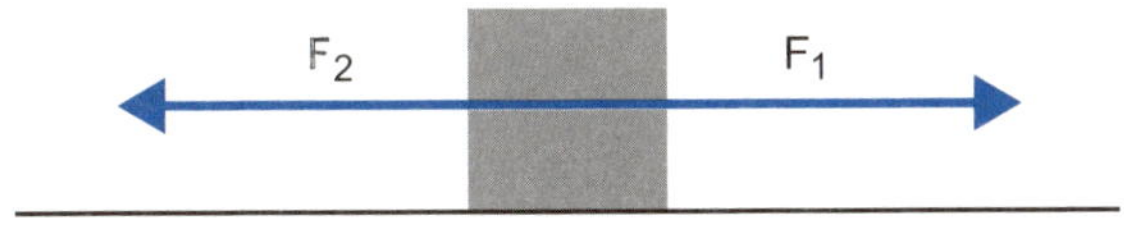

두 힘 F_1과 F_2는 힘의 크기가 서로 같은 평형 상태이다.

그렇다면 방향이 다른 두 힘이 동시에 작용하면 어떨까요? 이 문제를 체계적으로 다룬 사람이 앞에서 만났던 네덜란드의 수학자이자 과학자 시몬 스테빈이에요. 그는 두 힘의 크기와 방향을 나란한 변으로 두고 평

30년 전쟁

30년 전쟁(1618~1648)은 유럽에서 벌어진 가장 파괴적인 전쟁 가운데 하나예요. 시작은 신성로마제국 내 가톨릭과 개신교의 갈등이었지만, 곧 합스부르크 황제의 권력 강화와 영토 확장을 둘러싼 정치·외교 전쟁으로 확대되었어요. 프라하 창문 투척 사건을 계기로 불붙은 전쟁에는 독일뿐 아니라 프랑스, 스웨덴, 스페인 등이 차례로 개입했지요. 독일 지역은 전쟁과 약탈, 기근과 전염병으로 황폐해졌고, 인구의 30퍼센트 가까이 줄었다는 말이 나올 정도로 피해가 컸어요.

전쟁은 1648년 베스트팔렌 조약으로 끝났으며, 이는 종교 갈등의 시대가 저물고 근대 국제 질서가 시작되는 전환점이 되었어요. 이렇게 30년 전쟁은 종교를 내세운 마지막 주요 종교 전쟁이자, 근대 국가 체제의 출발을 알린 사건이었답니다.

행사변형을 그리면, 그 대각선이 바로 두 힘의 합력이 된다는 사실을 밝혀냈어요.

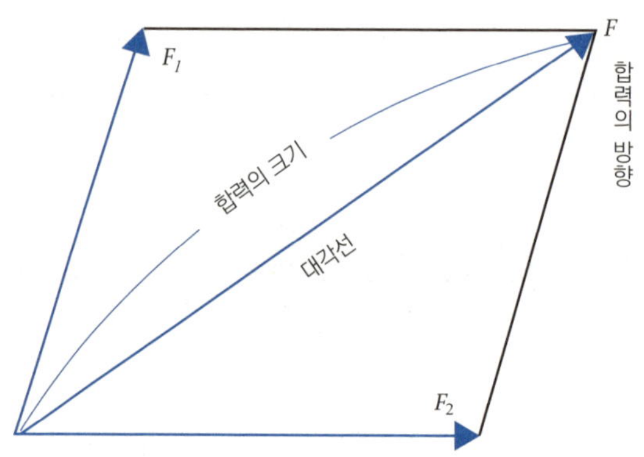

위 그림처럼 두 힘 F_1, F_2가 작용할 때, 두 힘의 합력의 크기는 두 힘의 크기를 두 변의 길이로 갖는 평행사변형의 대각선의 길이와 같다는 말이에요. 또 합력의 방향은 대각선 방향과 같아요. 오늘날까지 물리학에서 기본 원리로 쓰이는 합력의 평행사변형 법칙은 바로 스테빈이 제시한 거예요.

스테빈은 이론뿐 아니라 실험에서도 놀라운 발상을 보여 주었습니다. 그는 바람의 힘을 이용해 달릴 수 있는 돛마차를 만들었는데 무려 28명을 태우고도 빠르게 달리는 말을 앞질렀다고 해요. 또한 수학과 역학을 성 건축 기술, 수로 건설, 농업용 관개 설계에까지 적용하며 실용적인 과학자로도 큰 자취를 남겼어요. 스테빈은 힘을 단순히 철학적으로 논의하는 데서 벗어나, 실험과 수학으로 힘을 계산하고 활용하는 길을 열어준 선구자였습니다.

스테빈의 돛마차

뉴턴, 거인의 어깨 위에서 고전 역학을 완성하다

물체가 어떻게 움직이고, 왜 떨어지고, 어떻게 멈추는지를 하나의 법칙과 수식으로 설명하는 방식은 사실 그렇게 오래되지 않았습니다. 그 중심에는 한 사람이 있었어요. 사과 하나가 떨어지는 것을 보고, 하늘의 달과 별이 움직이는 원리(만유인력)를 떠올린 사람, 바로 아이작 뉴턴Isaac Newton이에요.

뉴턴은 1642년 크리스마스, 갈릴레오가 세상을 떠난 바로 그해에 영국의 작은 마을 울즈소프에서 태어났습니다. 그는 태어나기 전 아버지를 여의었고, 세 살 무렵 어머니마저 재혼하면서 외가에서 자랐어요.

소년 시절 뉴턴은 처음에는 성적이 썩 좋은 편이 아니었습니다. 그러던 어느 날 친구에게 '공부를 못한다'라는 놀림을 받은 그는 경쟁심에 불타올라 열심히 공부했고, 곧 반에서 1, 2등을 다투는 모범생으로 성장했어요. 또한 발명에도 큰 관심을 보여 풍차와 물시계 등을 직접 만들며 과학적 호기심을 키워 나갔지요.

뉴턴

1661년, 18세 무렵, 뉴턴은 케임브리지 대학교 트리니티 칼리지에 입학해 수학과 물리를 공부했습니다. 그러나 1665년, 런던에 흑사병(대역병)이 퍼지면서 대학이 문을 닫자, 그는 고향으로 내려와 2년 동안 홀로 연구에 몰두했어요. 이 시기에 바로 운동 법칙과 중력에 대한 핵심 아이디어가 탄생했지요.

뉴턴은 세 가지 운동 법칙을 정리했습니다.

뉴턴과 거인의 어깨

아이작 뉴턴은 흔히 '거인의 어깨 위에 올라서서 더 멀리 보았다'라는 말로 기억돼요. 이 표현은 1676년, 뉴턴이 동료 과학자 로버트 훅에게 보낸 편지에서 나온 것으로 뉴턴은 다음과 같이 썼다고 해요.

"만약 내가 더 멀리 볼 수 있었다면, 그것은 거인의 어깨 위에 올라가 있었기 때문이다."

여기서 말하는 거인은 케플러, 갈릴레오, 데카르트, 스테빈과 같은 앞선 시대의 위대한 학자들을 뜻해요. 뉴턴은 자신의 위대한 발견이 결코 혼자 이룬 것이 아니라, 선배 과학자들의 업적 위에 세워진 성과임을 겸손하게 인정한 거예요. 오늘날에도 이 비유는 과학이 개인의 천재성만이 아니라 세대 간 협력과 축적 위에서 발전한다는 사실을 상징적으로 보여 준답니다.

뉴턴의 생가

- 제1법칙 (관성의 법칙): 물체의 외부에서 힘이 작용하지 않으면, 정지한 물체는 계속 정지하고, 운동 중인 물체는 같은 속도로 계속 운동한다.

- 제2법칙 (가속도의 법칙): 어떤 물체에 힘을 가하면 물체는 가속도를 가지는 데 이때 가속도의 크기는 작용한 힘의 크기에 비례하고 물체의 질량에 반비례합니다. 식으로 나타내면 다음과 같아요.

$$힘 = 질량 \times 가속도$$

여기서 가속도는 어떤 시간 동안의 속도 변화량을 말해요. 그러니까

$$(\text{가속도}) = \frac{\text{속도의 변화}}{\text{시간}}$$

가 되지요. 그러므로 뉴턴의 제2법칙은 바꿔 말하면

$$(\text{힘}) = (\text{질량}) \times \frac{\text{속도의 변화}}{\text{시간}}$$

라 할 수 있어요.

- 제3법칙 (작용·반작용의 법칙): 두 물체가 서로 힘을 주고받을 때, 그 힘의 크기는 같고 방향은 반대이며, 서로 다른 물체에 동시에 작용한다.

이 법칙들은 1687년, 프린키피아로 널리 알려진 뉴턴의 대표 저서 『자연 철학의 수학적 원리Philosophiae Naturalis Principia Mathematica』에 실려, 고

흑사병

1665년, 런던에 무시무시한 전염병이 퍼졌습니다. 사람들은 이를 런던 대역병The Great Plague of London이라 불렀어요. 중세 유럽 인구의 3분의 1을 사망하게 만든 바로 그 흑사병 Black Death이 다시 퍼진 것이었지요. 이는 14세기 이후 영국을 덮친 마지막 대규모 흑사병으로, 당시 런던에서만 약 10만 명이 목숨을 잃었다고 전해져요.

흑사병은 페스트균Yersinia Pestis이 원인으로, 주로 쥐에 기생하는 벼룩을 통해 사람에게 전파돼요. 감염되면 몇 시간 혹은 며칠 안에 고열과 구토, 림프샘 부종 같은 증상이 나타났고, 치사율은 무려 60~90퍼센트에 달했지요. 이 무렵 대학에서 공부하던 뉴턴도 학교가 폐쇄되면서 고향으로 돌아갈 수밖에 없었어요. 그러나 이 강제적인 고립은 오히려 그에게 사색과 탐구를 할 기회가 되었지요. 사과가 떨어지는 모습을 보고 만유인력의 아이디어를 떠올린 일화도 바로 이 시기의 이야기랍니다.

케임브리지 대학교 식물원에 있는 뉴턴의 사과나무

전역학의 기초를 세웠습니다.

중력 개념의 빌진

뉴턴은 운동 법칙을 세운 뒤에도 연구를 멈추지 않았습니다. 그는 땅으로 떨어지는 사과와 하늘의 달을 바라보며, 이 두 현상을 같은 힘으로 설명할 수 있다고 생각했어요. 훗날 '사과가 떨어지는 모습을 보고 깨달았다'라는 일화로 전해지지만, 실제로는 사과와 달을 연결한 그의 통찰이 중력 개념의 출발점인 셈이에요.

사과와 달을 하나의 힘으로 엮어낸 이 통찰이, 우리가 지금 '중력'이라고 부르는 개념으로 이어졌습니다. 과거에는 질량을 가진 두 물체 사이의 인력을 만유인력으로, 질량을 가진 물체와 지구와 같은 천체 사이의 힘을 중력이라고 불렀지만, 최근에는 중력이라는 이름으로 통일하여 부르고 있어요.

중력을 이해하려는 시도는 아주 오래전부터 이어져 왔습니다. 아리스토텔레스는 지구가 우주의 중심이기 때문에 우주의 모든 질량이 지구 쪽으로 끌어당겨진다고 생각했어요. 고대 인도의 수학자 브라마굽타Brahmagupta도 지구가 물체를 끌어당긴다고 보았고, 페르시아 학자 알비루니Al-Biruni는 다른 천체에도 중력이 존재한다고 보았지요.

그런데 뉴턴보다 앞서 중력과 거리 사이의 관계를 추측한 사람이 있습니다. 바로 17세기 영국의 과학자 로버트 훅Robert Hooke이에요. 훅은 형편이 넉넉하지 않은 탓에 학업을 이어 가기 어려웠지만, 실험 장치 제작

로버트 훅

- 1635년: 영국 와이트섬 프레시워터에서 태어남.
- 1648년: 런던으로 옮겨 예술가의 길을 걸으려 했으나, 유화 물감 냄새에 적응하지 못해 그만두고 과학 공부를 시작.
- 1653년경: 뛰어난 손재주와 기계 감각으로 실험 장치 제작에 능숙했음.
- 1655년: 옥스퍼드로 옮겨 과학자들과 교류하며 공부. 이때 로버트 보일의 조수가 되어 공기펌프 제작과 보일의 법칙 연구에 크게 기여함.
- 1663년: 왕립 학회 회원으로 선출됨.
- 1665년: 현미경 관찰 결과를 정리한 저서 『마이크로그라피아』출간함. 세포라는 용어를 처음 사용하며 명성을 얻음.
- 1674년: 그래셤 대학에서 열린 강연에서 중력이 거리의 제곱에 반비례한다는 아이디어를 제시함.
- 1680년대: 뉴턴과 '만유인력 법칙'의 우선권을 두고 격렬한 논쟁을 벌임.

과 관찰에 뛰어난 재능을 가진 연구자였어요. 그래서 여러 학자의 조수로도 활동했고, '보일의 법칙'으로 유명한 보일의 조수로도 일했어요.

그는 1665년, 현미경 관찰 기록을 담은 『마이크로그라피아Micrographia』를 발표합니다. 이 책은 세포와 곤충 등 미시 세계를 기록한 과학서로 큰 반향을 불러일으켰어요. 이후 1674년, 그래셤 대학에서 열린 강연에서는 달이나 지구와 같은 천체들이 물체에 작용하는 중력은 천체와 물체 사이의 거리가 멀어질수록 작아진다고 주장했지요.

훅은 중력이 단순히 지구에서만 작용하는 힘이 아니라, 달과 지구 같은 천체에도 적용된다는 중요한 통찰을 남겼습니다. 비록 수학적으로 엄밀히 증명하지는 못했지만, 후에 뉴턴이 만유인력 법칙을 세우는 데 밑거름이 된 아이디어였어요.

1684년, 뉴턴은 혜성의 주기성을 예측해 혜성에 이름이 붙은 천문학자 핼리Edmond Halley에게 「궤도 내 물체의 운동에 관하여De motu corporum in Gyrum」이라는 짧은 논문을 보냈습니다. 이 논문에는 케플러의 행성 운동 법칙을 뉴턴의 수학적 원리로 유도하고 해석한 내용이 담겨 있었어요. 논문을 본 핼리는 큰 감명을 받아 뉴턴에게 이를 확장해 책으로 집필할 것을 권했지요. 몇 년 후, 뉴턴은 『자연 철학의 수학적 원리』를 출간합니다. 이 책에서 그는 질량을 가진 두 물체 사이의 중력은 두 물체의 질량의 곱에 비례하고, 두 물체 사이 거리의 제곱에 반비례한다는 중력 공식을 발표했답니다. 이로써 천체와 지상 세계의 운동을 하나의 원리로 설명할 수 있게 되었고, 근대 물리학의 토대가 마련된 거예요.

사과, 뉴턴 그리고 중력

[지구와 태양 사이의 중력]

뉴턴은 사과가 땅에 떨어지는 것을 보고 사과와 지구 사이에 서로 잡아당기는 힘이 있다고 생각했습니다. 힘의 단위는 뉴턴의 이름을 따서 N이라고 쓰고 뉴턴이라고 읽는데, 두 물체 사이의 중력은 다음과 같아요.

$$중력 = (중력\ 상수) \times \frac{(두\ 물체의\ 질량을\ 곱한\ 값)}{(거리)^2}$$

$$F = G \times \frac{m_1 \times m_2}{r^2}$$

여기서 중력 상수 G는 $6.67 \times 10^{-11}(N \cdot m^2/kg^2)$이에요. m_1과 m_2는 각각 두 물체의 질량이고, r은 두 물체의 중심 사이의 거리를 나타내지요. 그럼 태양과 지구 사이의 중력을 구해 볼까요? 필요한 데이터는 다음과 같아요.

$$지구의\ 질량 = 5.98 \times 10^{24} kg$$

$$태양의\ 질량 = 1.99 \times 10^{30} kg$$

$$지구와\ 태양\ 사이의\ 거리 = 1.5 \times 10^{11} m$$

이 값을 공식에 넣으면 태양과 지구 사이의 중력은 $3.5 \times 10^{22} N$이 되지요. 엄청난 크기의 힘이지만, 지구가 거대한 질량을 가지고 있기 때문에 우리는 일상에서 이 힘을 직접 느끼지 못해요. 중력을 '느낀다'는 것은 가속도 차이가 존재한다는 뜻이에요. 그러나 태양의 중력은 지구와 지구 위의 모든 물체에 똑같이 작용합니다. 즉, 지구 중심도, 지구 위 사람의 몸도, 바닥도 모두 같은 속도로 태양 쪽으로 끌려가고 있으므로 상대적인 힘의 차이가 없어요.

[중력의 방향과 특징]

지구가 완전히 구형이라고 가정하면, 물체가 받는 중력은 언제나 물체와 지구 중심을 잇는 직선 방향으로 작용합니다. 그러니까 지구가 공 모양이라고 할 때 각 지점에서 중력의 방향은 오른쪽 그림과 같지요.

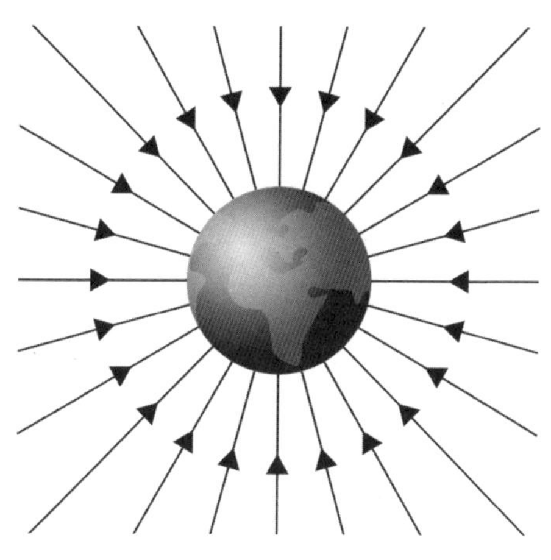

중력의 방향은 항상 지구 중심을 향한다.

그래서 지구 어디에 서 있든 중력은 아래쪽, 곧 지구 중심을 향합니다.

지구 반대편에 서 있어도 사람이 떨어지지 않는 이유가 바로 이 때문이에요.

[높이에 따른 중력 변화]

물체가 떨어지는 이유는 지구나 달과 같은 천체가 물체를 잡아당기는 중력 때문입니다. 즉 천체와 물체 사이의 중력 때문이지요. 물체를 높이 1미터에서 바닥에 떨어뜨린다고 생각해 보세요. 당연히 물체의 높이가 달라지니 천체의 중심과 물체와의 거리도 달라집니다. 그러니 두 지점, 즉 표면과 1미터 높이에서의 중력도 달라요. 하지만 우리는 대부분의 문제에서 천체의 표면에서 높이가 그리 높지 않을 때, 물체가 받는 중력이 일정하다고 가정합니다. 그 이유는 무엇일까요?

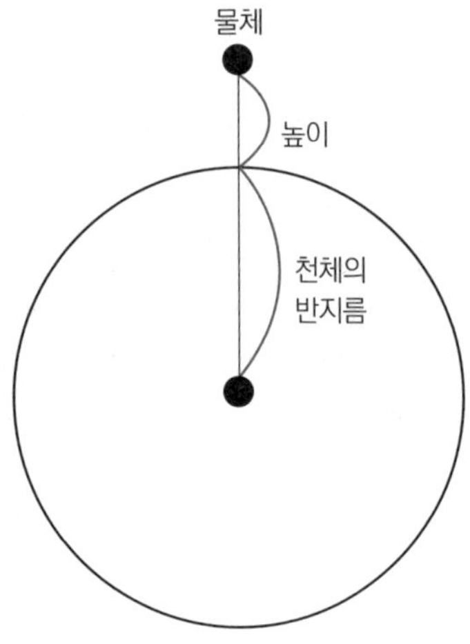

그림 속 물체가 받는 중력은 다음과 같이 나타낼 수 있습니다.

$$\text{물체의 중력} = \frac{(\text{중력 상수}) \times (\text{물체의 질량}) \times (\text{천체의 질량})}{(\text{천체의 반지름} + \text{높이})^2}$$

이때 천체의 반지름이 물체의 높이보다 아주 크면 다음과 같이 공식을 정리할 수 있어요.

$$\text{물체의 중력} \approx \frac{(\text{중력 상수}) \times (\text{물체의 질량}) \times (\text{천체의 질량})}{(\text{천체의 반지름})^2}$$

이 식은 다음과 같이 나타낼 수 있고

$$(\text{물체의 중력}) \approx (\text{물체의 질량}) \times (\text{물체의 중력 가속도})$$

이 식을 이용해 천체의 중력 가속도를 구하면 다음과 같지요.

$$(\text{천체의 중력 가속도}) = \frac{(\text{중력 상수}) \times (\text{천체의 질량})}{(\text{천체의 반지름})^2}$$

물론 천체마다 질량과 반지름이 다르기 때문에 중력 가속도 값도 달라집니다.

$$\text{지구의 중력 가속도: 약 } 9.8\text{m/s}^2 \approx 10\text{m/s}^2$$

$$\text{달의 중력 가속도(지구의 약 } \frac{1}{6}\text{배)} \approx \frac{1}{6} \times 10\text{m/s}^2$$

$$\text{태양의 중력 가속도(지구의 약 } 28\text{배)} \approx 28 \times 10\text{m/s}^2$$

되돌아오는 성질, 탄성력의 비밀

용수철 또는 스프링은 압축되거나 늘어난 뒤 원래의 모양으로 돌아올

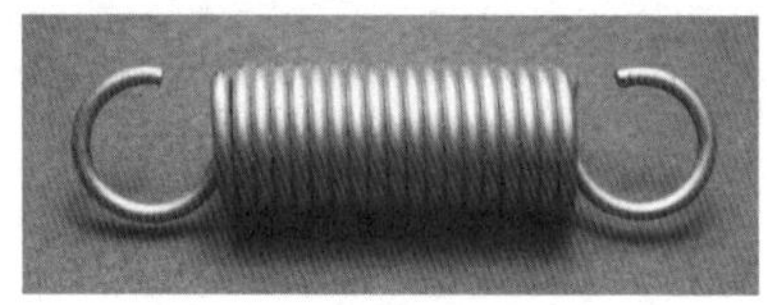

코일 용수철

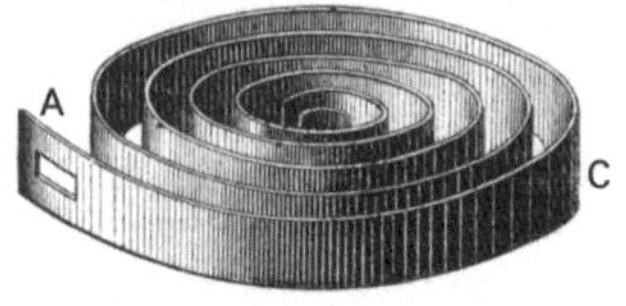

코일 형태의 용수철

페터 헨라인의 최초의 태엽 시계

수 있는 성질을 가진 장치입니다. 우리가 흔히 보는 용수철은 코일 모양으로 감긴 코일 용수철이에요. 하지만 고대에서는 이미 단순한 형태의 탄성체가 사용되었어요. 예를 들어, 활시위에 연결된 활대는 원시적인 탄성 장치였지요.

15세기에 들어 유럽에서는 태엽Mainspring이 등장합니다. 태엽은 와선형의 비틀림 용수철로, 시계에 동력을 공급하는 핵심 부품이었어요. 최초의 태엽은 강철로 만들어졌고, 독일의 시계 제작자 페터 헨라인이 만든 공 모양의 태엽 시계가 잘 알려져 있어요. 코일 형태의 용수철 자체도 같은 시기에 등장했지만, 누가 처음 발명했는지는 전해지지 않아요.

이후 1678년, 영국의 물리학자 로버트 훅은 오늘날 훅의 법칙이라 부르는 중요한 법칙을 발표합니다.

용수철에 작용하는 힘은 용수철의 늘어난 길이에 비례한다.

용수철에 작용한 힘의 반작용은 용수철이 원래 상태로 돌아가려는 힘인데 이 힘을 용수철의 탄성력이라고 불러요. 정리하자면, 훅의 법칙은 바로 탄성력의 성질을 수학적으로 표현한 것이라 할 수 있어요.

구심력의 발견

놀이공원에서 회전목마를 타 본 적 있나요? 말이 원을 그리며 움직일 때 우리는 마치 바깥으로 밀려나는 듯한 느낌을 받습니다. 관성 때문이지요. 몸은 원래 가려던 직선 방향으로 움직이려 해요. 그래서 실제로 원운동을 하려면 안쪽으로 끌어당기는 힘이 필요해요. 이렇게 물체를 원운동하게 만드는 힘을 구심력Centripetal Force이라고 불러요.

회전목마를 타면 구심력을 느낄 수 있다.

구심력을 본격적으로 연구한 물리학자는 네덜란드의 하위헌스입니다. 그는 1673년에 출간한 『Horologium Oscillatorium』에서 진자 시계의 원리와 구심력에 관한 설명을 남겼어요. 이후 뉴턴은 구심력의 정확한 수학적 형태를 정리합니다. 뉴턴은 원운동을 하는 물체에 필요한 구심력을 다음과 같이 정리했어요.

$$(구심력) = \frac{(질량) \times (속도)^2}{반지름}$$

위 식에서 반지름은 물체와 원의 중심까지의 거리이고, 질량은 물체의 질량, 속도는 물체가 운동하는 속도를 말해요.

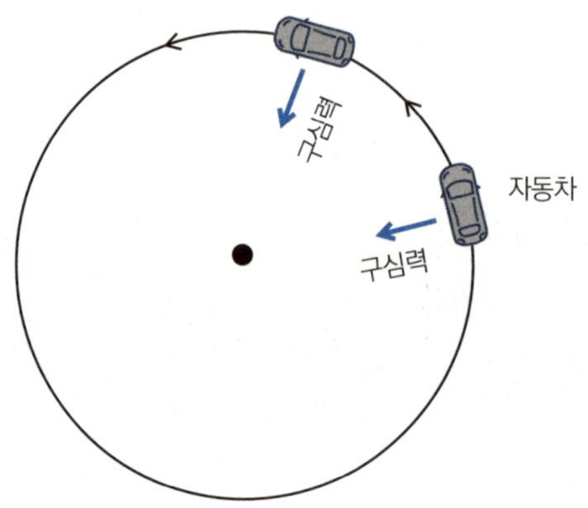

따라서 위의 식은 등속원운동을 위해 필요한 구심력은 원의 반지름에 반비례하고, 속도의 제곱에 비례한다는 뜻이에요. 우리는 이 식을 통해 원의 반지름이 작을수록, 그리고 속력이 빠를수록 더 큰 구심력이 필요

하다는 것을 알 수 있어요. 또한 구심력의 방향은 항상 원의 중심을 향한다는 것도 알 수 있지요.

이 구심력 개념을 달과 지구에까지 확장해 봅시다. 달이 지구 주위를 원운동할 때, 구심력은 달과 지구 사이의 중력이에요.

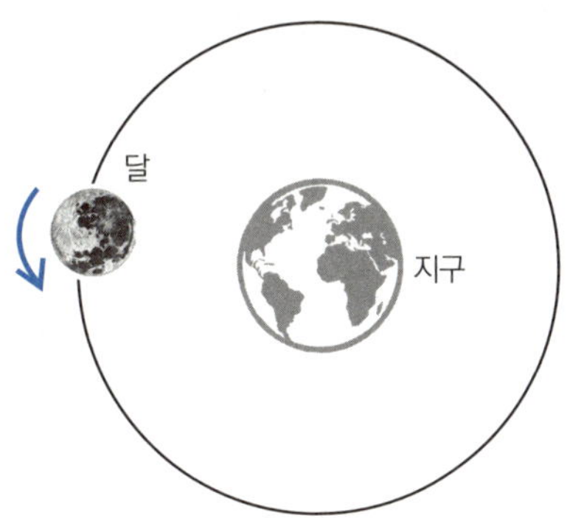

달은 중력에 의해 지구 주위를 원운동한다.

이 사실로부터 우리는 달의 속력을 구할 수 있습니다.

$$(\text{구심력}) = (\text{달과 지구 사이의 중력})$$

이므로

$$\frac{(\text{달의 질량}) \times (\text{달의 속력})^2}{(\text{달} - \text{지구 거리})} = \frac{(\text{중력 상수}) \times (\text{달의 질량}) \times (\text{지구 질량})}{(\text{달} - \text{지구 거리})^2}$$

지구와 인공위성 사이의 중력이 구심력 역할을 한다.

로 정리할 수 있지요.

따라서 식을 정리하면

$$(\text{달의 속력})^2 = \frac{(\text{중력 상수}) \times (\text{지구 질량})}{(\text{달} - \text{지구 거리})}$$

이 되므로 속력은 구한 값에 루트를 씌워 계산할 수 있습니다.

지구 주위를 도는 인공위성의 운동도 같은 원리로 설명할 수 있습니

더알아보기

마찰력과 구심력의 관계

자동차가 커브를 돌 때는 핸들만 꺾는다고 되는 게 아니에요. 바깥으로 튕겨 나가지 않게 안쪽으로 잡아당기는 힘이 필요한데, 이 힘을 타이어와 도로 사이의 마찰력이 만들어 구심력을 제공합니다. 그런데 눈길·빗길처럼 미끄러우면 마찰력이 약해져 필요한 구심력을 못 만들어 차가 바깥쪽으로 미끄러질 수 있어요. 그래서 미끄러운 길에서는 속도를 줄이는 것이 안전의 핵심입니다. 이 원리는 자전거와 오토바이에도 똑같이 적용돼요. 곡선을 돌 때 몸을 안쪽으로 기울이는 이유는 타이어가 잘 붙도록 해서, 힘의 방향이 원의 중심 쪽을 향하게 만들기 위해서예요. 결국 마찰력은 운동을 방해만 하는 힘이 아니라, 곡선 운동을 가능하게 해 주는 힘이라는 걸 알 수 있지요.

다. 지구와 위성 사이의 중력이 구심력의 역할을 하기 때문이에요. 이때 인공위성의 속력은 다음과 같답니다. 앞선 식의 달 자리에 인공위성을 넣으면 되지요.

$$(\text{인공위성의 속력})^2 = \frac{(\text{중력 상수}) \times (\text{지구 질량})}{(\text{인공위성} - \text{지구 거리})}$$

뉴턴의 아이디어 덕분에 달의 속도와 인공위성의 운동을 수학적으로 설명할 수 있게 되었고, 그 원리는 오늘날 우주 탐사와 인공위성 발사 기술의 기초가 되었어요.

마찰력

현실의 운동에서는 구심력뿐 아니라 그 운동을 방해하는 또 다른 힘이 작용합니다. 비로 마찰력이에요. 고대 그리스 시대의 아리스토텔레스와 고대 로마의 비트루비우스를 비롯한 많은 과학자는 마찰을 연구했어요. 그들은 주로 마찰을 줄이는 것에 관심을 가졌지요.

마찰력은 정지 마찰력과 운동 마찰력이 있어요.

- 정지 마찰력: 물체가 힘을 받아도 움직이지 않을 때 작용하는 마찰력. 작용한 힘과 크기가 같아 균형을 이룸.
- 운동 마찰력: 물체가 움직일 때 운동을 방해하는 마찰력. 물체의 가

속도를 줄이는 역할을 함.

　르네상스 시기인 1493년, 유명 화가였던 레오나르도 다빈치Leonardo da Vinci는 마찰력에 대한 연구를 자신의 노트에 기록했습니다. 그는 '물체가 무거울수록, 그리고 표면이 거칠수록 마찰력이 크다는' 사실을 밝혔어요. 하지만 그의 기록은 당시에는 세상에 알려지지 않았고, 1699년, 프랑스의 기욤 아몽통Guillaume Amontons이 같은 법칙을 재발견했어요. 이후 1785년에는 샤를 오귀스탱 드 쿨롱Charles-Augustin de Coulomb이 운동 마찰력이 물체의 속도와는 무관하다는 사실을 밝혀냈습니다.

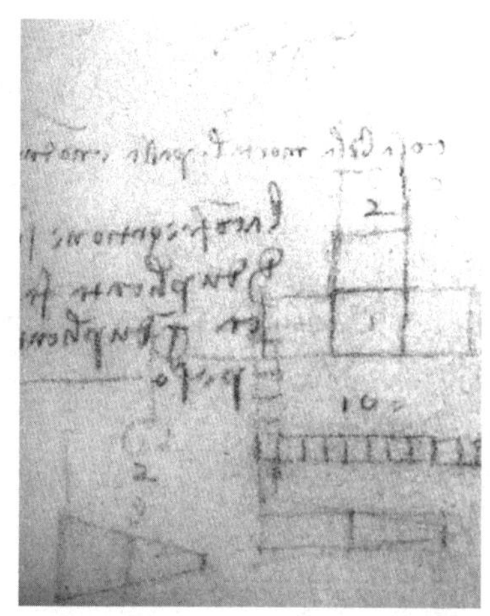

다빈치의 노트

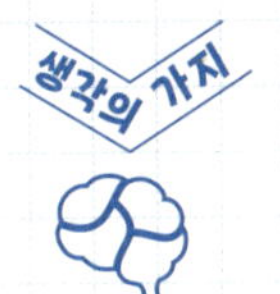

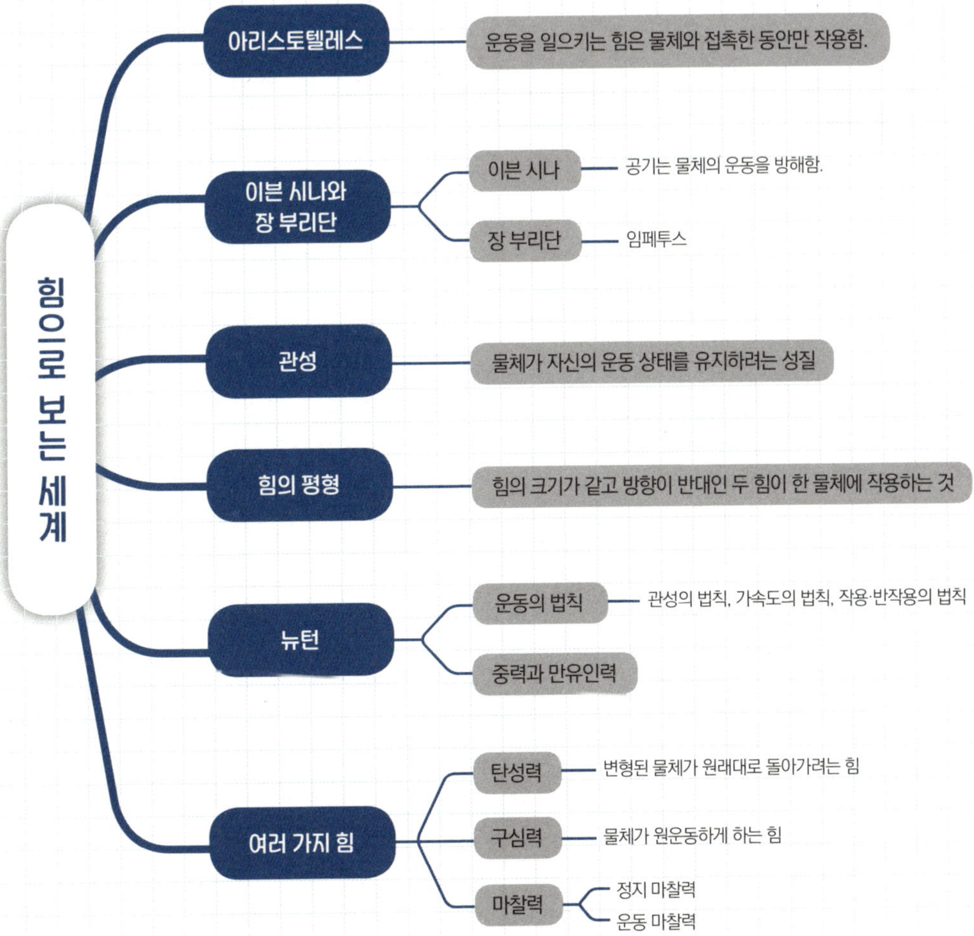

힘으로 보는 세계

- **아리스토텔레스** — 운동을 일으키는 힘은 물체와 접촉한 동안만 작용함.
- **이븐 시나와 장 부리단**
  - 이븐 시나 — 공기는 물체의 운동을 방해함.
  - 장 부리단 — 임페투스
- **관성** — 물체가 자신의 운동 상태를 유지하려는 성질
- **힘의 평형** — 힘의 크기가 같고 방향이 반대인 두 힘이 한 물체에 작용하는 것
- **뉴턴**
  - 운동의 법칙 — 관성의 법칙, 가속도의 법칙, 작용·반작용의 법칙
  - 중력과 만유인력
- **여러 가지 힘**
  - 탄성력 — 변형된 물체가 원래대로 돌아가려는 힘
  - 구심력 — 물체가 원운동하게 하는 힘
  - 마찰력
    - 정지 마찰력
    - 운동 마찰력

충돌, 운동량 그리고 에너지

당구공이 충돌하는 과정에는 운동량과 에너지의 법칙이 숨어 있다.

정교수의 pick

◆ 운동량　◆ 충격력　◆ 데카르트　◆ 하위헌스
◆ 비스 비바　◆ 운동 에너지　◆ 위치 에너지

움직임을 재는 새로운 언어

당구가 언제 시작되었는지는 정확히 알려지지 않았지만, 중세 프랑스에서 비롯되었을 것이라고 생각해요. 처음에는 지금처럼 길고 가는 당구봉이 아니라, 철퇴처럼 생긴 도구로 공을 밀었지요. 시간이 지나면서 철퇴가 당구봉으로 바뀌었고, 오늘날 우리가 아는 당구의 모습이 되었어요.

당구대 위에서는 단순해 보이는 공들이 사실은 정교한 물리 법칙을 따라 움직입니다. 공의 색깔은 달라도 질량은 모두 같아서, 한 공을 치면 충돌을 통해 다른 공으로 운동이 고스란히 전달돼요. 공이 부딪히고 튀어 나가는 순간에는 운동량 보존 법칙과 에너지 보존 법칙이 동시에 작용하지요. 이렇게 같은 질량의 당구공들이 부딪히며 만들어 내는 다양한 궤적은 당구의 묘미이자, 물리학의 흥미로운 장면이에요.

이 단순한 충돌 속에는 여러 가지 물리 개념이 숨어 있어요. 순간적으로 작용하는 힘을 설명하는 충격력, 물체가 움직이는 양을 나타내는 운동량, 그리고 움직임을 통해 나타나는 운동 에너지와 위치에 따른 위치 에너지까지 말이에요. 17세기에 데카르트와 하위헌스가 '일'이라는 개념을 물리학에 도입하면서 이러한 사고는 더 깊어졌고, '비스 비바(살아 있는 힘)'라는 개념도 시간이 지나면서 현대적인 에너지 개념으로 다듬어졌어요.

당구대 위에서 번쩍이며 부딪히는 공 한 번의 충돌에는 사실 수백 년 동안 이어져 온 물리학의 탐구가 녹아 있습니다. 눈앞에서 보이는 작은 궤적은 곧 과학자들이 쌓아 올린 생각의 흔적이자, 자연을 이해하려는 인류의 긴 여정을 담고 있는 것이지요.

운동량

1644년, 프랑스 철학자 르네 데카르트는 『철학의 원리Principia Philosophiae』를 출간했습니다. 그는 이 책에서 '세계는 기계처럼 작동한다'라는 생각을 바탕으로, 철학, 물리학, 천문학을 하나로 엮어 설명하려고 했어요. 목적은 분명했습니다.

모든 자연 현상은 수학과 논리로 설명할 수 있다.

그는 이 책에서 세계를 신비한 힘이나 목적이 아니라, 단순하고 확실한 원리, 즉 이성으로 설명하려고 했습니다. 중세까지 유럽 사람들은 세상을 신의 의지, 아리스토텔레스의 형이상학으로 이해했어요. 사과가 떨어지는 건 '사과의 본성이 아래로 향하기 때문'이라고 믿었죠. 하지만 데카르트는 그렇게 생각하지 않았어요.

사과가 떨어지는 건 그저 운동이 바뀌는 것일 뿐이다.
원인은 '위아래'가 아니라 '충돌과 힘'에 있다.

그는 세계를 영혼이 있는 생명체가 아니라, 수학적으로 움직이는 기계처럼 보았어요. 이처럼『철학의 원리』는 단순한 철학서가 아니라, 세계관을 바꾸는 선언문이었지요.

데카르트는 이 책에서 처음으로 운동량의 개념을 다음과 같이 정의했어요.

$$운동량 = 질량 \times 속력$$

그런데 이 정의에서 속력은 방향이 없는 물리량입니다. 데카르트는 이 운동량이 충돌 과정 중에 항상 보존된다고 주장했어요.

하지만 약 10년 뒤, 하위헌스는 이 정의에 중대한 결함이 있다는 것을 발견했습니다. 그는 1652년부터 1656년까지 수행한 충돌 실험을 통해 운동량이 방향성을 가져야 충돌 현상을 설명할 수 있음을 밝혔어요. 예를 들어, 질량이 같은 두 공이 반대 방향에서 같은 속력으로 충돌할 때, 단순히 속력만으로는 설명할 수 없어요. 하지만 방향이 있는 물리량인 속도를 사용하면 충돌 후의 정지 혹은 반발 현상을 설명할 수 있지요.

하위헌스는 수학적 분석을 통해 운동량을 정의할 때는 속력이 아니라 속도를 써야 한다는 사실을 알아냈어요. 이렇게 성분별로 운동을 파악하는 관점은 뉴턴이 운동량 보존의 법칙과 운동 방정식을 체계화하는 토대가 되었어요.

이후 뉴턴은『자연 철학의 수학적 원리』에서 운동 방정식을 다음과 같이 나타냅니다.

$$(\text{힘}) = (\text{질량}) \times \frac{(\text{속도의 변화})}{\text{시간}}$$

질량과 속도를 곱한 값은 운동량이므로 위의 식은

$$(\text{힘}) = \frac{(\text{운동량의 변화})}{\text{시간}}$$

처럼 나타낼 수 있지요.

뉴턴은 외부에서 힘이 작용하지 않으면 운동량이 변하지 않음(운동량의 변화 = 0)을 설명했고, 이는 곧 운동량 보존 법칙의 일반적 원리로 자리 잡았답니다.

충격력

뉴턴이 정립한 운동량 개념은 힘과 운동의 변화를 이해하는 기초가 되었습니다. 이제 그 원리를 바탕으로, 짧은 순간에 힘이 작용하는 충격력의 세계를 살펴보도록 합시다. 야구공을 배트로 치거나 자동차 사고가 나면, 순식간에 물체의 운동 상태가 변하게 됩니다. 이처럼 짧은 시간에 작용하는 힘을 충격력이라고 불러요.

충격력이 처음 작용한 시간을 처음 시간이라고 하고 충격력이 마지막

으로 작용한 시간은 나중 시간이라고 합시다. 그러면 충격력이 작용한 시간은

$$(\text{시간}) = \text{나중 시간} - \text{처음 시간}$$

이 됩니다. 또한 충격력에 의해 속도가 변했으므로 속도의 변화량은

$$\text{속도의 변화량} = \text{나중 속도} - \text{처음 속도}$$

가 되지요. 따라서 가속도는 다음과 같이 나타낼 수 있어요.

$$(\text{가속도}) = \frac{(\text{나중 속도}) - (\text{처음 속도})}{\text{시간}}$$

충격력은 질량과 가속도의 곱이므로

$$(\text{충격력}) = (\text{질량}) \times (\text{가속도})$$

$$= (\text{질량}) \times \frac{(\text{나중 속도}) - (\text{처음 속도})}{\text{시간}}$$

가 됩니다. 여기서 운동량의 정의를 활용하면

$$\text{질량} \times \text{나중 속도} = \text{나중 운동량}$$

$$\text{질량} \times \text{처음 속도} = \text{처음 운동량}$$

이므로

$$(\text{충격력}) = \frac{(\text{나중 운동량}) - (\text{처음 운동량})}{\text{시간}}$$

이 되고, 여기서

$$(\text{나중 운동량}) - (\text{처음 운동량}) = (\text{운동량의 변화량})$$

이라고 하면, 충격력은 다음과 같이 정리할 수 있습니다.

$$(\text{충격력}) = \frac{(\text{운동량의 변화량})}{\text{시간}}$$

충격력은 충돌 시간과 운동량 변화에 따라 달라집니다. 운동하는 물체가 다른 물체와 부딪칠 때, 운동량의 변화가 클수록, 그리고 충돌 시간이 짧을수록 충격력은 커져요. 예를 들어, 달리는 자동차가 단단한 벽에 부딪히면 자동차의 운동량은 아주 짧은 순간에 0으로 줄어듭니다. 이처럼 짧은 시간 동안 큰 운동량 변화가 일어나면 충격력이 매우 커지고, 운전자는 크게 다칠 수 있어요. 반대로 자동차가 모래 더미나 건초 더미에 부딪친다면, 운동량의 변화량은 같지만 충돌 시간이 길어집니다. 즉, 운동

충격력이 줄어드는 예

량이 천천히 줄어들기 때문에 충격력이 작아지고 운전자는 덜 다치게 되지요.

우리 주변에는 이러한 충격력의 원리가 적용된 사례가 많습니다. 높은 곳에서 뛰어내릴 때 사용하는 에어 매트는 몸을 오래 잡아 주어 충돌 시간은 늘리고 충격력은 줄여 안전하게 착지할 수 있도록 해요. 운동선수들이 넘어질 때 발 → 무릎 → 엉덩이 → 등 순서로 몸을 굽히는 것도 같은 원리입니다. 충돌이 여러 관절에 분산되고 시간이 길어져 충격력이 줄어들어 부상을 예방할 수 있어요.

글러브로 공을 받을 때 손을 뒤로 살짝 빼면, 공과 손의 접촉 시간이 길어져 충격이 부드럽게 전달됩니다. 반대로 손을 고정한 채 받으면 충돌 시간이 짧아져 충격력이 커지지요.

자동차의 에어백도 같은 원리를 이용합니다. 사고가 발생하면 에어백이 빠르게 팽창해 탑승자의 몸과 차량이 서서히 충돌하게 만들어요. 충돌 시간이 길어지면서 충격력이 줄어들고, 결과적으로 탑승자의 생명을 지키게 되는 것이지요.

물리학에 일을 도입한 데카르트와 하위헌스

물리학에서 힘과 더불어 중요한 개념 중 하나는 바로 일입니다. 일은 힘의 효과를 이해하는 또 하나의 중요한 열쇠예요. 예를 들어, 물체에 힘을 가해 물체가 힘이 작용한 방향으로 어떤 거리를 움직였다고 생각해 보세요. 이때, 힘과 이동 거리의 곱을 일이라고 불러요. 1N의 힘으로 물체를 1m 움직였을 때, 일의 양은 1N × 1m = 1N・m 라고 하고, N・m을 J라고 쓰고 줄Joule이라고 읽지요.

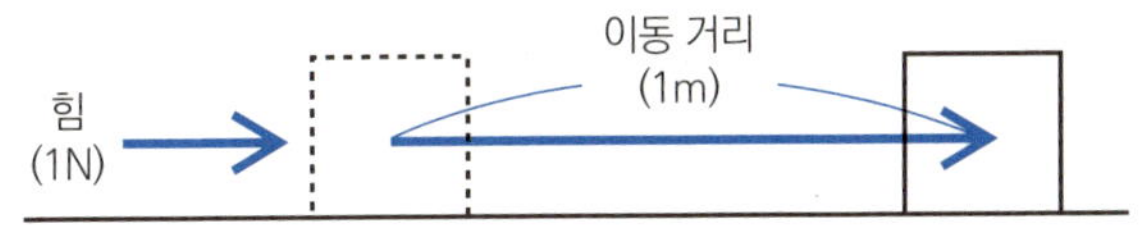

1J = 1N의 힘으로 물체를 1m만큼 옮겼을 때 일의 양

물리학에 일의 개념을 도입한 사람은 프랑스의 데카르트와 네덜란드의 콘스탄테인 하위헌스Constantijn Huygens예요. 콘스탄테인 하위헌스는 크리스티안 하위헌스의 아버지로, 시인이자 외교관이었지만 과학에도 관심이 깊었던 인물이었어요. 1637년, 두 사람은 서신을 주고받으며 일의 정의를 만들어 내요.

*100킬로그램의 물체를 1미터 두 번 들어 올리는 것은
200킬로그램의 물체를 1미터 들어 올리는 것 또는 100킬로그램의 물체를
2미터 들어 올리는 것과 같습니다.*
– 데카르트가 1637년, 하위헌스에게 보낸 편지

비스 비바에서 운동 에너지까지

미분과 적분을 발견한 독일의 위대한 수학자 라이프니츠는 물리학에서도 큰 기여를 했습니다. 그중 하나가 비스 비바Vis viva라고 알려진 물리량이에요.

라이프니츠는 1646년, 독일의 라이프치히에서 태어났습니다. 라이프니츠는 학교에 들어가기 전부터 독학으로 라틴어와 철학을 공부했고, 14살에 라이프치히 대학에 입학해 철학 공부를 했어요. 그는 뉘른베르크 근처에 있는 알트도르프 대학으로 진학해 1667년, 「결합술에 관한 논고」라는 논문으로 박사 학위를 받았지요.

라이프니츠는 1676년에서 1689년에 걸쳐 충돌 문제를 연구하면서 두 물체의 충돌 문제는 운동량 보존만으로는 설명되지 않는다는 것을 알아냈습니다. 그는 또 다른 물리량이 필요하다는 것을 깨닫고, 그 양을 살아 있는 힘을 뜻하는 비스 비바라고 불렀어요. 비스 비바는 속도의 제곱과

하노버 왕조와 스흐라베잔데

1714년, 영국에서는 새로운 왕조가 열렸습니다. 마지막 스튜어트 왕조의 군주였던 앤 여왕이 후계자 없이 세상을 떠나자, 영국 의회는 왕위 계승법에 따라 독일 하노버 가문의 조지 1세를 왕으로 맞이했습니다. 이것이 바로 하노버 왕조의 시작이었지요. 하지만 조지 1세는 독일 출신의 낯선 군주였습니다. 영어조차 서툴렀던 그에게 영국인들의 마음은 쉽게 열리지 않았어요. 그래서 영국은 유럽의 개신교 국가들과의 연대를 통해 왕위 계승의 정당성을 강화하려 했습니다.

당시 네덜란드는 프랑스의 루이 14세에 맞서 영국과 함께 개신교 진영의 핵심으로 활동하던 나라였습니다. 스페인 왕위 계승 전쟁에서도 영국과 협력했던 네덜란드는, 영국에 개신교 군주가 즉위한 일을 크게 반겼지요. 1715년, 네덜란드는 새 국왕을 축하하기 위해 외교 사절단을 런던에 보냈습니다. 그 대표단의 일원 가운데 한 사람이 바로 젊은 과학자 빌렘 스흐라베잔데였어요.

질량의 곱에 비례하는데, 이는 오늘날 운동 에너지와 본질적으로 같은 종류의 물리량이에요.

라이프니츠가 제안한 비스 비바는 혁신적이었지만, 실제로 이를 뒷받침하는 실험적 증거가 필요했습니다. 그 과제를 이어받은 인물이 바로 네덜란드 과학자 스흐라베잔데예요. 빌렘 스흐라베잔데Willem's Gravesande는 네덜란드의 물리학자이자 수학자로 뉴턴 역학을 유럽 대륙에 알리는 데 중요한 역할을 했어요.

스흐라베잔데의 『실험에 의해 확인된 자연 철학의 수학적 요소』

원래 스흐라베잔데는 법학을 공부하던 학생이었어요. 1707년, 레이던 대학에서 법학 박사 학위까지 받았지요. 하지만 그의 관심은 온통 물리학에 쏠려 있었어요. 결국 그는 법 대신 과학의 길을 걷기로 결심했지요.

이후 스흐라베잔데는 외교사절단 일원으로 런던을 방문하게 됩니다. 이때 그는 과학계의 거장 아이작 뉴턴을 직접 만날 수 있는 기회를 얻게 되었어요. 왕립 학회 회장이자 조폐국장이었던 뉴턴은 이미 『프린키피아』를 통해 과학의 지평을 바꾼 인물이었어요. 스흐라베잔데는 뉴턴의 철학에 깊은 감명을 받았고, 이후 그의 사상을 유럽 대륙에 전파하는 데 핵심적인 역할을 하게 됩니다. 그리고 마침내 1717년, 스흐라베잔데는 자신의 모교인 레이던 대학교의 수학 및 천문학 교수로 임명되었어요. 이후 그는 강의와 저술을 통해 뉴턴의 물리학을 실험과 수학으로 설명하며, 유럽 대륙에 뉴턴주의의 지적 뿌리를 내리는 데 큰 공헌을 하게 돼요.

1720년, 스흐라베잔데는 『실험에 의해 확인된 자연 철학의 수학적 요소』를 출간합니다. 그는 이 책에 뉴턴의 프린키피아와 관련된 실험을 수록했어요. 1722년에는 놋쇠 공을 다양한 높이에서 부드러운 점토 표면 위로 떨어뜨리는 일련의 실험 결과를 발표합니다. 그는 다른 질량을 가진 두 개의 공을 서로 다른 높이에서 떨어뜨려, 높이가 질량에 반비례할 때 움푹 들어간 자국의 깊이가 같다는 사실을 알아냈어요. 이를 통해 비스 비바가 같으면 질량과 높이가 반비례한다는 결론에 도달했지요. 이로써 라이프니츠가 주장한 비스 비바, 즉 운동 에너지가 속도의 제곱과 관련 있다는 사실이 실험적으로 증명된 거예요.

이후 스위스의 과학자 다니엘 베르누이Daniel Bernoulli는 1738년, 그의 저서 『유체 역학Hydrodynamica』에서 비스 비바 개념을 체계화했습니다. 그는 운동하는 물체의 에너지를 유체의 운동과 연결시켰어요. 이렇게 해서 비스 비바는 점차 '에너지'라는 이름으로 정착해 갔지요.

한 세기가 지난 19세기, 영국의 과학자 윌리엄 톰슨William Thomson은

principia inter se admodum similia; scis enim quantitatem *virium viuarum* corpori insitarum designari per $\frac{1}{2}mvv$ et esse $\frac{1}{2}mvv = \int p\,dx$ (designato per dx elemento spatii, quod tempusculo dt percurritur), id est, $=$

다니엘 베르누이가 비스 비바를 정의한 내용

이 물리량에 오늘날 우리가 쓰는 용어를 사용하기 시작했습니다. 바로 운동 에너지Kinetic Energy예요. 즉, 데카르트의 운동량 개념에서 출발해 하위헌스의 보존 법칙, 그리고 라이프니츠의 비스 비바와 스흐라베잔데의 실험을 거쳐, 마침내 운동 에너지라는 현대 물리학의 핵심 개념으로 자리 잡게 되었답니다.

위치 에너지

운동 에너지 개념이 정립된 후, 과학자들은 물체가 '움직이지 않고 있어도' 잠재적으로 일을 할 수 있는 능력을 설명할 필요성을 느꼈습니다. 이때 스코틀랜드의 물리학자 윌리엄 랭킨William J. M. Rankine이 1853년에 제시한 개념이 바로 위치 에너지Potential Energy예요. 에너지라는 용어 자체는 이미 1807년, 토머스 영Thomas Young에 의해 도입되었는데, 랭킨은 그 범주 속에서 위치 에너지라는 명칭을 만들어 냈어요.

위치 에너지는 작용하는 힘의 종류에 따라 달라집니다. 예를 들어, 중력 위치 에너지는 물체가 어떤 높이에 있을 때 가지는 에너지로 물체의 질량과 높이에 비례해요. 또 탄성 위치 에너지는 용수철과 같은 탄성체가 늘어나거나 압축될 때 생기는 에너지를 말하는 데, 늘어난 길이의 제곱에 비례하지요.

또한 랭킨은 공기 저항이나 마찰력이 없다면 운동 에너지와 위치 에너지의 합은 항상 일정하다는 사실을 설명했습니다. 이 발견은 훗날 역학적 에너지 보존 법칙으로 정리되었어요. 운동 에너지와 위치 에너지의 개념은 세상을 지배하는 힘을 신비가 아닌 수학적 법칙으로 설명할 수 있음을 보여 주는 대표적인 사례예요. 나아가 에너지 보존의 원리는 이후 물리학 전체를 관통하는 보편적 법칙으로 자리 잡게 되었답니다.

윌리엄 랭킨

•1820년: 스코틀랜드 에든버러에서 태어남.

•1828년: 건강 문제로 가정 교육을 병행하다 에어 아카데미와 글래스고 고등학교로 진학해 학업을 이어 감.

•1830년: 가족과 함께 에든버러로 이주함.

•1834년: 스코틀랜드 해군·육군 사관학교 입학함. 삼촌으로부터 뉴턴의 『프린키피아』를 선물 받음.

•1836년: 에든버러 대학에 진학해 자연 철학 등 과학 연구 시작.

•1838년: 대학 중퇴 후, 존 벤자민 맥닐 경 밑에서 견습 측량사로 활동하며 철도 곡선 배치 방법 등을 개발함.

•1853년: 위치 에너지라는 용어를 도입함.

•1855년: 글래스고 대학교 토목공학 및 역학 교수로 재직하며, 1872년 사망할 때까지 열역학, 역학, 공학 분야의 체계화에 큰 업적을 남김.

생각의 가지

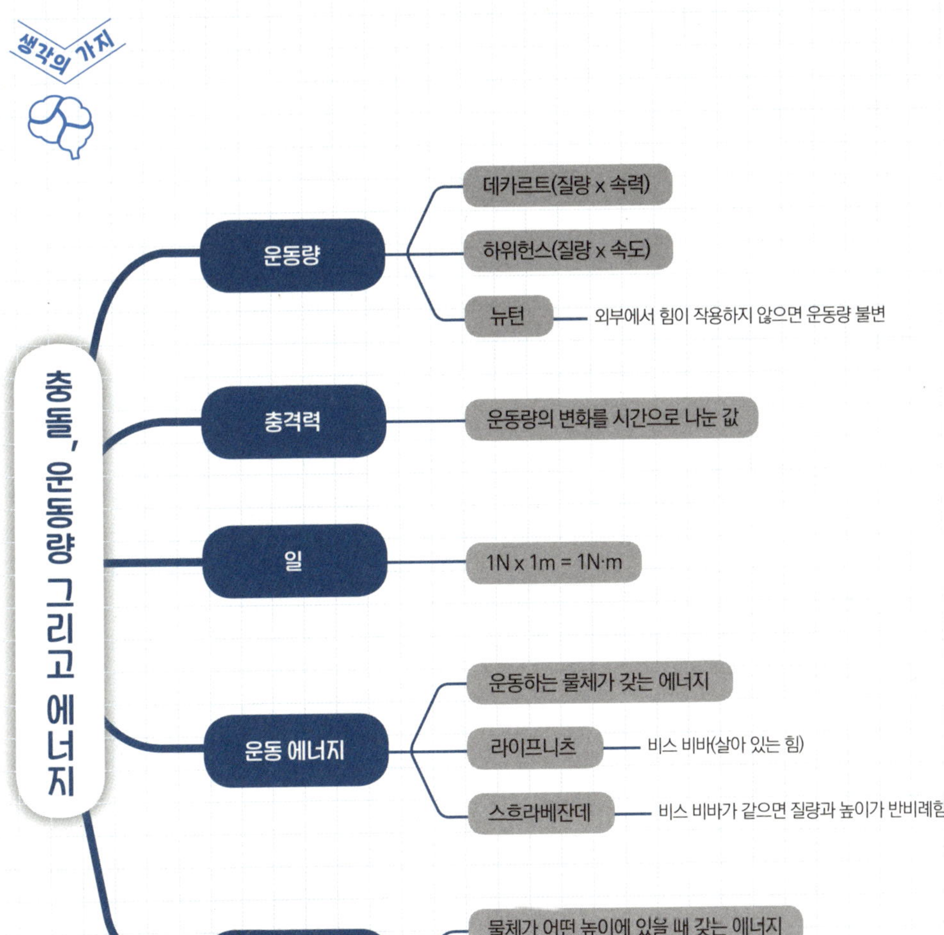
충돌, 운동량 그리고 에너지
운동량
데카르트(질량 x 속력)
하위헌스(질량 x 속도)
뉴턴
외부에서 힘이 작용하지 않으면 운동량 불변
충격력
운동량의 변화를 시간으로 나눈 값
일
1N x 1m = 1N·m
운동 에너지
운동하는 물체가 갖는 에너지
라이프니츠
비스 비바(살아 있는 힘)
스흐라베잔데
비스 비바가 같으면 질량과 높이가 반비례함.
위치 에너지
물체가 어떤 높이에 있을 때 갖는 에너지
윌리엄 랭킨
위치 에너지 개념 제시
역학적 에너지 보존 법칙

소리의 물리학

오케스트라는 수십 개의 악기가 모여 거대한 울림을 만들어 낸다.

정교수의 pick

◆ 피타고라스 음계　◆ 사바르 휠　◆ 음속
◆ 도플러 효과　◆ 파동

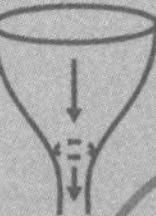

음악에서 파동으로

오케스트라는 현악기, 관악기, 타악기가 어우러진 대규모 기악 앙상블입니다. 바이올린·비올라·첼로·콘트라베이스 같은 현악기, 플루트·오보에·클라리넷·바순(목관악기), 트럼펫·트롬본·튜바(금관악기) 같은 관악기, 그리고 팀파니·심벌즈·트라이앵글과 같은 타악기가 함께 웅장한 소리를 만들어 내지요.

음악은 결국 공기의 진동, 즉 음파가 우리 귀에 전달된 것입니다. 악기는 이러한 음파를 만들어 내는 도구로 악기의 종류에 따라 진동을 발생시키는 방식이 서로 달라요. 이 진동이 빠르거나 느리게 반복되면 음의 높낮이가 달라지고, 여러 음이 어울려 질서를 이루면 '음계'가 만들어지지요.

1965년에 개봉한 영화 〈사운드 오브 뮤직〉에는 여주인공 마리아가 트랩 대령의 아이들에게 도레미 송을 가르치는 장면이 나옵니다. 그렇다면 '도레미파솔라시도'라는 음계는 어떤 과정을 거쳐 만들어졌을까요? 그 답은 소리와 파동의 긴 역사 속에 숨어 있어요. 그 비밀을 살펴보도록 해요.

피타고라스 음계

소리의 역사를 이야기할 때 음악의 역사를 빼놓을 수는 없습니다. 고대 그리스의 수학자 피타고라스는 음악을 수학으로 설명하려 했어요. 그는 시와 음악이 영혼을 치유한다고 믿었고, 동시에 모든 음악이 수학적 비율로 표현될 수 있다고 보았지요. 그리고 자연수의 비율을 이용해 피타고라스의 음계로 알려진 음계를 만드는 데 성공했어요.

현악기는 줄을 퉁겼을 때 공기의 진동을 일으켜 소리를 내는데, 줄의 길이에 따라 음이 달라집니다. 짧은 줄은 높은음을, 긴 줄은 낮은음을 내요. 피타고라스는 이러한 현의 길이 비율을 통해 음정을 수학적으로 정리했습니다. 그는 두 개의 현을 동시에 울렸을 때, 현의 길이가 특정한 비율을 이루면 아름다운 소리가 난다는 사실을 발견했어요. 그는 현악기에서 현의 길이 비가 1 : 2일 때는 옥타브, 2 : 3일 때 완전 5도, 3 : 4일 때 완전 4도의 관계가 성립한다는 사실을 알아냈습니다. 이렇게 피타고라스는 소리와 수학을 연결한 체계적 시도를 통해, 음악을 수학적 질서 속에서 이해할 수 있는 길을 열었답니다.

그런데 그가 음악과 수학의 관계를 처음으로 떠올리게 된 계기에 관한 흥미로운 전설도 전해집니다. 전설에 따르면, 어느 날 피타고라스는 길을 지나가다가 대장간에서 망치질하는 소리를 듣게 되었다고 해요. 망치가 모루에 부딪히며 나는 소리 가운데 어떤 것은 조화롭고 듣기 좋았지만, 또 어떤 것은 거칠고 불협화음처럼 들렸습니다. 피타고라스는 왜 이런 차이가 생기는지 궁금해졌고, 네 명의 대장장이가 쓰는 망치의 무게와 크기를 비교하며 연구를 시작했다고 해요. 이 일화가 역사적 사실인

이탈리아의 음악 이론가 가푸리우스가 소개한 피타고라스가 다양한 악기로 음악을 연구하는 그림

지는 알 수 없지만, 피타고라스가 소리와 수의 비율을 연결하게 된 순간을 상징적으로 보여 주는 이야기로 전해진답니다.

아리스토텔레스와 파동

소리가 음파, 즉 파동이라는 사실이 밝혀지기 전에도, 고대 사람들은 "소리는 어떻게 들리는 걸까?"라며 궁금해했습니다. 그중에서도 고대 그리스의 철학자 아리스토텔레스는 소리를 단순한 감각이 아니라 물체의 움직임이 공기를 통해 전달되는 것으로 생각했어요. 즉, 소리는 공기를 진동시키는 일종의 파동이라고 주장했지요.

오늘날 우리는 소리가 공기나 물 같은 매질을 통해 퍼지는 파동이라는 것을 알고 있습니다. 이런 파동을 영어로는 웨이브Wave라고 하는데, 이 단어에는 물결 또는 파도라는 뜻이 있어요. 파동이라는 말도 파도의 움직임에서 유래한 것이지요. 소리는 눈에 보이지 않지만, 물결처럼 퍼져 나가는 움직임이라는 것을 고대 철학자들도 어느 정도는 짐작하고 있었던 거예요.

공간의 한 곳에서 시작된 진동이 퍼져나가는 현상을 파동이라고 합니다. 우리도 벽에 매달린 줄을 흔들어 간단히 파동을 만들 수 있어요. 아래 그림을 보세요.

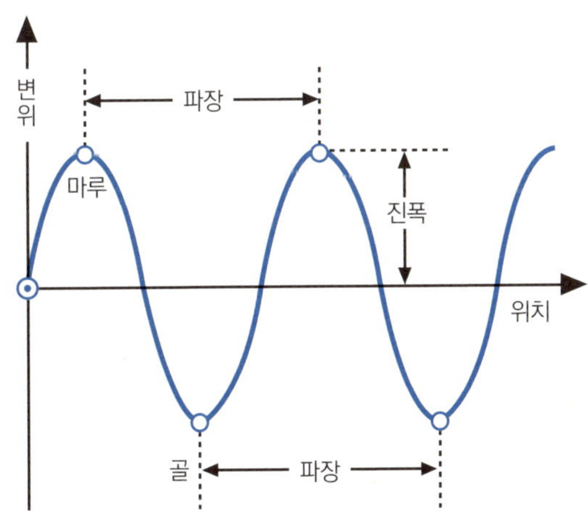

줄의 각 부분은 위아래로 오르락내리락 진동하는데, 이 진동이 옆으로

퍼지면서 위 그림과 같은 파동을 만듭니다. 이 진동은 줄의 각 지점을 통해 퍼져나가는데 이렇게 진동이 퍼져나가는 물질을 매질이라고 불러요. 그러니까 줄을 흔들어 만든 파동의 매질은 줄이지요. 이때 줄을 이루는 각 점을 질점이라고 부르는데 질점이 평형 위치로부터 얼마나 떨어져 있는지는 변위로 나타내요. 질점이 평형 위치보다 위에 있으면 변위는 양수, 평형 위치에서는 0이 되고, 평형 위치보다 아래에 있으면 음수가 되지요.

또한 줄이 가장 높이 올라간 지점을 마루, 가장 낮게 내려간 곳을 골이라고 합니다. 마루나 골은 변위의 크기가 최대인 곳이에요. 그리고 마루와 마루의 거리 또는 골과 골 사이의 거리를 파장이라고 불러요.

[주기와 진동수]

정리하자면, 파동은 원래 위치 - 마루 - 원래 위치 - 골 - 원래 위치를 오가며 출렁거림이 주기적으로 나타나는 모습이라 할 수 있습니다. 이때 원래 위치에서 시작한 파동이 다시 원래 위치로 돌아오는 데 필요한 시간을 주기라고 해요. 즉 한 파장만큼 진동하는 데 걸리는 시간이지요. 이때 파장과 파동의 전파 속도와 주기 사이의 관계는

$$(파장) = (전파\ 속도) \times (주기)$$

가 돼요. 다음 그림은 주기가 0.5초인 파동(점선)과 주기가 1초인 파동(실선)을 함께 그린 거예요.

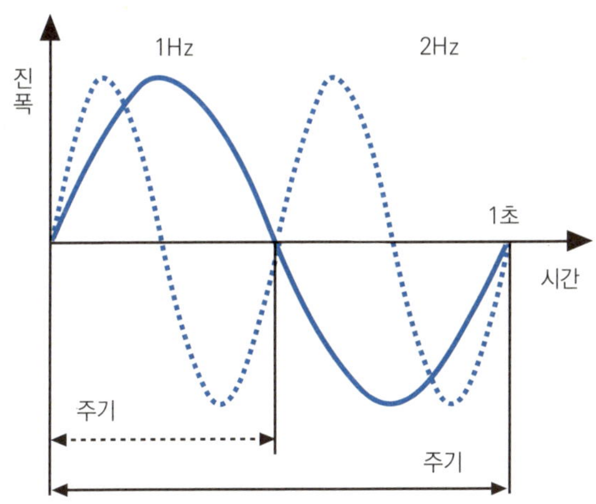

주기가 0.5초인 파동은 1초 동안 두 번 반복됩니다. 1초 동안 일어나는 진동의 횟수를 진동수 또는 주파수라고 부르는데, 진동수는 주기의 역수가 되지요.

$$(진동수) = \frac{1}{주기}$$

즉, 주기가 길면 진동수가 작고 주기가 짧으면 진동수가 커요. 진동수의 단위는 Hz라고 쓰고 헤르츠라고 읽어요.

[파동의 종류]

파동의 종류에는 대표적으로 횡파와 종파가 있습니다. 줄을 흔들어 만든 파동을 보면 매질의 진동 방향과 파동의 진행 방향이 서로 수직이에요. 이러한 파동을 횡파라고 불러요.

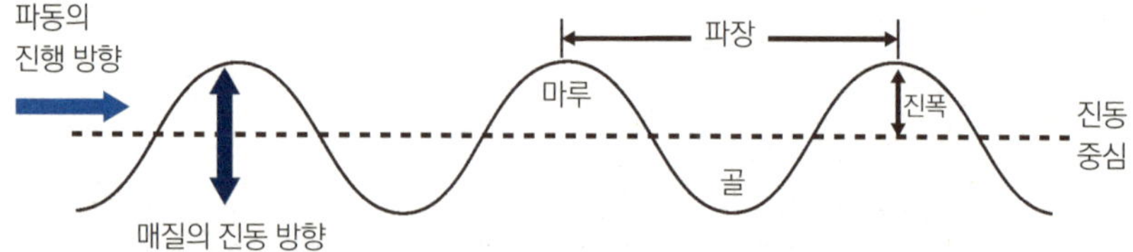

이번에는 용수철을 준비해 바닥에 놓고 한쪽만 고정시킨 후, 다른 쪽을 잡아당겼다가 놓아 보세요. 그러면 다음 그림과 같은 파동이 나타나는 것을 볼 수 있습니다.

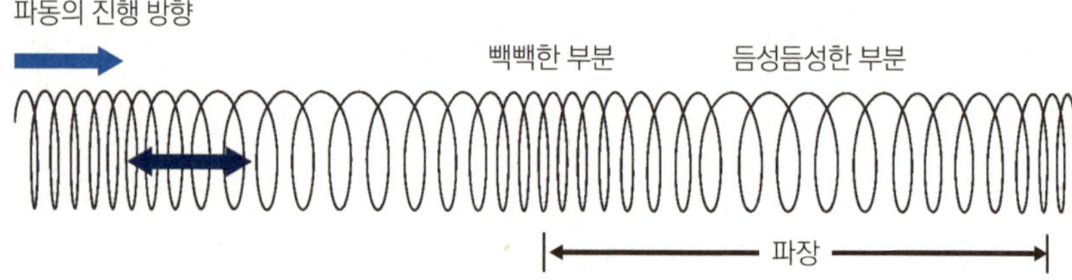

용수철을 흔들면 빽빽한 부분과 듬성듬성한 부분이 번갈아 나타나는 파동이 만들어집니다. 이때 매질의 진동 방향과 파동의 진행 방향이 서로 나란한 걸 볼 수 있지요? 이런 파동을 종파라고 불러요.

소리도 마찬가지로 음파라는 종파입니다. 우리가 대화를 나누며 상대의 말을 들을 수 있는 것도 공기라는 매질을 통해 음파가 전달되기 때문이에요. 소리가 발생하면 공기 분자가 밀집했다가 흩어지기를 반복하며, 빽빽한 부분과 듬성한 부분이 번갈아 나타나면서 음파가 우리 귀에 도달하는 것이지요.

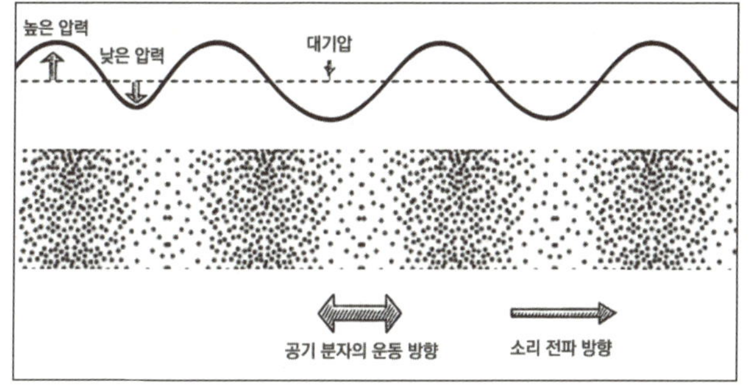

공기 중에서 소리의 전달

현악기의 비밀과 빈첸초 갈릴레이

음악과 소리에 대한 과학적 탐구는 르네상스 시기의 음악가이자 학자들에 의해 본격적으로 이어졌습니다. 그중에서도 빈첸초 갈릴레이Vincenzo Galilei는 현악기의 소리를 연구하며 소리의 본질에 가까이 다가간 인물이었어요. 그런데 어디서 많이 들어본 이름이지요? 맞아요. 빈첸초 갈릴레이는 갈릴레오 갈릴레이의 아버지예요. 그는 이탈리아의 류트 연주가이면서 동시에 작곡가 및 음악 이론가랍니다.

류트_6~13개의 줄이 있는 현악기로 손이나 픽으로 퉁겨서 연주한다.

빈첸초 갈릴레이는 오늘날 말로 하면, 음높이는 음파의 진동수와 관계된다는 사실로부터 현의 장력과 현에서 나오는 음파의 진동수가 어떤 관계가 있는지 연구했습니다. 그는 현을 팽팽하게 묶으면 현의 장력이 커지면서 진동수가 큰 높은음이 만들어지고, 반대로 현을 느슨하게 묶으면 현의 장력이 작아지면서 진동수가 작은 낮은음이 만들어진다는 것을 알아냈어요. 현악기의 음높이가 단순히 '줄의 길이'뿐만 아니라 '줄의 장력'에도 달려 있음을 밝힌 거예요.

이 연구는 후대 프랑스의 수학자 마랭 메르센Marin Mersenne에게 이어집니다. 메르센은 한 걸음 더 나아가 줄의 장력뿐 아니라 줄의 길이와 선밀도(같은 길이에서의 줄의 무게)가 음의 진동수와 관계된다는 사실을 밝혀냈어요. 즉, 줄이 가볍고 짧을수록 진동수가 커지고 높은음이 난다는 거예요. 이렇게 해서 현악기의 음높이는 줄의 길이·장력·무게에 의해 결정된다는 원리가 정리되었답니다.

빈첸초 갈릴레이의 『고대와 현대 음악에 대하여』

사바르 휠과 초음파의 탄생

이와 같은 연구는 "소리는 어떻게 수치화될 수 있는가?"라는 근본 질문을 낳았습니다. 17세기 영국의 과학자 로버트 훅은 '특정한 음이 정확히 어떤 진동수에 해당하는지'에 큰 관심을 갖고 있었어요. 그는 음악 이론가 윌리엄 홀더William Holder와의 대화에서 '음의 높이를 수치화할 수 있는 방법이 필요하다'라는 영감을 받습니다.

1681년 7월 27일, 훅은 빠르게 회전하는 황동 바퀴의 톱니를 이용해

일정한 주파수의 음을 내는 장치를 왕립 학회에서 시연합니다. 이 장치는 훗날 '사운드 휠'이라 불리며 진동수와 음높이를 연결하려는 시도의 출발점이 되었어요. 훅의 장치는 당대에는 크게 주목받지 못하고 한 세기가 넘도록 사용되지 않았지요. 하지만 19세기 초 프랑스의 물리학자 펠릭스 사바르Félix Savart가 이를 개량해 유명한 사바르 휠을 만듭니다.

사바르 휠은 회전하는 톱니바퀴에 카드를 대어 일정한 진동수를 만들어 내는 장치였습니다. 바퀴의 속도를 조절해 다양한 음높이를 만들 수 있었고, 심지어 인간의 귀로는 들을 수 없는 초음파(20킬로헤르츠 이상)도 발생시킬 수 있었어요. 1834년에는 720개의 톱니를 가진 지름 82센티미터의 황동 바퀴를 이용해 24킬로헤르츠의 초음파를 발생시킵니다.

소리의 매질과 음속

근대 초기 사람들은 소리가 진공 속에서 전파될 수 있는지 궁금해했습니다. 독일의 과학자 키르허Athanasius Kircher는 항아리 속에 종을 넣고 공기를 펌프로 뽑아낸 다음, 소리가 들리는지 확인했어요. 항아리에서 울린 종소리를 확인한 그는 실험을 통해 소리가 진공에서도 전해진다고 주장합니다. 그러나 이 실험은 불완전했어요. 당시 기술로는 완전한 진공을 만들 수 없었기 때문이에요. 비록 이 실험은 정확하지 않았지만, 후에 영국의 과학자 보일Robert Boyle이 개선된 펌프를 사용해 소리가 매질 없이는 전달되지 않는다는 사실을 명확히 입증하는 계기가 되었답니다.

소리의 속도도 다양한 방법으로 측정되었습니다. 당시 사람들은 빛이 소리보다 빠르다는 것을 알고 있었어요. 이 사실을 이용하여 소리의 속력을 측정하려는 시도가 있었지요.

17세기, 프랑스의 과학자 가센디Petrus Gassendi는 섬광과 총성 사이에 경과된 시간을 기록해 음속을 측정하려고 했습니다. 그는 자신으로부터 멀리 떨어진 곳에서 조수에게 총을 쏘게 했어요. 가센디는 총의 섬광을 발견한 순간부터 총소리를 듣는 순간까지의 시간을 측정하고, 총과 자신과의 거리를 걸린 시간으로 나누어 음속을 구했어요. 그가 구한 값은 초

더알아보기

바람 하프와 고양이 피아노

박물학자로 불린 키르허는 아이디어가 많은 사람이었어요. 그는 기계 장치, 음악, 광학, 자석 실험 등 여러 분야에서 독창적인 아이디어를 선보였지요. 그가 발명한 장치로는 바람 하프와 가상의 악기인 고양이 피아노가 있어요. 바람 하프는 바람에 의해 연주되는 악기인데, 바람이 줄을 스치며 소리가 나는 구조예요. 연주자가 없어도 바람의 세기와 방향에 따라 음색이 달라지지요.

또 하나는 고양이 피아노라는 가상 악기예요. 건반을 눌렀을 때 각 건반 아래에 꼬리를 뻗은 고양이들을 배치해 서로 다른 톤의 고양이의 소리가 울리게 하여 연주하는 상상의 장치지요. 물론 실제로 연주된 적은 없답니다.

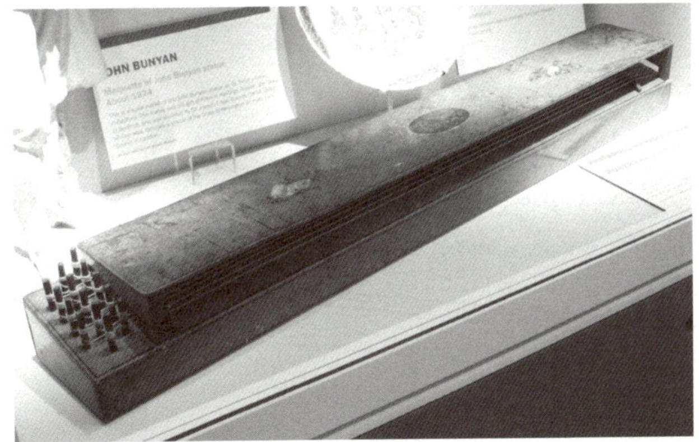

바람 하프

고양이 피아노 상상화

속 478.4미터로 실제 음속보다 훨씬 큰 값이지요.

1650년대에는 이탈리아의 물리학자 조반니 알폰소 보렐리Giovanni Alfonso Borelli와 빈첸초 비비아니Vincenzo Viviani가 가센디와 같은 방법을 이용하여 음속을 초속 350미터로 측정했습니다. 또 1740년 비안코니 Bianconi는 음속이 온도에 따라 증가한다는 것을 알아냈어요. 물속에서의 음속은 1826년, 스위스의 물리학자 다니엘 콜라동Daniel Colladon에 의해 처음으로 측정되었는데, 그는 8도의 물속에서 음속이 초속 1,435미터라는 것을 알아냈답니다.

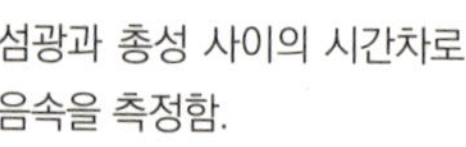

섬광과 총성 사이의 시간차로
음속을 측정함.

파동의 수학적 성질

[파동 방정식과 중첩 현상]

파동은 한 질점의 진동이 매질을 따라 전파되는 현상입니다. 그러므로 파동의 변위는 질점의 위치와 시간에 의존한다고 말할 수 있어요. 물리학자들은 파동의 변위가 만족하는 방정식을 찾고자 했습니다. 그 방정식을 우리는 파동 방정식이라고 부르지요.

파동 방정식을 발견한 사람은 프랑스의 수학자이자 물리학자 달랑베르Jean-Baptiste le Rond d'Alembert입니다. 그는 연구를 통해 '현의 진동은 수학적으로 파동 방정식을 이용해 기술할 수 있다'라는 것을 증명하는 데 성공했어요. 그러자 다른 과학자들도 파동에 대해 더 깊이 탐구하기 시작했지요. 두 개 이상의 파동의 중첩에 관한 이론은 1753년, 다니엘 베르누이Daniel Bernoulli가 제시했어요. 다음 파동을 보세요.

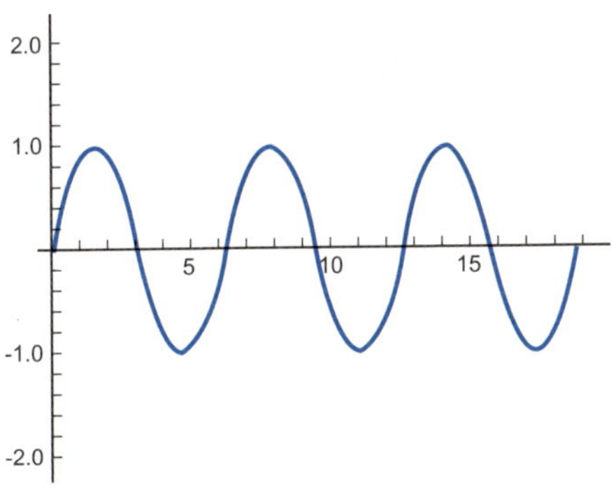

이번에는 진폭이 두 배, 진동수가 세 배로 증가한 다음 파동을 보지요.

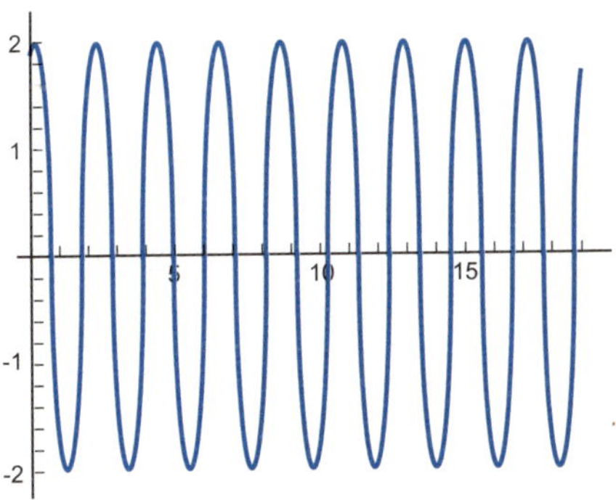

이 두 파동이 합쳐져 새로운 파동이 되는 것을 파동의 중첩이라고 불러요. 이 두 파동의 중첩 결과는 다음과 같아요.

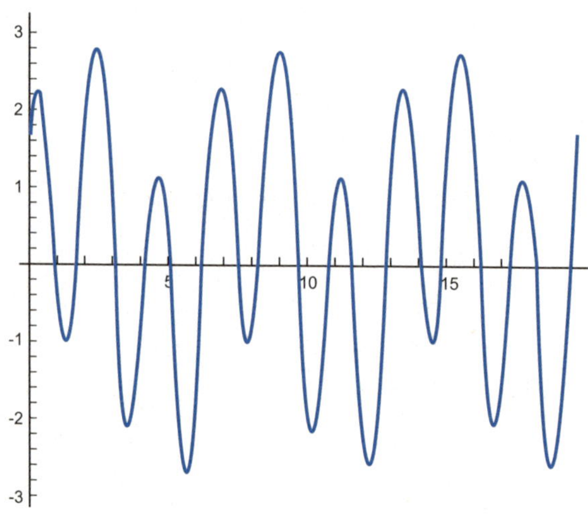

이렇게 파동이 중첩되어 변위가 합성될 때, 서로 보강되어 변위가 커지거나 반대로 상쇄되어 변위가 작아지는 현상을 파동의 간섭이라고 합니다. 파동의 간섭에는 진폭이 커지는 보강 간섭과 진폭이 0이 되는 상쇄 간섭이 있어요.

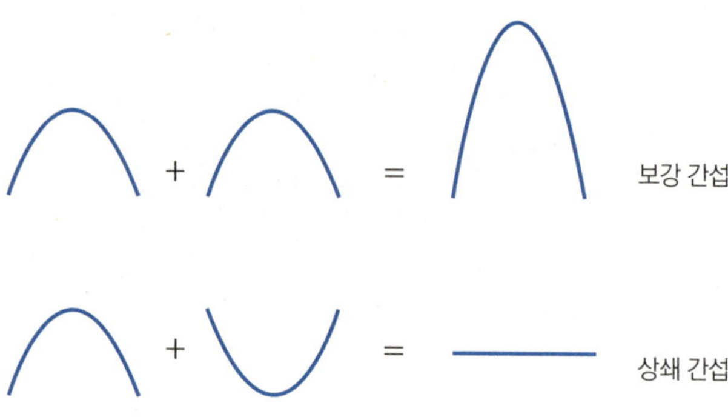

보강 간섭은 진폭이 커지고 상쇄 간섭은 진폭이 작아진다.

[정상파]

　파동이 서로 겹쳐 간섭을 일으킨다는 사실은 또 다른 흥미로운 관찰로 이어졌습니다. 바로 두 파동이 정반대 방향에서 만나 끊임없이 진동을 유지하는 정상파 현상이에요. 똑같은 두 파동이 서로 반대 방향에서 오며 중첩되면 간섭에 의해 파동이 사라지지 않고 계속 진동하는 파가 만들어지는데, 이것을 정상파라고 해요. 이 사실을 발견한 사람은 영국의 패러데이입니다. 1831년, 패러데이는 용기 안의 액체 표면에서 정상파를 관찰했고 1860년, 멜데Franz Melde가 '정상파'라는 용어를 처음 사용했어요.

　아래 그림은 왼쪽 벽으로 입사하는 입사파와 반사되어 오른쪽으로 진행하는 반사파를 주기 T의 $\frac{1}{4}$배씩, 시간 t만큼 흘렀을 때 파동의 모습을 그린 것입니다. 맨 아래쪽은 입사파와 반사파를 합친 파동의 모습을 나타낸 거예요.

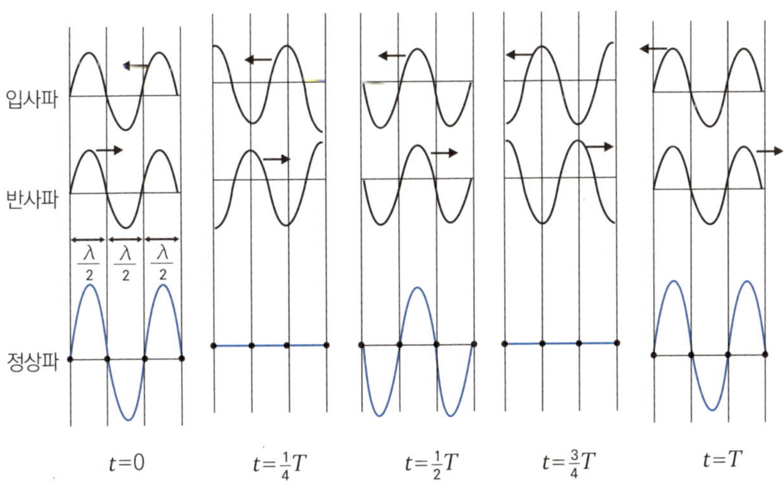

앞의 그림에서 우리는 주기 T의 $\frac{1}{4}$배씩 시간이 흐르면 파동은 파장의 $\frac{1}{4}$만큼 움직인다는 것을 알 수 있습니다. 각 시각에서 맨 아래 그림, 즉 입사파와 반사파가 합쳐진 정상파를 보세요. 이 그림을 보면 항상 진동하지 않는 지점이 생긴 것을 볼 수 있어요. 이때 항상 진동하지 않는 점을 마디, 진폭이 가장 큰 곳을 배라고 불러요.

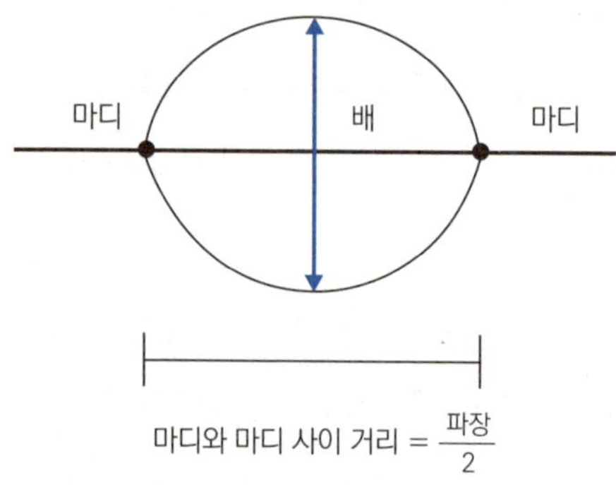

따라서 우리는 마디와 마디 사이의 거리가 파장의 절반이 된다는 것을 알 수 있습니다. 이때 마디와 마디 사이의 입술 모양을 만들며 오르락내리락하는 파동을 정상파 한 마디라고 해요.

줄도 결국은 정상파가 만들어 내는 소리의 원리를 따릅니다. 길이가 L인 줄의 양 끝이 고정되어 있으면 양 끝이 마디가 되는 정상파가 만들어져요. 이제 길이 L인 줄에 몇 개의 정상파가 만들어질 수 있는지 생각해 봅시다. 파장의 길이를 λ라고 하고, 정상파 한 개가 만들어지는 경우를 그려 볼게요.

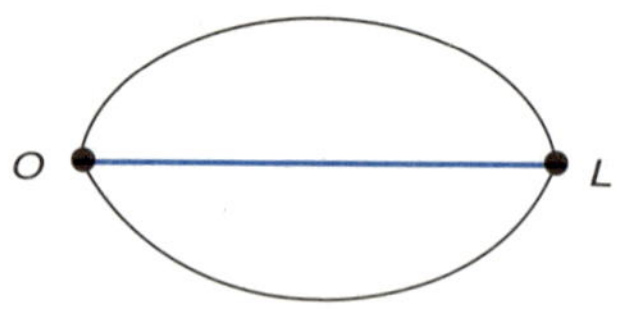

이때 줄의 길이 L은 다음과 같아요.

$$\frac{\lambda}{2} = L$$

이번에는 각각 정상파 두 개와 세 개가 만들어지는 경우를 그려 볼까요?

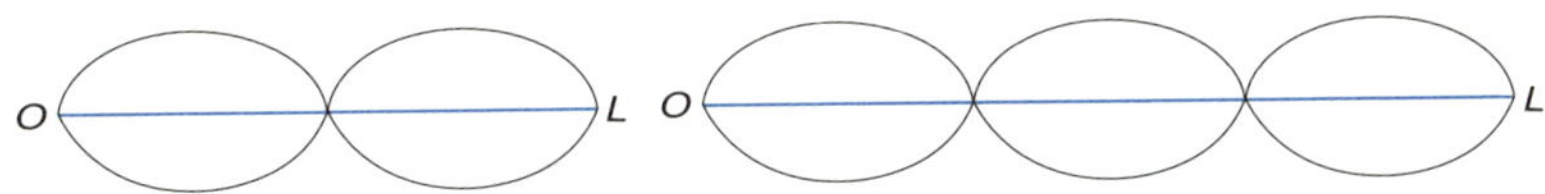

각각의 경우에 다음과 같은 관계식이 성립해요.

$$(\text{왼쪽}) \ 2 \times \frac{\lambda}{2} = L \quad (\text{오른쪽}) \ 3 \times \frac{\lambda}{2} = L$$

정상파가 n개 만들어지는 경우는

$$n \times \frac{\lambda}{2} = L$$

이라는 관계식을 얻을 수 있어요. 따라서 정상파가 만들어지려면 파장이

$$\lambda = \frac{2L}{n}$$

이라는 조건을 만족해야 해요. 여기서 $n = 1, 2, 3 \cdots$ 이지요. 이때 파장은 줄의 길이에 비례하므로 줄의 길이가 짧을수록 파장은 작아지고 그만큼

진동수는 커집니다. 결국 줄의 길이가 짧을수록 높은음이 만들어지지요.

도플러 효과

구급차가 지나갈 때, 요란하게 울리는 사이렌 소리를 들어 본 적이 있을 겁니다. 여러분들은 아마 서 있을 때 응급차의 이동에 따라 사이렌 소리의 음높이가 달라진다는 것도 알고 있을 거예요. 이는 도플러 효과 때문인데, 이 현상을 발견한 오스트리아의 물리학자 도플러Christian Doppler 의 이름에서 유래했어요.

1842년, 도플러는 자신의 논문에서 정지한 관찰자에게 소리와 빛의 파동이 다르게 들리거나 보이는 현상을 수학적으로 설명합니다. 그리고 1845년, 네덜란드의 바위스 발롯은 움직이는 열차에 트럼펫 연주자를 태워 도플러 효과를 실험적으로 입증했어요. 도플러 효과는 움직이는 관찰자가 파동의 진동수를 실제와 다르게 느끼는 현상이에요. 어떤 사람이

네덜란드 위트레흐트에 있는 도플러 효과 기념벽화

정지해 있고 파원도 정지해 있다고 생각해 보세요. 이때 파원(파동이 시작된 곳)에서 만들어진 파동의 진동수는

$$(\text{정지 관찰자의 진동수}) = \frac{(\text{파동 속도})}{(\text{파장})}$$

가 됩니다.

만약 이 사람이 속력 $\square$로 파원에서 멀어진다면, 이때 움직이는 관찰자는 파동의 상대 속도를 느끼게 돼요.

$$(\text{파동의 상대 속도}) = \text{파동 속도} - \text{움직이는 관찰자의 속도}$$
$$= \text{파동 속도} - \square$$

따라서 움직이는 관찰자가 측정하는 파동의 진동수는

$$(\text{움직이는 관찰자의 진동수}) = \frac{(\text{파동의 상대 속도})}{(\text{파장})}$$
$$= \frac{(\text{파동 속도}) - \square}{(\text{파장})}$$

크리스티안 도플러

•1803년: 신성로마제국 잘츠부르크 선제후국(오늘날 오스트리아)에서 태어남.

•1822년: 빈 폴리테크닉 대학에 입학.

•1825년: 빈 폴리테크닉 대학 졸업 후 빈 대학에서 학업을 이어 감.

•1829년: 빈 대학 졸업 후 조교로 활동함.

•1837년: 프라하 폴리테크닉 대학교(현재 체코 공과대학)의 수학 및 기하학 교수로 임용됨.

$$= \frac{(\text{파동 속도})}{(\text{파장})} - \frac{\square}{(\text{파장})}$$

$$= \frac{(\text{파동 속도})}{(\text{파장})}\left(1 - \frac{\square}{(\text{파동 속도})}\right)$$

$$= \left(1 - \frac{\square}{(\text{파동 속도})}\right) \times (\text{정지 관찰자의 진동수})$$

가 되지요. 이때 정지 관찰자의 진동수는 파동의 실제 진동수이므로

$$(\text{움직이는 관찰자의 진동수})$$
$$= \left(1 - \frac{\square}{(\text{파동 속도})}\right) \times (\text{파동의 실제 진동수})$$

가 됩니다. 그러므로 움직이는 관찰자가 측정하는 파동의 진동수는 실제 진동수보다 작아지지요.

마찬가지로 관찰자가 속력 $\square$로 파원에 가까워지면

$$(\text{움직이는 관찰자의 진동수})$$
$$= \left(1 + \frac{\square}{(\text{파동 속도})}\right) \times (\text{파동의 실제 진동수})$$

가 되므로 움직이는 관찰자가 측정하는 파동의 진동수는 실제 진동수보다 커져요.

솔리타리 파동

파동은 보통 여러 개가 겹치고 퍼져 나가는 모습으로 떠올리기 쉽습니다. 그런데 세상에는 조금 특별한 파동도 있어요. 마치 혼자 길을 떠나는 여행자처럼, 형태를 잃지 않고 홀로 나아가는 파동이 있지요. 이것이 바로 '솔리타리 파동Solitary Wave'이에요.

이 파동은 스코틀랜드의 과학자 러셀John Scott Russell이 발견했습니다. 러셀은 스코틀랜드 글래스고의 파크헤드에서 태어났어요. 그는 1825년, 17살의 나이로 글래스고 대학교를 졸업하고 에든버러로 이주하여 리스 역학 연구소에서 수학과 과학을 가르쳤어요. 이후 1832년, 에든버러 대학의 자연 철학 교수였던 존 레슬리 경이 세상을 떠나자, 24살의 젊은 나이로 대학에서 강의를 맡게 되었어요.

1834년, 러셀은 운하 실험 중 새로운 파동을 발견했습니다. 배가 멈추자 앞에 거대한 물 더미가 생겼는데, 이는 형태를 유지한 채 약 2~3킬로미터를 이동했어요. 이 발견에 대해 그는 다음과 같이 말했어요.

나는 한 쌍의 말이 좁은 수로를 따라 빠르게 끌고 가는 배의 움직임을 관찰하고 있었는데, 배가 갑자기 멈췄다. 그러자 배 앞에 커다란 물 더미가 나타났다. 그 물더미는 형태의 변화나 속도의 감소가 없이 수로를 따라 계속 흘러갔다. 나는 말을 타고 물더미를 관찰했다. 물더미는 여전히 시속 13~15킬로미터의 속도로 움직이면서 길이가 약 9미터, 높이가 30~45센티미터 정도인 원래의 모습을 그대로 유지했다. 1834년 8월, 나는 솔리타리 파동(고독한 파동)이라는 새로운 종류의 파동을 보게 되었다.

– 스콧 러셀

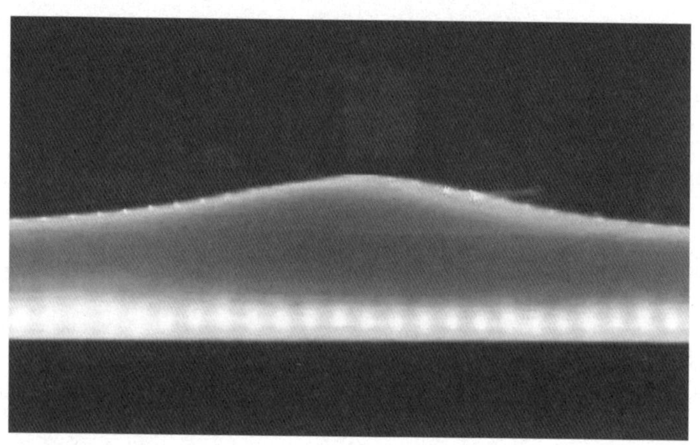

실험실에서 만들어 낸 솔리타리 파동

1995년 7월 12일, 전 세계 과학자들이 모인 스코틀랜드 에든버러 근처의 유니언 운하에서 솔리타리 파동 실험이 다시 이루어졌습니다. 이 실험은 19세기에 시작된 한 과학적 발견이 20세기 말에도 여전히 생생하게 살아 있음을 보여 준 상징적인 순간이었어요. 이 고독한 파동은 여전히, 시간과 세대를 연결하는 과학의 유산으로 이어지고 있답니다.

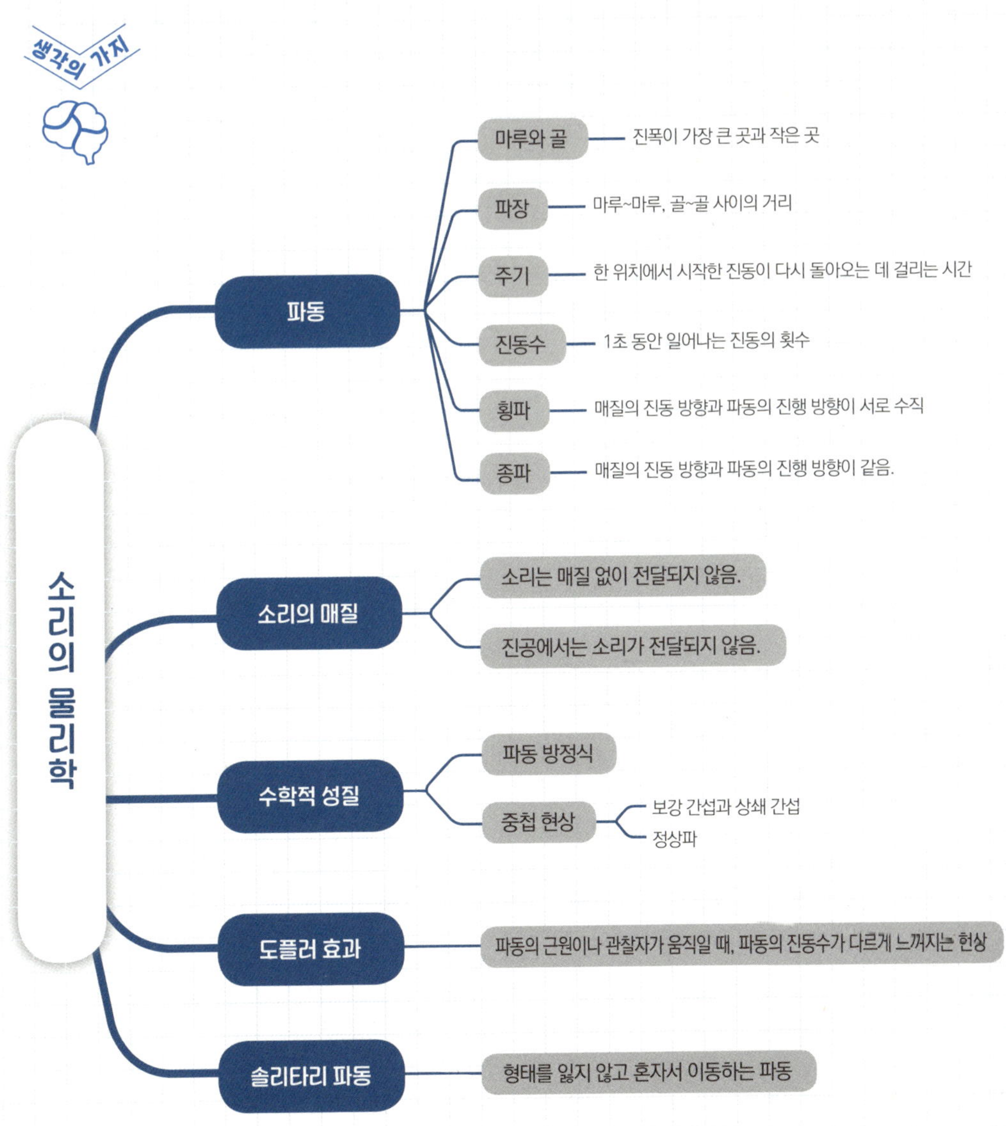
생각의 가지
소리의 물리학
파동
마루와 골 — 진폭이 가장 큰 곳과 작은 곳
파장 — 마루~마루, 골~골 사이의 거리
주기 — 한 위치에서 시작한 진동이 다시 돌아오는 데 걸리는 시간
진동수 — 1초 동안 일어나는 진동의 횟수
횡파 — 매질의 진동 방향과 파동의 진행 방향이 서로 수직
종파 — 매질의 진동 방향과 파동의 진행 방향이 같음.
소리의 매질
소리는 매질 없이 전달되지 않음.
진공에서는 소리가 전달되지 않음.
수학적 성질
파동 방정식
중첩 현상 — 보강 간섭과 상쇄 간섭 / 정상파
도플러 효과 — 파동의 근원이나 관찰자가 움직일 때, 파동의 진동수가 다르게 느껴지는 현상
솔리타리 파동 — 형태를 잃지 않고 혼자서 이동하는 파동

보이지 않는 흐름의 힘

바다와 빙산, 그리고 배의 거대한 비극 속에는 유체의 법칙이 숨어 있다.

정교수의 pick

◆ 사이펀　◆ 부력　◆ 파스칼 원리
◆ 베르누이 법칙　◆ 마그누스 효과

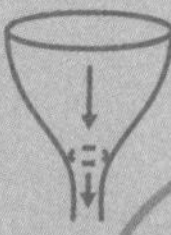

흐름 속의 과학

1912년 4월 10일, 영국 사우샘프턴 항구의 제44부두에는 여객선 타이태닉호가 출항 준비를 하고 있었습니다. 프랑스 셰르부르와 아일랜드 퀸스타운을 거쳐, 4월 17일 아침 미국 뉴욕에 도착하는 것이 예정된 항로였지요. 그러나 이 장대한 여정은 인류 역사상 가장 비극적인 해난 사고로 남습니다.

4월 14일 밤, 북대서양의 항로에는 빙산 경보가 이어지고 있었습니다. 하지만 타이태닉호는 이를 대수롭지 않게 여기며 전속력으로 바다를 가르며 달리고 있었어요. 파도조차 없는 고요한 밤, 암흑 속에서 장애물을 식별하기란 거의 불가능했습니다.

결국 밤 11시 39분, 갑판부 선원이 앞에 있는 빙산을 발견했지만 피하기에는 이미 늦었습니다. 눈에 보이는 빙산은 높이 20미터에 불과했지만, 그 아래로 전체의 10분의 9에 달하는 거대한 얼음덩어리가 숨어 있었기 때문이에요. 1분 뒤, 타이태닉호의 거대한 선체는 빙산과 충돌하고 맙니다.

타이태닉호의 비극은 오늘날 우리가 유체의 세계를 이해해야 하는 이유를 잘 보여 줍니다. 이제 이 거대한 바다와 빙산, 그리고 배의 운명을 결정지은 유체 역학의 법칙으로 들어가 봅시다.

가득 차면 비워진다? 사이펀

고체와 달리 흐르는 성질을 지닌 액체와 기체를 합쳐서 유체라고 합니다. 흘러가는 강물이나 공기의 흐름인 바람은 모두 유체의 한 예이지요. 유체 역학은 이렇게 액체와 기체의 성질, 그리고 그 흐름을 연구하는 물리학의 한 분야예요. 사실 인류는 문명이 시작될 때부터 유체의 흐름을 실용적으로 이용해 왔어요. 물을 멀리 보내기 위한 관개 시설, 홍수를 막기 위한 제방, 생활용수를 공급하는 배수 장치, 그리고 배나 무기 제작에도 유체의 성질이 쓰였지요. 하지만 당시 사람들은 이러한 현상을 과학적으로 설명하지는 못했고, 경험에 따라 기술을 전해 왔어요.

고대 이집트의 기록에서도 놀라운 증거를 찾을 수 있습니다. 기원전 1500년 무렵, 제18왕조 시기의 부조에는 큰 저장 항아리에서 액체를 꺼내는 데 사용된 사이펀Siphon이 묘사되어 있어요. 사이펀은 용기를 기울이지 않고도 액체를 위로 끌어올려 더 낮은 곳으로 옮길 수 있는 장치예요. 한 다리는 길고 다른 한 다리는 짧은 U자 모양을 하고 있지요. 사이펀이 작동하려면 먼저 관 전체가 액체로 가득 차야 해요. 관 속에 공간이 있으면 액체가 이어지지 못해 흐름이 끊어지기 때문이에요. 이렇게 채워진 상태에서 사이펀의 작동은 중력과 대기압, 두 가지 힘으로 설명할 수 있어요.

[사이펀의 작동 원리]

첫째, 높은 곳에 놓인 수조의 액체 표면에는 대기압이 작용합니다. 이 대기압은 수조와 연결된 관 속의 압력이 상대적으로 낮을 때 압력 차이로 인해 액체가 관 쪽으로 이동하게 만들어요.

둘째, 한 번 꼭대기를 넘어간 액체는 그 이후에는 중력 때문에 낮은 쪽으로 쏟아져 흐르게 됩니다.

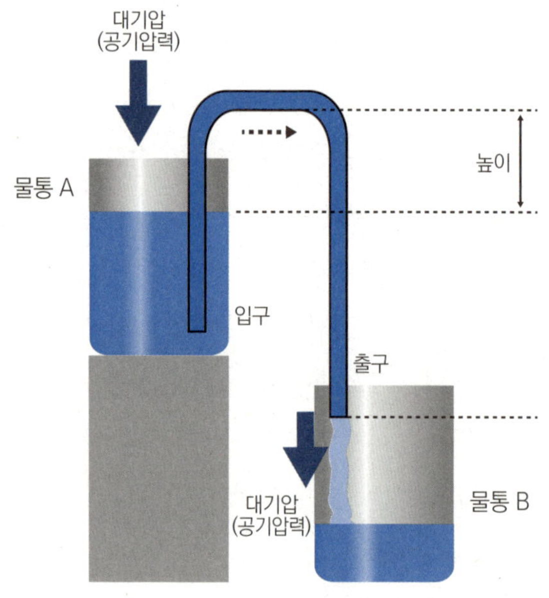

결국 사이펀은 압력과 중력이 함께 작용하여 액체를 이동시키는 장치라 할 수 있습니다. 하지만 사이펀에도 한계가 있어요. 두 용기의 액체 높이가 같아지면 압력 차이가 사라져 흐름이 멈추게 돼요. 또 관을 너무 높이 들어 올리면 관의 꼭대기 부분에 진공이 생겨 흐름이 끊길 수도 있어요. 실제로 물의 경우 이 높이는 약 10미터 정도가 한계랍니다. 이처럼 단순하지만 기발한 원리로 작동하는 사이펀은 고대부터 오늘날까지 널리 활용되어 왔고, 유체 역학의 기본 개념을 설명하는 중요한 장치로 자리 잡았어요.

유레카! 아르키메데스

역사적으로 유체의 성질을 과학적으로 설명한 최초의 인물은 고대 그리스 시라쿠사의 과학자 아르키메데스Archimedes입니다. 시라쿠사는 지금의 이탈리아 시칠리아섬에 있는 항구 도시로, 고대에는 지중해 해상 무역의 요충지이자 문화와 과학이 융성했던 도시였어요. 당시 시라쿠사는 그리스 본토에서 멀리 떨어져 있었지만, 스파르타와 아테네의 영향을 고스란히 받은 시칠리아의 중요한 도시 중 하나였지요.

시라쿠사를 다스리던 히에론 왕은 강력한 통치자였을 뿐 아니라 학문

더알아보기

절제와 지혜의 잔

고대 그리스 전승에는 피타고라스 컵이라는 사이펀의 원리를 이용한 컵 이야기가 전해집니다. 평소 금욕주의를 강조했던 그는 사람들이 술을 지나치게 마시지 못하게 하려고 이 장치를 만들었다고 해요. 겉보기에는 평범한 잔이지만, 중심에 세워진 기둥 안에는 숨겨진 사이펀 관이 들어 있어요. 일정 높이까지만 따르면 문제가 없지만, 욕심을 부려 컵에 액체를 너무 많이 따르면 관 내부가 채워지면서 사이펀 작동이 시작돼요. 그러면 컵 속의 내용물이 바닥 구멍을 통해 거의 모두 흘러나가 버리지요. 우리나라에도 같은 원리의 잔이 있는데, 바로 계영배라는 술잔이에요. 계영배는 조선 시대 선비들이 애용하던 잔으로, 술을 따를 때 절제와 겸손을 잃지 말라는 교훈을 담고 있어요. 계영배 역시 잔 안쪽에 작은 기둥 모양의 장치가 있고, 그 속에 사이펀 구조가 숨어 있어요. 술을 일정한 눈금 이상 따르면 내용물이 모두 빠져나가 버려 빈 잔이 되어 버린답니다.

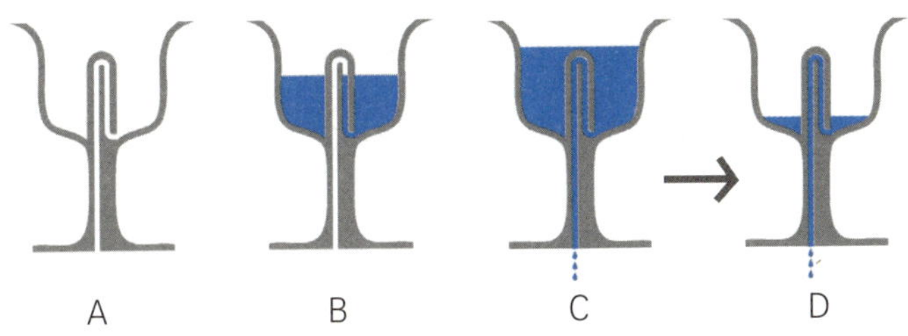

과 예술을 후원하는 지식의 후견인이기도 했습니다. 그는 고대 그리스에서 보기 드물게 과학자와 예술가들을 보호하고 격려하는 왕이었어요. 궁정에서 천문학자로 일했던 아버지 덕분에 어린 아르키메데스는 궁정 학자들의 토론과 실험을 가까이에서 접하며 성장할 수 있었지요. 이런 환경에서 자란 아르키메데스는 수학, 물리학, 천문학, 공학, 기하학에 뛰어난 재능을 보였어요. 특히 이론적 사고를 실제 문제 해결에 적용하려는 데 관심이 많아 나사 펌프 같은 기구도 발명했지요.

그의 재능은 단순히 학문적 연구에 머무르지 않았습니다. 그는 왕과 시민들이 직면한 실제 문제를 해결하는 데에도 능력을 발휘했어요. 그 대표적인 일화가 바로 히에론 왕의 왕관 사건입니다.

어느 날, 시라쿠사의 히에론 왕은 전쟁에서 승리를 거둔 뒤 신에게 감사의 제물을 바치고자 했습니다. 그는 순금으로 만든 왕관을 신전에 바치기로 하고, 궁정의 세공장에게 금 덩어리를 맡겼어요. 그러나 세공장은 금을 빼돌리고 값싼 은을 섞어 왕관을 만들었지요. 그런데 얼마 후 세공장이 은을 섞어 금관을 만들었다는 소문이 퍼지기 시작했어요. 결국 히에론 왕은 아르키메데스에게 왕관의 진위를 가려내라는 명령을 내리게 됩니다.

며칠 동안 해답을 찾지 못해 고민하던 아르키메데스는 하인의 권유로 목욕탕에 갔습니다. 물이 가득 찬 탕에 몸을 담그자, 물이 밖으로 넘쳐흘렀고, 그 순간 그는 부피와 밀도의 비밀을 깨닫고 환호성을 질렀어요. 전해지는 이야기로는, 그는 "유레카!(찾았다!)"를 외치며 알몸으로 거리로 달려 나갔다고 해요.

아르키메데스는 곧 실험을 시작했습니다. 물이 가득한 통에 왕관을 넣자 물이 흘러넘쳤고, 그는 넘친 물의 양이 곧 왕관의 부피임을 알아냈어요. 이어서 같은 무게의 순금덩이와 은덩이를 각각 넣어 비교했지요. 은덩이를 넣었을 때는 물이 가장 많이 넘쳐흘렀고, 왕관은 그보다 적었으며, 순금덩이를 넣었을 때는 가장 적게 흘렀어요. 그는 이 실험을 통해 금관이 금으로만 이루어진 것이 아니라는 것을 알아냅니다. 만일 금관이 금으로만 만들어졌다면 같은 무게의 금 덩어리를 넣었을 때와 같은 부피의 물이 넘쳐흘렀을 거예요. 하지만 같은 무게의 은 덩어리와 금 덩어리를 물에 넣었을 때 넘쳐흐르는 물의 양은 서로 달랐어요. 이것은 은과 금의 밀도가 다르기 때문이에요. 무게는 질량에 비례하고 질량은 밀도와 부피의 곱으로 나타냅니다. 그러니 질량이 같으면 밀도와 부피의 곱이 같지요. 그런데 은의 밀도가 작으니까 부피가 더 커집니다. 그래서 은 덩어리를 넣었을 때 물이 더 많이 넘쳐흐르는 거예요.

[부력의 원리]

아르키메데스는 이 실험을 통해 부력을 발견했습니다. 부력은 물체가 유체에 잠겨 있을 때 물체에 위 방향으로 작용하는 힘이에요. 물체가 물에 떠 있는 것은 부력과 중력이 평형을 이루기 때문이지요. 부력은 물에 잠긴 물체의 위쪽과 아래쪽이 받는 압력의 차 때문에 생기고, 여기서 압력은 힘을 넓이로 나누어준 양이에요.

물속에 잠긴 물체는 사방에서 물의 압력을 받습니다. 그런데 물의 압력은 깊이에 따라 커지므로, 물체의 위쪽보다 더 깊은 아래쪽에 작용하는 압력이 더 커요. 이 압력 차이 때문에 물체는 위쪽으로 힘을 받게 되는데, 이것이 바로 부력이에요. 쉽게 말해, 부력은 유체가 물체를 위로 밀어 올리는 힘이지요. 아르키메데스의 원리에 따르면, 부력의 크기는 물체가 밀어낸 물의 무게와 같다고 할 수 있어요.

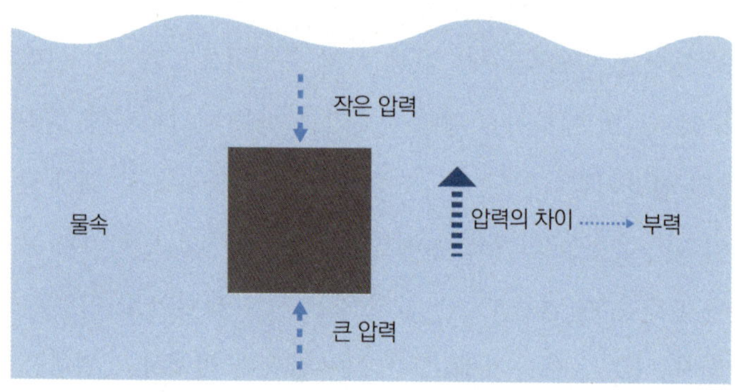

물의 압력 차이로 물체는 위쪽으로 힘을 받는다.

물체가 어떤 유체에 뜨는가, 가라앉는가는 물체의 밀도와 유체의 밀도와 관련 있어요. 물체의 밀도가 유체의 밀도보다 크면 가라앉고 반대로 물체의 밀도가 유체의 밀도보다 작으면 물체는 떠요. 쇳조각이 물에 가라앉는 것은 쇠의 밀도가 물의 밀도보다 크기 때문이고 스티로폼이 물에 뜨는 것은 스티로폼의 밀도가 물의 밀도보다 작기 때문이죠.

이스라엘의 사해_부력이 커서 가라앉지 않고 떠 있을 수 있다.

[부력의 크기]

부력의 크기는 물에 잠긴 물체의 부피만큼의 유체의 무게와 같습니다. 무게는 질량과 중력가속도의 곱이에요. 다음 그림과 같이 물체가 유체 속에 잠겨 있는 경우를 생각해 보세요.

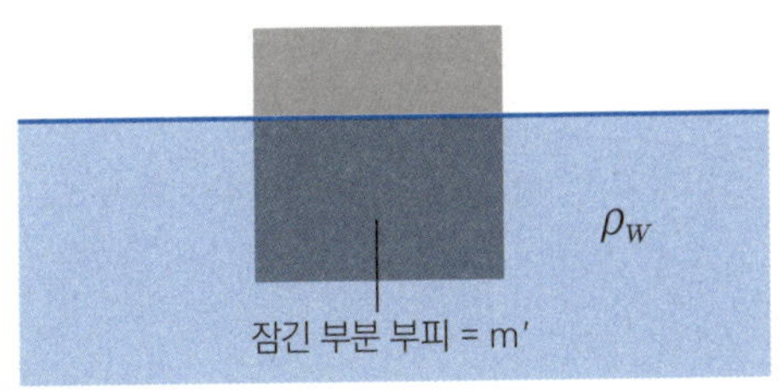

유체의 밀도를 ρ_w라고 하고 물체가 잠긴 부피를 V라고 해 봅시다. 그러면 그만큼의 유체 질량은 유체의 밀도와 물체의 부피를 곱한 값인

$$(물에 잠긴 물체 부피만큼의 유체 질량) = \rho_w \times V$$

이 됩니다. 또한 유체의 무게는 유체의 질량과 중력가속도 g의 곱이므로

$$(물에 잠긴 물체의 부피만큼의 유체의 무게)$$
$$= \rho_w \times V \times g$$

가 되지요. 따라서 부력은

$$(부력) = V \times \rho_w \times g$$

가 된다는 것을 알 수 있어요.

빙산이 물에 뜨는 이유는 바로 부력 덕분입니다. 물속에 들어간 물체는 아래쪽이 더 깊기 때문에 더 큰 압력을 받아, 그 차이만큼 위로 밀려 올라오는 힘, 부력을 받아요. 빙산이 물에 떠 있을 때는 아래에서 받는 부력과 빙산의 무게, 이 두 힘이 서로 같아져야만 가라앉지도 않고 떠오르지도 않으며 평형을 이룹니다.

이제 빙산에서 물에 잠겨 있는 부분의 부피를 구해 보도록 할까요? 한 변의 길이가 L인 정육면체 모양의 빙산이 있는데, 다음과 같이 깊이 d만큼 잠겨 있다고 할게요.

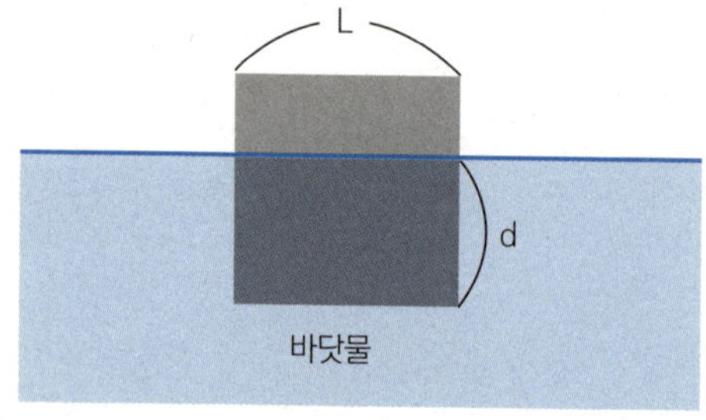

물속에 잠긴 부분의 부피는 $L^2 \times d$가 되므로 바닷물의 밀도를 ρ_w라고 할 때 부력은

$$(부력) = L^2 \times d \times g \times \rho_w$$

이 됩니다. 이때 부력과 빙산의 무게는 평형을 이루어야 해요. 빙산의 무게는 빙산의 질량과 중력가속도의 곱이고, 빙산의 질량은 얼음의 밀도(ρ_I)와 빙산의 부피 (L^3)의 곱이므로

$$(\text{빙산의 무게}) = L^3 \times g \times \rho_I$$

가 돼요. 평형 조건은

$$(\text{부력}) = (\text{빙산의 무게})$$

이므로

$$\frac{d}{L} = \frac{\rho_I}{\rho_w}$$

가 되지요. 여기에 실제 값을 넣으면, 얼음의 밀도는 $0.92\times10^3\text{kg/m}^3$이고, 바닷물의 밀도는 $1.03\times10^3\text{kg/m}^3$이므로

$$\frac{d}{L} = 0.89$$

가 돼요. 즉, 빙산의 약 89퍼센트는 물속에 잠기고, 11퍼센트만 수면 위로 나온다는 뜻이에요.

근대 유체 역학의 태동

아르키메데스는 정지해 있는 유체의 성질을 탐구했는데, 이를 유체 정역학Hydrostatics이라고 합니다. 반면에, 흐르고 움직이는 유체의 성질

을 다루는 분야는 유체 역
학Hydrodynamics이라고 해
요. 유체 역학의 본격적인 시
작은 갈릴레오의 제자였던
두 학자, 베네데토 카스텔리
Benedetto Castelli와 에반젤리스
타 토리첼리Evangelista Torricelli
로 거슬러 올라갑니다.

이탈리아 브레시아에서 태
어난 카스텔리는 파도바 대학
에서 공부한 뒤 베네딕토회
수도사로 활동했고, 갈릴레오
의 제자이자 그의 지지자였습

『흐르는 물의 측정에 관하여』의 표지

니다. 그는 갈릴레오의 뒤를 이어 피사 대학과 로마 라 사피엔자 대학의
수학 교수로도 활동했어요. 1628년에는 『흐르는 물의 측정에 관하여Della
Misura dell'Acque Correnti』를 출간해 강과 운하의 유체 운동 현상을 설명하
기도 했지요.

카스텔리는 물의 속도는 경로의 길이가 아니라 두 지점 사이의 높이차
에 의해 결정된다는 사실을 밝혀냈어요.

갈릴레오의 또 다른 제자 토리첼리는 이 아이디어를 한 단계 발전시
켰습니다. 그는 수조 벽에 난 구멍에서 물이 분출될 때의 속도가 구멍
사이의 높이차의 제곱근에 비례한다는 것을 증명했어요. 다음 그림을
보세요.

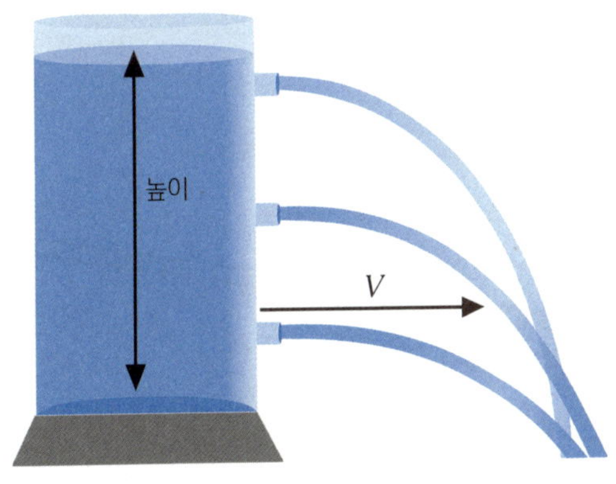

깊이가 h인 곳에 있는 구멍을 통해 분출되는 물의 유속을 V라 하면 둘의 관계는 다음과 같이 나타낼 수 있어요.

$$V \propto \sqrt{h}$$

오늘날 토리첼리의 정리($V=\sqrt{2gh}$)로 알려진 이 법칙은, 실제로는 베르누이 정리의 특수한 경우랍니다. 그는 유체에서 깊이가 같으면 압력이 어느 방향에서나 동일하다는 사실을 제시했고, 이 내용을 1644년에 출간한 자신의 책에 담았어요.

한편, 네덜란드의 수학자 시몬 스테빈은 『유체 정역학의 요소Elements of Hydrostatics』에서 독창적인 사고 실험을 제시했습니다. 그는 모양이 다른 여러 물탱크를 상상하며, 바닥에 작용하는 수압이 탱크의 모양과는 무관하다는 사실을 밝혔어요. 수압은 오직 물의 높이와 바닥의 면적에 의해서만 결정된다는 것이지요. 이는 오늘날 수압의 역설Hydrostatic Paradox로 알려져 있어요.

압력과 흐름의 법칙, 파스칼과 베르누이

유체가 만들어 내는 힘과 흐름의 원리를
이해하는 데 결정적인 전환점을 마련한 사
람이 바로 파스칼과 베르누이였습니다. 두
사람은 각각 압력이 어떻게 전달되는지, 또
흐르는 유체 속에서 압력과 속도가 어떻게
변하는지를 밝혀내며 유체 역학의 기초를
다졌어요. 먼저 파스칼의 원리부터 살펴보
도록 하지요.

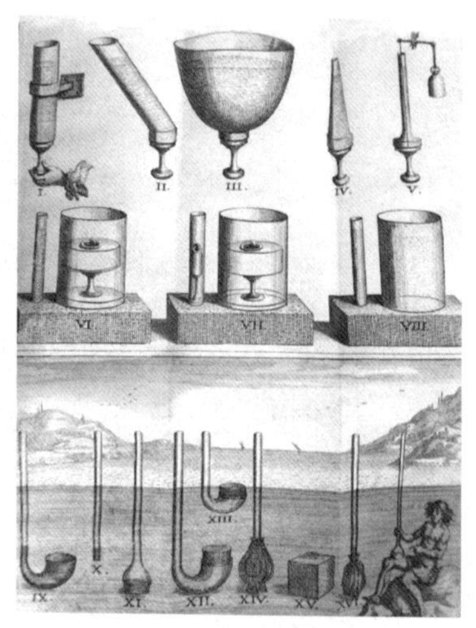

파스칼의 실험 장치

[파스칼의 원리]

*정지해 있는 액체는 한 곳에 생긴 압력의 변화가
액체의 모든 곳으로 모든 방향으로 전달된다.*

파스칼의 원리는 「액체의 평형에 관한 논문Sur l'équilibre des Liqueurs」
에 기록되어 있습니다. 하지만 파스칼은 이 논문을 저널에 투고하지 않
아서 그의 사후 저작물들을 정리하는 과정에서 발견되었어요. 파스칼의
액체의 성질에 대한 연구 내용은 1663년, 그가 사망한 후 출간된 『액체
의 평형과 공기의 무게에 관하여Traitez de L'equilibre des Liqueurs, et de la
Pesanteur de la Masse de l'air』에 수록되었지요.

다음 그림을 보세요.

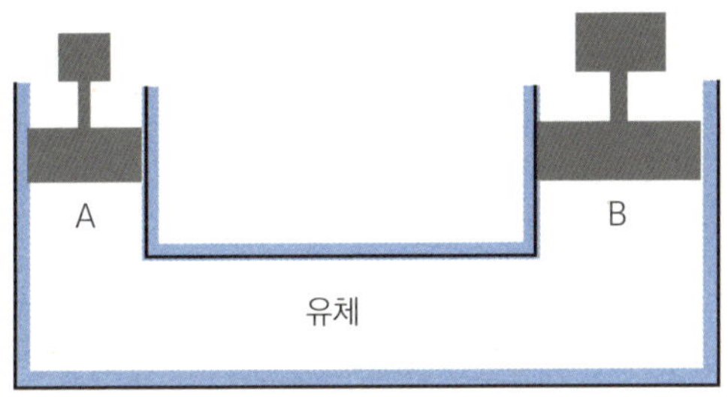

단면 B의 넓이는 넓고 단면 A의 넓이는 작습니다. 이때 단면 B를 어떤 힘으로 누르면 물에 작용하는 압력은 그 힘을 단면 B의 넓이로 나눈 값과 같아요. 그런데 이 압력은 물을 통해 모든 곳에 전달되므로 같은 압력으로 단면 B를 위로 올려요. 단면 B에 작용하는 압력은 단면 B를 올리는 힘을 단면 B의 넓이로 나눈 값이에요. 또한 액체의 압력이 같기 때문에 다음과 같은 식이 성립하게 돼요.

$$\frac{A를\ 누르는\ 힘}{A의\ 넓이} = \frac{B를\ 들어\ 올리는\ 힘}{B의\ 넓이}$$

여기서 A의 넓이가 B의 넓이보다 작으므로 위 등식이 성립하려면 A를 누르는 힘이 B를 들어 올리는 힘보다 작아야 해요. 바꿔 말하면, 좁은 면적 A에 힘을 가하면 그 압력은 넓은 면적 B에도 동일하게 전달된다는 뜻이지요. 그러니 작은 힘으로 큰 힘을 낼 수 있지요. 이렇게 파스칼의 원리를 이용하면 액체를 이용하여 작은 힘으로 큰 물체를 들어 올리는 장치를 만들 수 있는데 이것을 유압 장치 또는 유압 리프트라고 불러요.

파스칼의 원리는 일상생활 곳곳에서 사용됩니다. 치약 튜브를 밑에서 누르면 압력이 전체에 똑같이 전달되어 윗부분에서 치약이 나와요. 무엇보다 파스칼의 원리는 유압 시스템의 핵심으로, 자동차 정비소에서 차를 들어 올리거나, 비행기의 날개를 움직이고, 지하철 문을 여닫는 데까지 응용되고 있어요.

[베르누이의 방정식]

이제 유체 역학의 또 다른 핵심, 베르누이의 방정식을 살펴볼 차례입니다. 스위스의 과학자 다니엘 베르누이는 유체의 흐름에 관한 근본적인 법칙을 발견했습니다. 그는 1738년 저서 『Hydrodynamica』에서 이 내용을 정리하며 유체 역학 발전에 큰 전환점을 마련했습니다.

베르누이의 방정식을 간단히 말하면, 유체의 속도가 빨라질수록 압력은 낮아진다는 것입니다. 유체의 밀도가 일정할 때, 유체의 속도는 통로의 단면적과 반비례해요. 즉, 넓은 단면적에서 좁은 단면적으로 유체가 이동하면, 유체 속도는 빨라지지요.

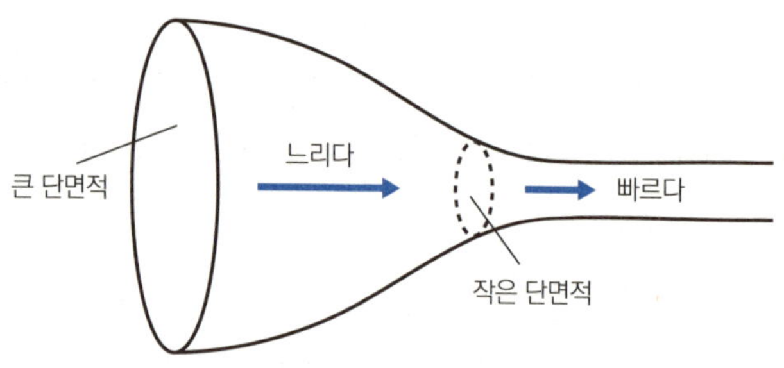

유체가 큰 단면적에서 작은 단면적으로 지나갈 때 속도가 빨라진다.

　또한 유체가 흐를 때는 세 가지 에너지(운동 에너지, 위치 에너지, 압력 에너지)를 가지는데, 이들의 합인 유체 에너지는 일정하게 보존됩니다.

　유체가 빠르게 흐르면 운동 에너지가 커져요. 또 유체가 높은 곳에 있을수록 위치 에너지가 커지지요. 압력 에너지는 유체가 유체 속 물체를 누르는 힘과 관련된 에너지예요. 먼저 유체가 같은 높이에서 흘러가는 경우를 생각해 보세요. 이때 위치 에너지는 일정합니다. 그러므로

$$(유체\ 에너지) = (운동\ 에너지) + (압력\ 에너지) = 일정$$

으로 나타낼 수 있어요. 유체가 빨라지면 운동 에너지가 커지므로 압력 에너지가 줄어들어요. 즉, 유체가 빠르게 흐르는 곳은 압력이 낮아지지요. 예를 들어, 입에 종이를 물고 종이 위에 바람을 불면 종이가 들려 올라가는데, 바람이 종이 위쪽을 빠르게 지나가면 압력이 낮아져서 아래에서 위로 종이를 밀어 올리기 때문이에요.

수압은 무게가 아니라 높이에 달려 있다

　사람들은 물통 바닥의 압력이 그 안에 담긴 물의 무게에 달려 있다고 생각합니다. 하지만 사실 수압은 물의 무게가 아니라 물의 깊이(높이)에 의해 결정돼요. 프랑스의 수학자 파스칼은 이를 실험으로 증명했지요. 그는 물이 가득 찬 통에 아주 가늘고 긴 튜브를 연결하고, 튜브 끝을 건물 3층 높이까지 세운 뒤 물을 채웠습니다. 놀랍게도, 가느다란 튜브에 부은 소량의 물이 통 바닥에 큰 압력을 가해 결국 통이 터져버렸어요. 이 현상은 오늘날 수압의 역설이라고 불려요. 즉, 물통의 모양이나 물의 양과는 상관없이, 바닥에서의 수압은 오직 물의 높이에 의해서만 결정된다는 뜻이지요.

마그누스 효과

운동장에서 축구 선수가 공을 감아 차면 공은 왼쪽으로 휘어져 들어갑니다. 야구에서 투수가 던지는 커브볼 역시 직선이 아니라 가파르게 아래로 떨어지지요. 이런 현상은 마법이 아니라 과학으로 설명할 수 있습니다. 바로 마그누스 효과Magnus Effect 때문이에요.

1852년, 독일의 물리학자 하인리히 마그누스Heinrich Gustav Magnus는

최초의 변화구, 커브볼의 탄생

오늘날 야구에서 커브볼은 당연한 구종이지만, 19세기에는 그 자체가 혁명이었습니다. 미국의 투수 캔디 커밍스Candy Cummings가 1867년 처음으로 공에 회전을 주어 타자를 속였다고 알려져 있습니다. 당시에는 공이 직선으로만 날아간다고 믿었기 때문에, 휘어지는 공은 마치 마술처럼 보였지요.

사실 이 현상은 바로 마그누스 효과 덕분입니다. 공의 회전에 의해 양쪽 면의 공기 흐름이 달라져 압력 차이가 생기고, 그 결과 공은 직선이 아니라 휘어지며 날아갑니다. 이렇게 해서 야구 역사상 첫 번째 변화구가 탄생한 것입니다.

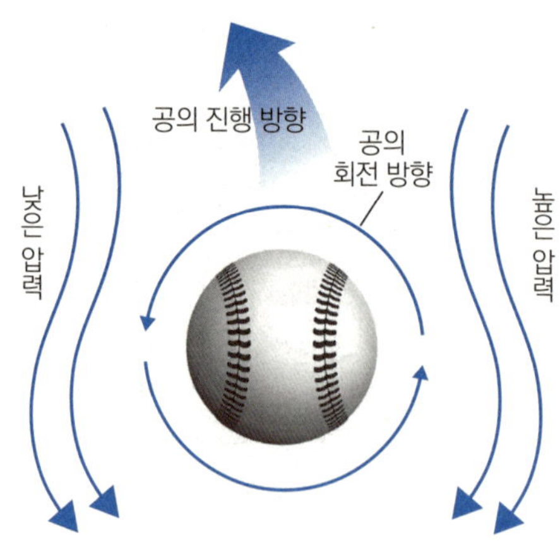

이 현상을 체계적으로 기술했습니다. 마그누스 효과란 회전하는 물체가 공기 중을 지날 때, 공기 흐름의 차이로 인해 옆으로 휘는 현상을 말해요. 공이 회전하며 날아가면 공 주위의 공기 흐름은 한쪽은 공의 회전 방향과 같고, 다른 쪽은 반대 방향이 됩니다. 이때 회전 방향과 같은 쪽의 공기 흐름은 빨라지고 압력이 낮아지며, 반대쪽은 흐름이 느려지고 압력이 높아지지요. 결국 압력이 높은 쪽에서 낮은 쪽으로 힘이 작용해 공은 직선이 아니라 휘어진 궤적을 그리게 되는 거예요.

축구에서는 이 효과가 감아 차는 프리킥에서 자주 나타납니다. 휘어진 궤적 때문에 공이 바나나처럼 휘어져 전 세계 팬들에게 '바나나킥'이라고 불려요.

잠수함의 원리

마그누스 효과가 공중에서 공의 궤적을 바꾸는 원리를 설명한다면, 바닷속에서는 또 다른 과학 원리가 숨어 있습니다. 바로 부력과 중력을 이용해 깊은 바다를 오르내리는 잠수함의 원리예요.

잠수함은 부력과 중력의 원리를 이용해 물속을 자유롭게 오르내릴 수 있습니다. 잠수함 내부의 밸러스트 탱크(평형수 탱크)에 물을 채우면 전체 밀도가 커져 중력이 우세해져 가라앉고, 반대로 물을 빼내면 잠수함의 밀도가 작아져 부력이 커져 다시 수면 위로 떠오를 수 있어요.

최초의 잠수함은 1620년, 네덜란드 과학자 코르넬리스 드레벨Cornelis Jacobszoon Drebbel이 잉글랜드 왕실의 후원을 받아 제작했습니다. 그의

잠수함은 노를 젓는 방식으로 추진되었으며 런던 템스강에서 시험 운항이 이루어졌어요.

1775년, 미국 독립전쟁 중 미국인 데이비드 부쉬넬David Bushnell은 영국 해군을 공격하기 위해 1인용 잠수정 터틀Turtle을 만들었습니다. 이어 1800년, 미국 발명가 로버트 풀턴Robert Fulton은 나폴레옹의 지원을 받아 잠수정 '노틸러스Nautilus'를 설계하고 건조했어요.

잠수정 터틀과 노틸러스 모형

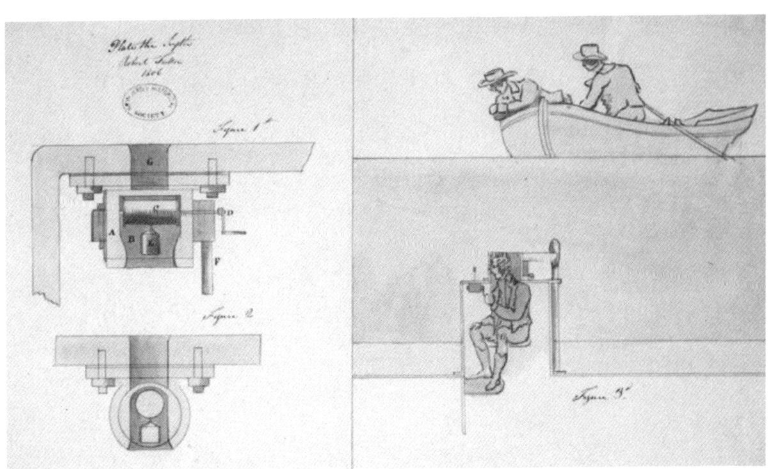

풀턴의 설계 도면과 모형

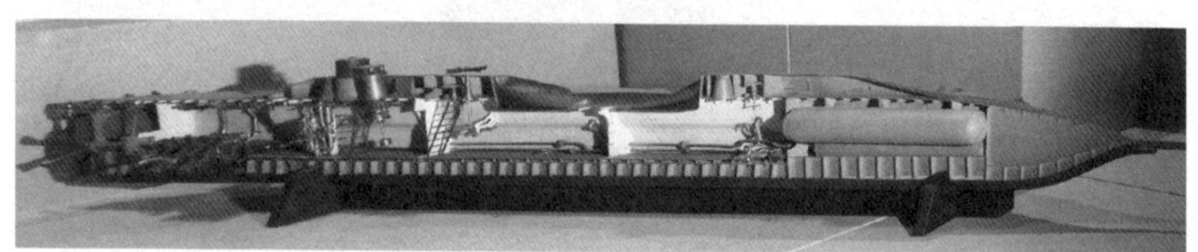

　기계 동력을 갖춘 최초의 잠수함은 1863년, 프랑스에서 진수된 플롱쥐르Plongeur입니다. 이 잠수함은 압축공기 엔진을 이용해 움직였고, 이는 잠수정 기술의 새로운 전기를 마련했어요.

　잠수함의 원리는 자연계에서도 발견됩니다. 물고기는 부레의 부피를 조절해 밀도를 바꾸며 물속을 오르내려요. 또 일부 악어는 위석(돌)을 지니기도 하는데, 부력과 잠수 시간에 영향을 준다고 해요. 결국 부력 = 밀도 차이라는 한 가지 법칙이 잠수함과 생물의 상승과 하강을 결정합니다.

보이지 않는 흐름의 힘

사이펀
- 액체로 채운 관을 이용해 높은 수면에서 낮은 수면으로 액체를 넘기는 장치
- 대기압과 중력이 함께 작용해 액체를 옮김.

부력
- 물체가 유체에 잠겨 있을 때, 유체가 물체를 위로 밀어 올리는 힘
- 부력의 크기 — 유체에 잠긴 물체의 부피만큼의 유체의 무게와 같다.

압력과 흐름
- 파스칼의 원리 — 정지해 있는 액체에 가한 압력은 모든 곳에 그대로 전달됨.
- 베르누이의 방정식 — 유체의 속도가 빨라질수록 압력은 낮아짐.

마그누스 효과
- 회전하는 물체가 공기 중을 지날 때, 공기 흐름 차이로 인해 옆으로 휘는 현상

잠수함의 원리
- 부력과 중력의 원리를 이용함.
- 밸러스트 탱크(빌도를 이용)

하늘을 꿈꾼 사람들

레이더에 포착되지 않는 스텔스 기술을 활용한 스텔스 비행기

─── 정교수의 pick ───

◆ 다빈치 ◆ 라이트 형제 ◆ 글라이더
◆ 열기구 ◆ 양력 ◆ 헬리콥터

다빈치의 날개에서 라이트 형제까지

인간은 아주 오래전부터 하늘을 나는 꿈을 꿨습니다. 그리스 신화의 이카로스, 레오나르도 다빈치의 날개 설계도, 그리고 수많은 과학자의 도전은 모두 '날고 싶다'라는 열망에서 시작되었지요.

1903년, 라이트 형제는 마침내 공기보다 무거운 기계로 하늘을 나는 데 성공합니다. 그들의 비행기는 단 12초 동안 36.5미터를 날았지요. 이처럼 비행 기술은 곧 전쟁, 교통, 탐험, 위성 발사까지 수많은 분야로 확장되었고, 하늘 위의 기술 경쟁은 지상보다 더 치열해졌어요. 그리고 마침내, 인간은 하늘을 나는 것뿐만 아니라, '보이지 않게 날 수 있는 기술', 즉 스텔스 비행기Stealth Aircraft를 만들어 냅니다. 스텔스 비행기는 레이더에 포착되지 않도록 특별한 설계와 흡수 소재로 만들어지는데 날개의 각도, 엔진의 위치, 기체 표면의 물질까지 모두 보이지 않도록 하기 위한 과학 기술이 사용되었어요. 그렇다면 하늘을 날고 싶다는 꿈은 언제 어디서 시작해 어떻게 지금까지 오게 된 걸까요?

신화와 도약, 인간의 날개는 탑에서 시작되었다

고대부터 인간은 하늘을 날고 싶어 했습니다. 인간이 하늘을 꿈꾼 첫 비행은 땅이 아니라 탑 위에서 시작되었어요. 너무 높이 날다가 태양의 열기에 날개가 녹아 추락한 이카로스에 대한 이야기를 한 번쯤은 들어봤을 거예요. 이 그리스 신화는 자유에 대한 열망과 기술의 한계를 동시에 보여 주지요. 그들에게 날개는 단순한 장난감이 아니라 탈출의 도구였고, 동시에 욕망을 절제하라는 경고이기도 했어요.

중세 유럽의 수도사들이 종탑에서 날개를 달고 뛰어내렸다는 기록이나 중국에서 사람을 연에 매달았던 것처럼, '날개만 있으면 날 수 있다'라는 믿음은 강했지만, 양력이나 공기 저항을 이해하지 못한 이들의 도

좌_ 이카로스의 날개를 달아주는 다이달로스 우_ 추락하는 이카로스

전은 대부분 추락으로 끝나고 말았어요. 인간의 첫 비행은 늘 희생과 실패로 얼룩졌지요.

연

인류가 만든 최초의 비행체는 무엇일까요? 아마 라이트 형제의 비행기를 떠올리는 사람들이 많을 거예요. 그런데 사실 처음 하늘로 날린 비행체는 금속으로 만들어지거나 엔진이 달린 무언가가 아닌, 대나무와 종이로 만든 '연'이었어요. 알다시피 연은 바람을 타고 하늘에 떠오를 수 있도록 설계된 구조물이에요. 가볍고 튼튼한 대나무에 종이나 비단을 붙이고, 긴 실을 연결해 땅에서 조종해 하늘을 날게 하지요. 이 단순한 구조물이 처음 하늘을 날았을 때, 사람들은 어떤 기분이었을까요? 아마 마법을 보는 것 같았을 거예요.

더 알아보기

이카로스의 날개

라비린토스라는 미궁을 만든 다이달로스는 뛰어난 장인이었지만 미노스 왕의 총애를 잃고 섬 감옥에 갇힙니다. 무서운 감시 탓에 바다와 육지로는 도망칠 수 없었지만, 하늘만은 누구도 지배할 수 없다고 생각했어요. 그래서 아들 이카로스와 함께 깃털과 밀랍으로 날개를 만들어 날아오를 길을 찾았습니다. 날개는 단순한 장난감이 아닌, 감옥을 탈출하는 최초의 '비행 장치'였던 셈이에요. 다이달로스는 아들에게 경고했어요. "너무 높이 날면 태양이, 너무 낮게 날면 바닷물이 날개를 망가뜨린다. 항상 중간을 지켜야 한다." 그러나 이카로스는 자유에 도취되어 점점 더 높이 날아올랐고, 결국 태양의 뜨거운 열에 밀랍이 녹아 바다로 추락하고 말았어요.

이 이야기는 단순한 신화가 아니라, 인간이 하늘을 향한 꿈을 품은 최초의 상징이며 동시에 기술과 욕망이 균형을 잃을 때 어떤 위험이 따르는지를 경고하는 전설로 전해집니다. 동시에 욕망을 절제하고 균형을 잃지 말라는 삶의 교훈이기도 해요.

기록에 따르면, 연은 기원전 5세기, 중국의 철학자 묵자와 그의 제자들이 만들었다고 합니다. 그들은 나무를 깎아 매 형태의 연을 만들고, 날릴 수 있는지 실험했다고 해요. 완벽한 성공은 아니었지만, 연이 바람을 타고 일정 거리 날아간 것은 하늘을 날겠다는 꿈에 한 발짝 가까워지는 순간이었지요.

중국의 철학자 묵자

처음에는 단순한 장난감처럼 보였지만, 연은 곧 다양한 분야에서 활용되기 시작했습니다. 고대 중국의 병사들은 연을 이용해 바람의 방향과 세기를 측정했어요. 전쟁 중에는 연을 높이 띄워 신호를 보내기도 했고, 성벽 위에서 연을 날려 실의 길이를 재어 성까지의 거리를 계산했다고 해요. 일부 연에는 현이나 피

새 모양의 연

리, 호루라기를 달기도 했어요. 연이 바람을 타고 날아오를 때, 윙-하고 바람을 가르는 소리나 삐삐-하는 소리가 흘러나와 마치 하늘이 악기를 연주하는 것처럼 들렸지요.

이렇게 연은 단순한 놀이 도구를 넘어 인류가 하늘을 제어할 수 있다는 감각을 처음 맛보게 해 준 발명품이었어요.

날개옷을 입은 선구자들

아주 오래전부터 사람들은 새가 하늘을 나는 모습을 보며 하늘을 날고 싶다는 소망을 품었습니다. 그런데 이 꿈을 현실로 만들기 위해 실제로 높은 곳에서 뛰어내린 사람들이 있어요.

810~887년, 지금의 스페인 코르도바에 살았던 압바스 이븐 파르나스는 이슬람 황금기 안달루시아의 학자였습니다. 그는 천문학, 시계, 유리공예, 철학 등 다양한 분야에 능한 사람이었어요. 어느 날 그는 자신의 몸에 새의 깃털로 만든 옷을 입고, 양팔에 날개를 달았습니다. 그리고 높은 언덕에서 뛰어내렸어요. 파르나스는 잠시 공중에 떠 있었지만, 점차 추락하면서 착륙에 실패해 큰 부상을 입었지요. 그는 이렇게 말했어요.

"나는 착륙하는 방법을 충분히 생각하지 못했소."

비록 이 실험은 완벽한 비행은 아니었지만, 인류 역사상 가장 이른 시기에 시도한 인간의 비행 중 하나였어요.

1811년, 독일 울름Ulm에서 활동하던 재봉사 알브레히트 베르블링거도 하늘을 날기 위한 자신만의 방법을 고안했습니다. 그는 자신의 손으로 날개를 움직이는 비행 장치인 오르니톱터를 만들었어요. 그는 수년간

날개를 달고 비행을
시도한 파르나스

손으로 날개를 조종할 수 있는 장치를 만든 베르블링거

새의 날갯짓을 관찰하며 비행기를 설계했고, 팔과 다리를 움직여 날개를 퍼덕이는 구조를 고안했지요. 울름 시민들과 심지어 왕과 왕세자까지 모인 자리에서, 베르블링거는 다뉴브강 절벽에서 뛰어내렸어요. 하지만 그는 곧바로 강물로 추락하고 말았지요. 사람들은 그를 '날고 싶은 바보'라며 비웃었지만 그의 시도는 하늘을 향한 인간의 집념을 보여 주는 상징적 사건으로 남았답니다.

르네상스 인간의 상징, 레오나르도 다빈치

하늘을 날고 싶다는 꿈은 누구에게나 있었습니다. 그런데 그 꿈을 단지 상상에만 두지 않고, 과학적으로 접근해 설계도까지 그린 사람이 있었어요. 바로 레오나르도 다빈치Leonardo di ser Piero da Vinci예요.

레오나르도 다빈치는 1452년, 이
탈리아 피렌체 근교의 작은 마을
빈치에서 태어났습니다. 어린 시절
부터 끝없는 호기심을 지닌 아이였
어요. 나비가 꽃에 앉는 순간이나
바람에 흔들리는 나뭇잎 하나도 그
냥 지나치지 않았지요. 실제로 나
비를 쫓다가 절벽에서 떨어질 뻔한
일도 있었을 만큼, 그는 자연의 움
직임에 깊이 매료되어 있었어요.

레오나르도 다빈치

다빈치는 왼손잡이였는데, 그 때문에 그의 노트는 오늘날 '거울상 글
씨'라 불리는 독특한 방식으로, 오른쪽에서 왼쪽으로 쓰여 있어요. 단순
히 남들과 다르다는 이유가 아니라, 관찰과 기록에 자신만의 방식을 고
수하는 성격을 보여 주는 대목이지요.

15살 무렵 다빈치는 가족과 함께 고향을 떠나 당시 이탈리아에서 가장

역사 속으로

피렌체와 메디치 가문

레오나르도 다빈치가 활동하던 피렌체는 단순한 도시가 아니었습니다. 르네상스
Renaissance라는 이름처럼, 고대 그리스·로마의 예술과 학문이 다시 태어난 중심지였지요. 그 배경에
는 막강한 후원자인 메디치 가문이 있었습니다. 은행업으로 부와 권력을 쌓은 메디치 가문은 예술가와
학자를 아낌없이 후원했어요. 그 덕분에 미켈란젤로, 보티첼리, 브루넬레스코, 마사초, 기베르티 같은
거장들이 피렌체에서 활약할 수 있었고, 도시 전체가 하나의 거대한 예술 실험실이자 학문 연구소가
되었지요. 이 시기 피렌체는 인간 중심의 사고, 자연과 우주에 대한 탐구, 그리고 이성과 관찰을 중시
하는 정신이 살아 숨 쉬던 곳이라 할 수 있어요. 다빈치의 호기심과 다방면에 걸친 업적 역시 이런 시
대적 토양 위에서 꽃피울 수 있었답니다.

활기찬 도시 중 하나였던 피렌체Firenze로 이사합니다. 그는 어릴 때 읽기와 쓰기, 셈 등 기초 교육은 받았지만 대학 교육은 받지 못했어요. 하지만 그에게는 지적 호기심이 풍부했던 삼촌 프란체스코가 있었어요. 삼촌 덕분에 그림과 관찰, 기초 수학을 배울 수 있었지요. 그리고 이러한 배움은 다빈치가 자연을 단지 '보는 것'이 아니라, '이해하려는 습관'을 갖게 해 주었어요. 이후 다빈치는 피렌체의 거장 안드레아 델 베로키오의 공방에 들어갔고, 그곳에서 조각, 해부학, 기계 설계, 금속 세공 등 다양한

다빈치의 업적

다빈치는 예술가이자 과학자, 발명가로서 시대를 앞서간 사람이었습니다. 다빈치는 단순히 그림만 잘 그리는 화가가 아니라, 관찰과 수학적 사고를 통해 세상을 이해하려 했어요.

그는 "우리는 왜 사물을 볼 수 있는가?"라는 질문에서 출발해, 빛이 눈으로 들어오기 때문에 볼 수 있다는 과학적 설명을 내놓았어요. 수정체와 각막의 굴절에 대해 탐구하며 눈에 대해 집중적으로 탐구하기도 했지요.

또 예술과 수학을 결합하기도 했습니다. 그림에 원근법을 적용한 것이 대표적인데, 작품 중 〈최후의 만찬〉은 수학적·과학적 설계의 결과라 할 수 있어요. 그분만 아니라 다빈치는 기계 발명에도 많은 아이디어를 갖고 있었습니다. 그는 대포, 전차, 이동식 다리 등 군사 장비를 설계했고, 비행 장치, 수문 설계 등 후대 과학기술로 이어지는 다양한 발상을 남겼답니다. 다빈치는 기술을 단순한 파괴가 아니라 인간을 위한 수단으로 바라본 거예요.

최후의 만찬

분야를 배우기 시작합니다.

다빈치는 베로키오의 공방에서 예술과 과학의 경계를 넘나드는 사고 방식을 익히기 시작했습니다. 관찰을 통해 진실에 다가가려는 태도, 수학과 기하학으로 사물의 형태를 이해하려는 기술, 그리고 인간의 몸과 자연을 동시에 탐구하려는 욕망까지, 모든 것은 르네상스라는 시대정신과 맞닿아 있었어요.

20세 무렵, 그는 피렌체의 '성 루카 조합Compagnia di San Luca'에 가입합니다. 이곳은 화가·약제사·과학자들이 함께 모여 활동하던 단체로, 예술가에게는 공인된 신분을 부여하는 중요한 길이었어요.

1482년, 다빈치는 피렌체를 떠나 밀라노의 루도비코 스포르차 '일 모로'라는 별명을 가진 공작을 찾아갔습니다. 전해지는 바에 따르면 그는 루도비코에게 보낸 편지에서 자신이 뛰어난 음악가일 뿐 아니라, 다리·수문·전차·요새·무기 설계까지 가능한 군사 기술자이자 발명가임을 강조했어요. 밀라노에서 다빈치는 화가이자 과학자, 기술자, 발명가로 활동하며 도시의 예술과 기술 발전에 큰 영향을 끼쳤습니다. 그는 전쟁을 위한 기계 장치뿐 아니라, 축제 무대 장치, 건축 설계, 수리학 연구까지 여러 방면에서 활동하며 명성을 쌓았어요.

새의 비밀에서 비행기의 설계도까지

레오나르도 다빈치는 끊임없이 하늘을 올려다보던 사람이었습니다. 그는 진지하게 이렇게 물었어요. "사람도 새처럼 하늘을 날 수 없을까?"

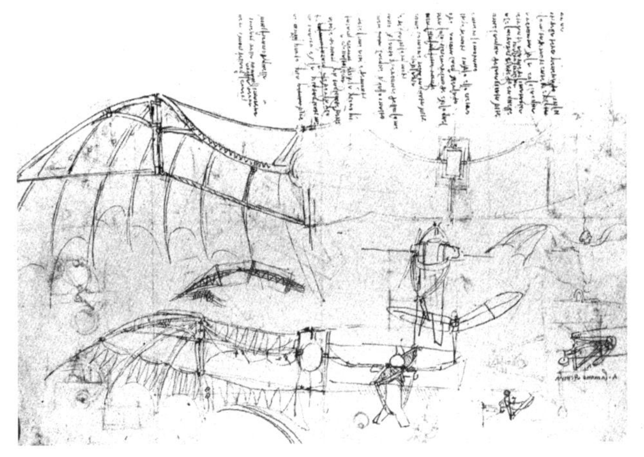

그의 생각은 단순한 상상에 머물지 않았습니다. 관찰과 계산, 실험으로 이어졌고, 방대한 양의 비행 장치에 대한 체계적 연구와 설계도로 남게 되었어요.

처음에 다빈치는 새처럼 날개를 퍼덕이는 기계를 구상했습니다. 사람의 팔과 다리를 이용해 날개를 위아래로 움직이면 날 수 있을 거로 생각한 것이지요. 그러나 실험을 거듭하면서 사람의 힘으로는 그렇게 날 수 없다는 것을 깨닫습니다. 새는 가볍고 날갯짓에 적합한 근육 구조를 갖췄지만, 사람은 무겁고 날개를 연속으로 퍼덕일 만큼 힘을 낼 수 없었기 때문이지요.

그러던 어느 날, 다빈치는 들판에 누워 하늘을 바라보다가 한 마리 매를 보았습니다. 매는 날개를 퍼덕이지 않고, 크게 펼친 채 하늘을 원을 그리며 맴돌고 있었어요. 그 순간 그는 깨달았어요.

날갯짓이 아니라 공기의 힘으로 나는 거야!

매는 상승 기류를 이용해 하늘을 떠 있습니다. 따뜻한 공기는 위로 올라가는데, 매는 그 공기 위에 날개를 넓게 펼쳐 몸을 맡겨요. 이런 비행 방식을 활공Gliding이라 해요. 다빈치는 이 원리를 기계에 적용하기로 합니다. 그의 노트에는 실제로 매처럼 넓게 펼친 고정 날개 비행 장치의 설계도가 남아 있어요. 오늘날 글라이더나 활공형 비행기의 원리와 아주 비슷하지요. 다빈치는 날개 모양, 사람의 무게, 공기의 흐름을 고려해 비행각과 중심점까지 계산했어요. 이것이 바로 공기 역학Aerodynamics의 출발점이 되었어요.

[최초의 실험과 좌절]

전해지는 이야기로는, 다빈치는 제자 조로아스트로 다 페레톨라와 함께 비행 기계를 만들었다고 합니다. 사람이 그 안에 앉아서 조종하도록 설계된 비행 기계에는 넓게 펼쳐진 날개와, 중심을 조절할 수 있는 축이 있었어요. 그들은 완성된 기계를 들고 뒷산에 올랐습니다. 조로아스트로가 조종석에 앉자 다빈치는 설레는 목소리로 말했어요. "자, 오늘은 인간이 처음으로 하늘을 나는 날이다!"

그러나 기계는 공중으로 떠오르지 못한 채 곧바로 추락하고 맙니다. 다행히 제자는 큰 부상을 입지 않았지만, 기계는 부서지고 말았지요. 다빈치는 깊은 한숨을 내쉬며 이렇게 말했다고 해요. "그래도 오늘은 인류가 하늘을 향해 발을 내디딘 날이야."

[다빈치의 또 다른 발상, 낙하산]

다빈치의 또 하나의 발명품은 낙하산입니다. 뾰족한 삼각뿔 모양의 구조 안에 사람이 들어가면, 공기의 저항을 이용해서 천천히 안전하게 내려올 수 있도록 설계했어요. 당시엔 실현하기 어려웠지만, 오늘날 실제 실험을 해 보니 그의 설계는 충분히 작동 가능한 구조였다는 게 증명되었어요. 2000년에는 스카이다이버 아드리안 니컬러스가 다빈치의 낙하산을 착용하고 하늘에서 뛰어내려 낙하산이 실제로 작동하는 것을 보여 주기도 했답니다.

다빈치의 낙하산

열기구의 시대

하늘을 날겠다는 꿈은 아주 오래되었지만, 그 꿈은 오랫동안 새처럼 날개를 퍼덕이는 상상 속에만 머물러 있었습니다. 그러던 중, 사람들은 전혀 다른 방법을 발견했어요. 바로 공기보다 가벼운 기체를 이용하는 방법이었지요.

1783년, 프랑스의 몽골피에Montgolfier형제는 뜨거운 공기를 천으로 만든 거대한 주머니에 가두면 위로 떠오른다는 사실을 실험을 통해 알아냈습니다. 그들은 양털과 짚을 태워 만든 열기로 풍선 속 공기를 가열했고, 풍선은 마침내 하늘로 부드럽게 떠올랐어요. 처음에는 양, 오리, 닭 같은 동물을 태워 시험했지만 같은 해 11월 21일, 역사적인 순간이 찾아왔습니다. 인류 최초의 유인 열기구 비행이 파리에서 이루어진 거예요. 그날 두 사람은 하늘에서 약 25분 동안 머물렀고, 많은 군중과 과학자들이 지켜보았다고 해요. 이 비행은 단순한 모험이 아니라, '뜨거운 공기는 주변보다 가벼워 위로 올라간다'라는 사실을 직접 증명한 실험이었어요.

열기구는 곧 단순한 '하늘 구경' 이상의 의미를 갖게 되었습니다. 1785년, 프랑스의 장피에르 블랑샤르와 미국의 존 제프리스는 수소를 채운 가스 기구를 타고 도버 해협을 건너는 데 성공했어요. 두 나라는 바다를 사이에 두고 있었지만 하늘을 통해 국경을 넘은 셈이지요. 그들은 바람의 힘을 이용하기 위해 작은 날개 모양의 장치를 달아 방향을 바꾸려 했고, 실제로 약간의 조종은 가능했어요. 이 사건은 단순히 '날았다'라는 사실보다 더 큰 의미를 지녔습니다. 비행이 교통수단이 될 수 있다는 가능성을 처음 보여 주었기 때문이에요.

하지만 열기구에는 한계가 있었습니다. 바람에 따라 떠밀려 다니는 탓에, 원하는 방향으로 자유롭게 갈 수는 없었어요. 사람들은 다시 질문했습니다. "하늘에서 마음대로 방향을 바꿀 수 있는 기계는 없을까?"

마침내 1852년, 프랑스의 앙리 지파르Henri Giffard가 그 답을 보여 주었습니다. 그는 열기구에 작은 증기 기관 엔진을 달아 앞으로 나아갈 수 있도록 만든 비행선Airship을 선보였

몽골피에 형제와 열기구

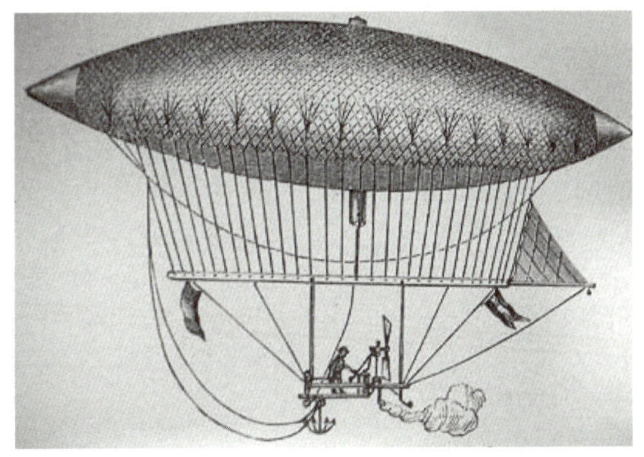

어요. 지파르는 파리 상공을 출발해 약 27킬로미터를 비행하며 실제로 방향과 속도를 조종하는 데 성공했어요. 지파르의 비행선은 인류 최초의 동력을 사용한 유인 비행선으로 기록되었지요. 지파르의 비행은 인류가 단순히 공기의 부력에 의지하던 시대를 넘어서, 기계의 힘으로 하늘을 밀고 나아가는 새로운 시대를 열어 주었습니다.

양력의 발견

단순히 날개를 흉내 내는 상상에서 벗어나, 공기 중에 어떻게 무거운 물체가 뜰 수 있는지 과학적으로 설명한 사람은 19세기 초에 이르러서야 나타났습니다. 바로 조지 케일리George Cayley 예요.

케일리는 '현대 항공학의 아버지'라고 불립니다. 1809년, 그는 비행을 가능하게 하는 네 가지

조지 케일리

힘인 양력Lift, 항력Drag, 중력Gravity, 추력Thrust을 구분했고, 후에 발표한 논문에서 체계적으로 설명했어요. 이 중 양력을 공기 흐름에 의해 날개가 위쪽으로 뜨는 힘이라고 정의했어요. 지금도 항공 역학의 기본으로 배우는 개념이지요.

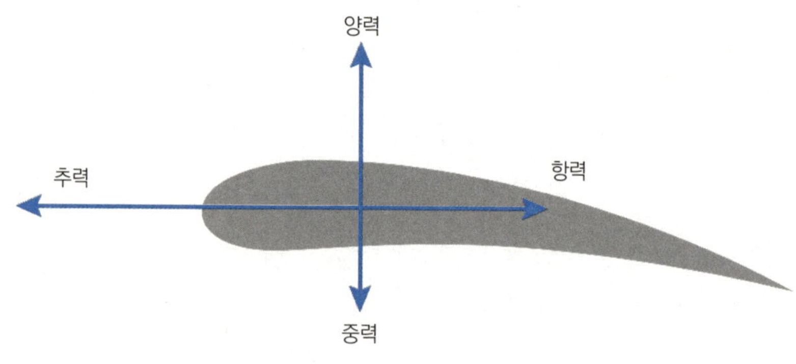

비행을 가능하게 하는 네 가지 힘

그는 직접 날개 모형을 만들고 바람 속에서 실험을 했습니다. 그러다 중요한 사실을 발견했어요. 날개를 위쪽은 둥글게, 아래쪽은 평평하게 만들면, 바람이 날개 위쪽으로는 더 빠르게 흐르고 아래쪽은 더 느리게 흐른다는 점이었어요. 이렇게 되면 베르누이의 원리가 작용해, 위쪽은 압력이 낮아지고 아래쪽은 압력이 높아져서 날개가 위로 뜨게 돼요. 이것이 바로 양력의 기본 원리예요. 케일리는 여기서 그치지 않았습니다. 그는 활공 장치를 만들어 마부를 태워 시험하기도 했습니다. 이 작은 실험은 훗날 비행기의 원리를 세우는 중요한 단초가 되었지요.

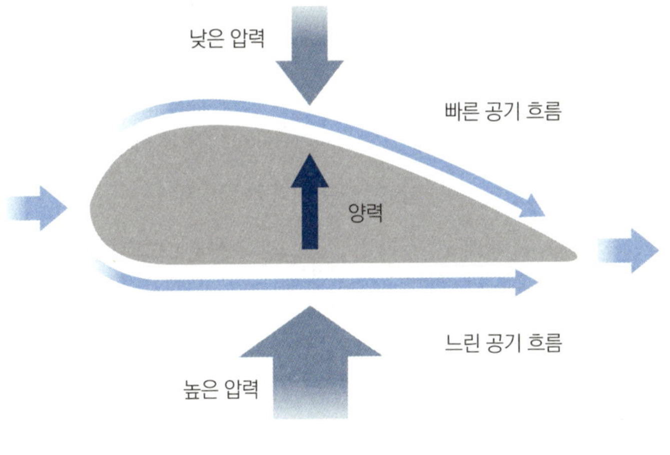

19세기 후반, 독일의 오토 릴리엔탈Otto Lilienthal이 등장하면서 양력 연구는 새로운 전기를 맞습니다. 릴리엔탈은 '비행의 아버지'로 불리며, 실제로 2,000회가 넘는 글라이더 비행 실험을 했어요.

그는 양력이 생기는 이유를 케일리와는 조금 다르게 생각했습니다. 날개가 공기를 아래로 밀면, 뉴턴의 작용·반작용 법칙에 따라 공기가 날개를 위로 미는 힘이 생긴다고 설명했지요. 즉, 양력은 공기를 '눌러' 얻어지는 반작용이라는 관점이었어요.

릴리엔탈은 실험을 통해 또 다른 중요한 사실을 발견했습니다. 날개의 기울기, 즉 받음각Angle of attack을 크게 하면 양력이 더 커진다는 것이었어요. 하지만 동시에 받음각이 지나치게 커지면 공기의 흐름이 흐트러져서 양력이 사라지고, 오히려 추락할 위험이 커진다는 점도 몸소 체험했지요. 오늘날 이것을 실속Stall 현상이라고 부릅니다.

케일리가 양력의 원리를 과학적으로 정리하면서, 인류는 비로소 공기보다 무거운 물체도 하늘을 날 수 있다는 가능성을 손에 쥐게 되었습니다. 이제는 단순한 계산과 이론을 넘어, 실제로 사람이 타는 비행 장치를 시험해 볼 때가 되었어요. 그 첫걸음이 바로 글라이더Glider였습니다.

케일리는 비록 스스로 동력을 만들어 날지는 않았지만, 사람이 탈 수 있는 글라이더를 설계하고 제작하는 데 성공했습니다. 그의 글라이더는 날개 위아래의 공기 흐름 차이를 이용해 양력을 얻도록 설계되어 있었어요.

글라이더의 발명

케일리는 언덕 위에서 글라이더를 출발시키는 방법을 썼습니다. 높은 곳에서 글라이더를 미끄러뜨리면, 중력에 의해 속도가 생기고 그 속도로 인해 날개에 공기가 흘러 양력이 발생해 글라이더가 공중으로 뜰 수 있었어요. 이런 방식을 활공滑空이라고 불러요. 속도가 생기면 날개에 공기 흐름이 만들어지고, 그 차이가 곧 양력이 되었던 것이지요.

1849년, 케일리는 소년을 태운 글라이더 비행에 성공했고, 1853년에는 성인을 태운 유인 글라이더 비행에도 성공했습니다. 이 실험은 오늘날까지도 인류 최초의 성인 유인 글라이더 비행으로 기록되어 있어요. 비록 짧은 거리였지만, "사람이 타고 하늘을 날았다"라는 역사적인 순간이었지요.

케일리의 성공은 곧 다른 발명가들에게 큰 영감을 주었습니다. 영국의

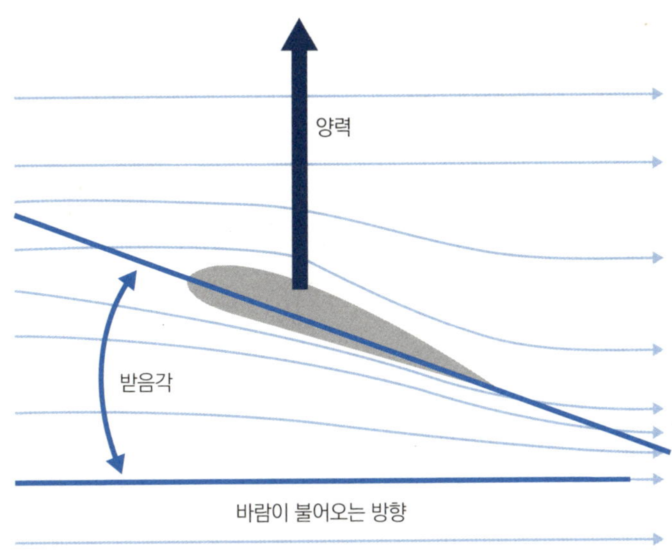

날개 주위 공기의 흐름

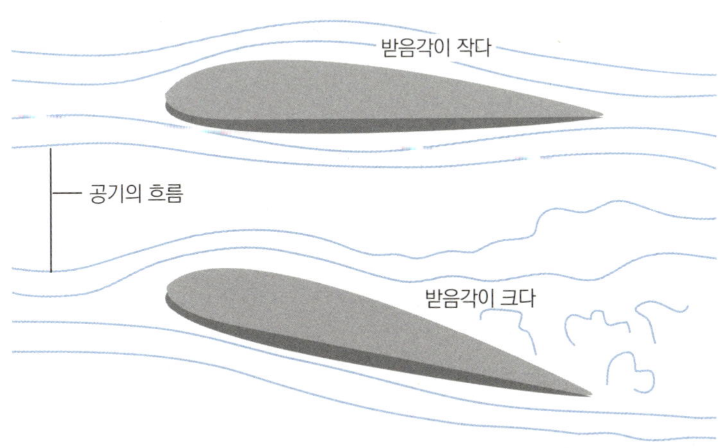

받음각의 크기에 따라 양력이 달라진다.

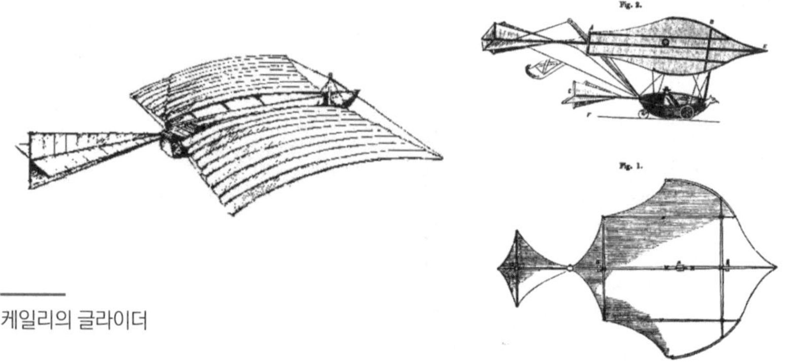

케일리의 글라이더

윌리엄 헨슨William Henson과 존 스트링펠로John Stringfellow가 그 주인공이에요. 이들은 '글라이더에 엔진을 붙이면 진짜 비행기가 될 수 있다'라고 믿고, 대형 글라이더에 증기 기관과 프로펠러를 장착한 새로운 형태의 비행기를 설계했어요. 하지만 그들의 비행기는 이륙하지 못한 채 땅 위를 달리는 데 그쳤습니다. 실패가 이어졌지만 두 사람은 쉽게 포기하지 않고, 날개의 형태와 구조를 계속 개량했어요. 그러나 반복되는 좌절 속에 자금마저 바닥나자, 헨슨은 결국 비행 연구를 포기하고 말았어요.

혼자가 된 스트링펠로는 다시 연구에 몰두했습니다. 그는 더 작고 가

스트링펠로의 비행기

벼운 증기 기관을 개발하고, 날개와 프로펠러의 구조를 정밀하게 다듬었어요. 그리고 1848년, 마침내 그는 모형 비행기를 실제로 공중에 띄우는 데 성공했습니다. 인류 역사상 최초로 무인 동력 비행체가 하늘에 오른 순간이었어요. 하지만 이 성과에도 불구하고 사람을 태우는 것은 아직 불가능했습니다. 당시의 증기 기관은 무겁고 출력이 약해, 성인 한 명의 무게를 싣고 날아오르기에는 역부족이었기 때문이에요.

하늘을 바꾼 날, 라이트 형제

[1903년, 인류 최초의 동력 비행]

1903년 12월 17일 목요일 아침, 미국 노스캐롤라이나주의 작은 마을 키티호크Kitty Hawk 근처. 역사상 가장 중요한 순간이 펼쳐졌습니다. 바로 인간이 처음으로 동력을 이용해 하늘을 나는 데 성공한 날이었어요. 주인공은 자전거 수리공 출신 발명가, 라이트 형제(오빌 라이트Orville Wright 와 윌버 라이트Wilbur Wright)였습니다.

이날 아침, 형제는 조력자 다섯 명과 함께 비행기를 실험 기지 옆 모래밭으로 끌어냈습니다. 무게 270킬로그램에 날개 길이 12미터에 달하는 이 비행기는 플라이어 1호Flyer I 라 불렸어요. 나무 골조에 천을 덧씌운 구조였지만, 12마력의 엔진과 두 개의 프로펠러를 장착해 스스로 추진력을 낼 수 있도록 설계된 최초의 동력 비행기였지요.

평지에는 18미터 길이의 레일이 깔려 있었습니다. 레일 위에는 작은 바퀴 달린 수레가 있었고, 라이트 형제는 그 수레 위에 비행기를 올려놓

오빌 라이트의 비행을 바라보는 군중

았어요. 오전 10시 35분, 동생 오빌 라이트가 조종석에 엎드렸습니다. 조종석은 마치 소쿠리처럼 생긴 모양이었고, 몸을 좌우로 움직이며 비행 방향을 조종할 수 있었어요. 또 오른손으로는 엔진 조절판과 점화 장치를, 왼손으로는 승강타를 다룰 수 있도록 설계되어 있었지요.

오전 10시 35분, 엔진이 진동하며 켜졌고 비행기를 고정해 두었던 끈을 풀었습니다. 그러자 곧 비행기는 레일 위를 달리기 시작했고 오빌은 승강타를 당겨 앞부분을 들어 올렸어요. 그 순간, 비행기는 바퀴 수레에서 자유롭게 분리되어 하늘로 떠올랐어요. 플라이어호는 그렇게 하늘을 날기 시작했고, 단 12초 동안, 고도 3미터 높이에서 총 36.5미터를 비행했어요.

엎드린 자세로 조종하는 윌버 라이트

인류가 동력으로 하늘을 난 최초의 순간이었지요.

그 후 윌버도 59초 동안 255미터를 비행하며 단순한 우연이 아니라는 것을 증명했습니다. 바로 이 순간, 인류의 역사는 바뀌었어요.

[1904~1905년, 조종 가능한 비행기]

1904년 봄, 라이트 형제는 성능을 높인 플라이어 2호Flyer Ⅱ를 만들었습니다. 하지만 공개 시연에서는 바람이 약해 이륙조차 하지 못했어요. 기자들은 1903년의 성공도 조작이라 의심했지요. 형제는 포기하지 않았습니다. 바람이 없어도 이륙할 수 있도록, 무거운 추를 떨어뜨려 가속도를 붙이는 장치를 고안했어요. 이를 통해 플라이어 2호는 보다 쉽게 이륙할 수 있었지요. 그리고 1904년 9월 20일, 윌버 라이트가 인류 최초로 공중 선회 비행에 성공합니다.

개선을 거듭한 결과, 1905년에는 플라이어 3호Flyer Ⅲ로 39.5분 동안 약 38킬로미터를 비행하며 자유롭게 방향을 바꾸고 8자 비행까지 성공했습니다. 이제 라이트 형제의 비행기는 단순히 뜰 수 있는 기계가 아니라, 조종 가능한 진짜 비행기가 된 거예요.

[1906~1909년, 특허와 상업화]

1906년 5월 22일, 라이트 형제는 그들이 발명한 내용을 보호하기 위해 미국 특허(번호 821,393호)를 받았습니다. 그러나 미국 정부는 처음에는 관심을 보이지 않았어요. 오히려 먼저 손을 내민 건 유럽이었지요. 1908년, 프랑스가 거액의 특허 계약을 제안했고, 곧 미국도 비행기 구매를 공식적으로 제안했습니다. 형제는 유럽에 회사를 세우고, 훈련학교도 설립하면서 비행기 산업을 본격적으로 시작하게 되었어요.

1909년, 윌버는 뉴욕에서 자유의 여신상 주위를 선회하고 허드슨강 상공을 비행하며 시민들의 열렬한 환호를 받았어요. 이때부터 전 세계적으로 본격적인 비행기 개발 경쟁이 시작되었지요

라이트 형제 이후, 하늘을 향한 경쟁

라이트 형제가 1903년 최초의 동력 비행에 성공한 뒤, 전 세계는 앞다투어 하늘을 차지하기 위한 경쟁에 나섰습니다. 특히 프랑스는 바퀴식 착륙 장치와 활주로 이착륙을 널리 보급하며 빠르게 두각을 드러냈어요. 프랑스의 발명가 앙리 파르망Henri Farman은 바퀴식 착륙 장치를 활용해 활주로에서 이륙과 착륙이 가능하게 만들었습니다. 이는 비행기의 실용화를 앞당긴 중요한 진보였어요. 또 다른 발명가 루이 블레리오Louis Blériot는 홑날개 비행기인 단엽기를 제작했고, 1909년에는 인류 최초로 도버 해협 횡단 비행에 성공하기도 했어요. 비행기가 바다도 건널 수 있다는 사실을 보여준 이 사건은 전 세계인에게 충격과 희망을 동시에 안겨 주었답니다.

시간이 흘러 20세기 중반, 하늘을 나는 방식은 또 한 번 혁신을 맞습니다. 영국의 공군 장교이자 발명가인 프랭크 휘틀Frank Whittle은 1930년대 터보제트 특허를 내고 영국 최초 제트기의 토대를 마련했어요. 같은 시기 독일의 한스 폰 오하인Hans von Ohain도 독립적으로 제트 엔진을 개발해 1939년, 독일 최초의 제트 비행기를 만들었지요. 프로펠러 대신 강력

한 가스 분출로 추진력을 얻는 제트 엔진은 비행기의 속도를 획기적으로 높였고, 제2차 세계대전 중 독일·영국·미국 등에서 군사 기술로 빠르게 발전했어요.

이러한 제트 엔진의 발전은 곧 인간을 '소리보다 빠르게' 만들었습니다. 1947년, 미국의 척 예거Chuck Yeager가 Bell X-1 로켓 엔진 비행기로 최초의 음속 돌파를 이룬 데 이어, 1950년대에는 미국의 제트 전투기가 시속 1,230킬로미터 이상의 속도로 날며 초음속 비행 시대를 열었습니다. 이제 하늘은 단순히 오가는 공간을 넘어, 속도와 기술의 경쟁 무대가 되었어요.

헬리콥터의 발명

비행기는 길게 뻗은 활주로에서 하늘로 날아올랐지만, 인간은 거기서 멈추지 않았습니다. 이제는 어디서든 곧게 솟아올라 자유롭게 머무는 새로운 비행을 꿈꾸게 되었지요. 그 꿈이 바로 헬리콥터였습니다.

헬리콥터의 발상은 아주 오래전으로 거슬러 올라갑니다. 기원전 4세기 무렵, 중국 아이들은 대나무로 만든 회전 장난감을 가지고 놀았어요. 오늘날 중국 팽이 또는 대나무 헬리콥터라 불리는 장난감이

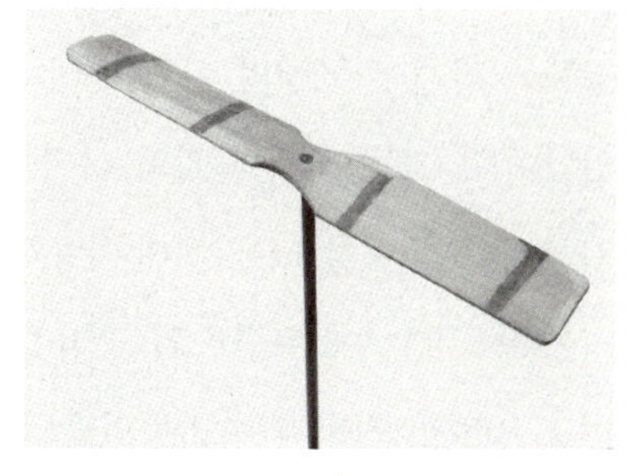

중국 팽이, 손으로 막대를 비비듯 돌리면 날개가 회전하며 날아간다.

었지요. 막대를 두 손으로 비비듯 빠르게 돌린 뒤 놓으면, 날개가 회전하며 위로 솟아올랐습니다. 회전하는 날개가 양력을 만들어 수직으로 뜨는 원리, 즉 헬리콥터의 기본 개념이 이미 어린이들의 놀이 속에 숨어 있었던 거예요.

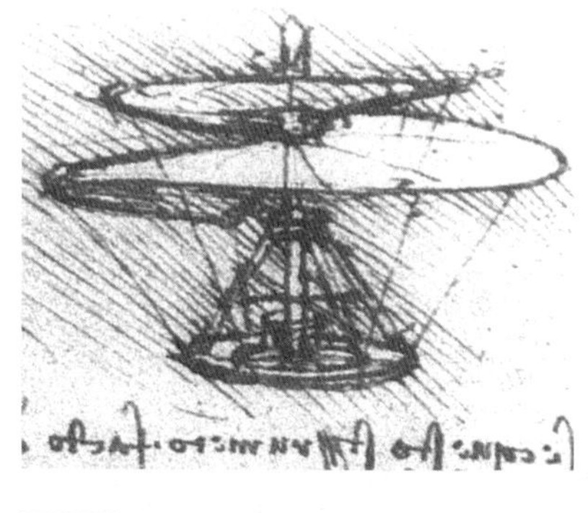
다빈치의 초기 헬리콥터 아이디어

르네상스의 천재 레오나르도 다빈치는 1480년대 초, 자신의 노트에 수직으로 회전하며 상승하는 장치를 그렸습니다. 그는 나사Airscrew처럼 공중을 '파고들며' 상승하는 장치를 설계했어요. 그는 나선형의 천 구조물을 회전시켜 공기를 아래로 밀어내면, 그 반작용으로 기체가 위로 뜰 수 있다고 상상했어요.

[18세기, 실험 장치의 등장과 헬리콥터]

1754년, 러시아의 과학자 미하일 로모노소프Mikhail Lomonosov는 중국 대나무 팽이 구조를 바탕으로 한 회전식 비행 모델을 만들었습니다. 이 장치는 감긴 스프링의 힘을 풀며 회전하는 두 개의 동축 로터를 가지고 있었어요. 그는 러시아 과학 아카데미에서 공개 시연을 하며, 이 장치를 기상 관측 기구를 띄우는 데 사용하자고 제안했습니다.

이후 1783년에 프랑스의 크리스티앙 드 라노이Christian de Launoy는 칠면조 깃털로 장난감을 만들었습니다. 두 개의 날개가 반대 방향으로 회전하는 이 장난감은 날개를 가벼운 깃털로 만들어 마치 로터 블레이드처럼 회전해 공중으로 떠오르도록 했어요. 라노이는 이듬해 파리 과학 아카데미에서 이 장치를 직접 시연했답니다.

[19세기, '헬리콥터'라는 이름의 탄생]

1861년, 프랑스의 발명가 구스타브 드 퐁통 다메쿠르Gustave de Ponton d'Amécourt는 증기 기관으로 구동되는 회전식 비행체를 선보이며 처음으로 '헬리콥터hélicoptère'라는 용어를 사용했습니다. 비록 실제로 비행에 성공하지는 못했지만, 오늘날의 헬리콥터라는 이름을 탄생시킨 순간이었어요.

그 뒤 이탈리아의 엔리코 포를라니니Enrico Forlanini는 증기 엔진으로 작동하는 무인 동력 헬리콥터를 제작해 밀라노의 한 공원에서 시험했습니다. 이 장치는 고도 13미터까지 떠올라 약 20초간 하늘을 나는 데 성공했어요. 이는 무인 동력 헬리콥터 역사상 최초의 성공적 비행 실험으로 평가됩니다.

[증기에서 전기까지]

비슷한 시기, 여러 발명가가 각기 다른 방식으로 도전했습니다. 에마뉘엘 디외에드Emmanuel Dieuaide는 호스로 지상에 있는 보일러에서 발생한 증기를 보내 로터를 돌리는 설계를 시도했어요. 한편 구스타브 트루베 Gustave Trouvé는 전기를 이용한 소형 헬리콥터 모형을 제작해 시험하기도 했어요. 이들의 비행은 비록 짧고 제한된 실험이었지만, 헬리콥터의 구조와 로터 시스템, 동력 분산 방식 등이 발전하는 데 중요한 영감을 주었답니다.

[20세기 초, 최초의 유인 헬리콥터 실험]

1901년 7월, 독일 베를린 근교 쉰베르크에서 발명가 헤르만 간스빈트 Hermann Ganswindt가 사람이 탑승하는 헬리콥터의 시험 비행을 시도했습니다. 실험 장면은 영화감독 스클라다노프스키가 촬영했지만, 안타깝게도 필름은 지금 남아 있지 않아요. 비록 성공적인 동력 비행이라 하기는 어려웠지만, 이 실험은 헬리콥터가 '사람을 태우고 수직으로 떠오른다'라는 가능성을 향해 나아간 첫 도전으로 기록되었답니다.

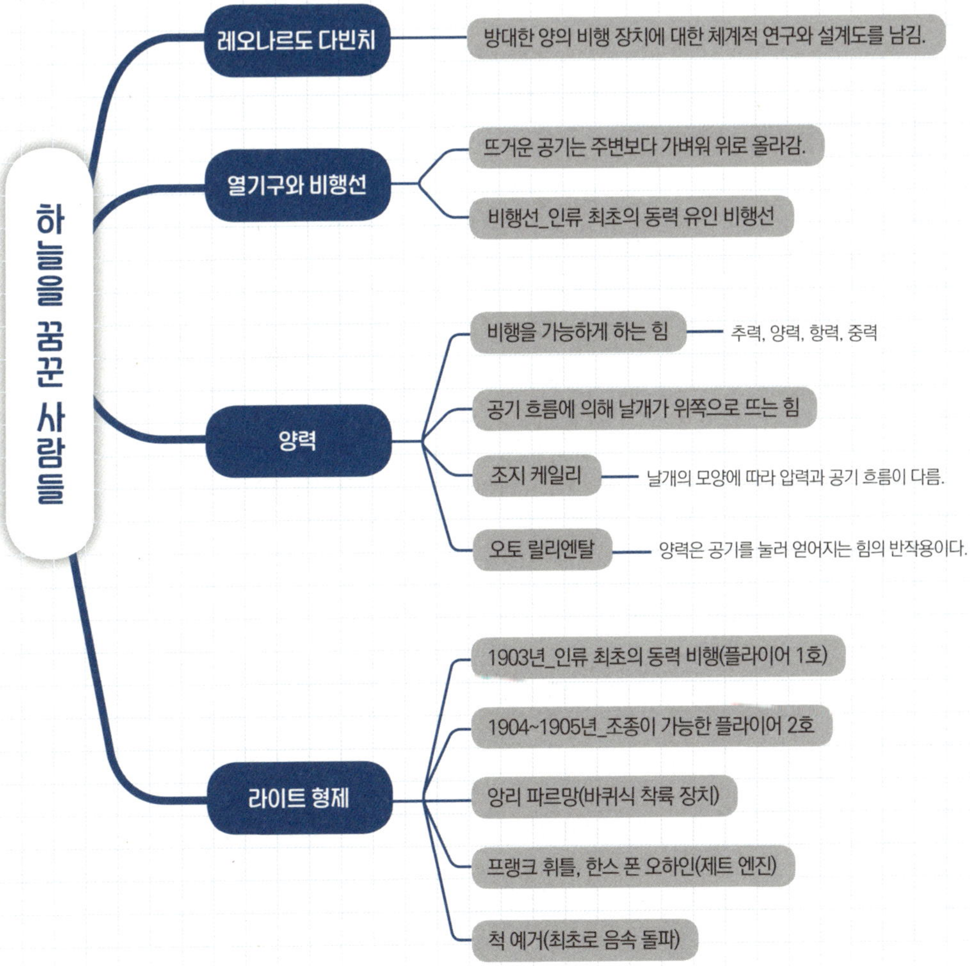

하늘을 꿈꾼 사람들

레오나르도 다빈치
- 방대한 양의 비행 장치에 대한 체계적 연구와 설계도를 남김.

열기구와 비행선
- 뜨거운 공기는 주변보다 가벼워 위로 올라감.
- 비행선_인류 최초의 동력 유인 비행선

양력
- 비행을 가능하게 하는 힘 — 추력, 양력, 항력, 중력
- 공기 흐름에 의해 날개가 위쪽으로 뜨는 힘
- 조지 케일리 — 날개의 모양에 따라 압력과 공기 흐름이 다름.
- 오토 릴리엔탈 — 양력은 공기를 눌러 얻어지는 힘의 반작용이다.

라이트 형제
- 1903년_인류 최초의 동력 비행(플라이어 1호)
- 1904~1905년_조종이 가능한 플라이어 2호
- 앙리 파르망(바퀴식 착륙 장치)
- 프랭크 휘틀, 한스 폰 오하인(제트 엔진)
- 척 예거(최초로 음속 돌파)

빛으로 본 세계

빛의 간섭으로 탄생한 아름다운 비눗방울

정교수의 pick

◆ 거울 ◆ 렌즈 ◆ 케플러 ◆ 빛의 입자설
◆ 빛의 파동설 ◆ 이중 슬릿 실험

입자냐 파동이냐, 빛의 두 얼굴

햇살 가득한 날, 작은 비눗방울 하나가 공중에 떠올라 반짝일 때, 우리는 그 속에서 작은 무지개를 발견합니다. 물과 비눗물이 만든 얇은 막일 뿐인데, 어째서 그렇게 다채로운 색이 나타나는 걸까요? 그 비밀은 빛의 간섭이라는 물리 현상에 있어요. 비누막 위와 아래에서 반사된 빛줄기가 서로 겹치며 어떤 색은 더 또렷해지고, 어떤 색은 사라져 다양한 무늬가 나타나는 것이지요. 막의 두께가 조금만 달라져도 반짝이는 색깔이 바뀌며, 표면 위에서는 마치 빛이 춤추듯 흐릅니다.

이 현상은 단순히 아름다운 장면을 넘어, 빛의 본질을 둘러싼 오랜 과학적 논쟁과 이어져 있어요. 빛이 알갱이처럼 곧게 나아가는 입자인지, 아니면 물결처럼 퍼져나가는 파동인지, 비눗방울 위의 간섭무늬는 빛이 파동성을 또렷이 보여 주는 증거예요. 작은 장난감 같은 비눗방울이 사실은 뉴턴과 하위헌스, 그리고 토머스 영과 프레넬까지 이어지는 빛의 역사적 탐구와 맞닿아 있는 셈이지요.

거울과 렌즈에서 시작된 광학

광학은 빛의 성질을 연구하는 물리학의 한 분야입니다. 그 역사는 거울과 렌즈의 발명에서 시작되었다고 할 수 있어요. 거울은 빛을 반사해 사물을 비추는 가장 오래된 광학 기구입니다. 거울이 발명되기 전 사람들은 잔잔한 물에 비친 모습을 통해 자기 얼굴을 보았지요. 이후 인류는 광택이 나는 돌을 갈아 거울로 사용하기 시작했는데, 대표적인 것이 바로 흑요석 거울입니다. 터키의 차탈회위크Çatalhöyük 유적에서는 약 기원전 7천 년경에 만들어진 흑요석 거울이 발견되었어요.

미국 클리블랜드 미술관에 전시된 고대 이집트 사람들이 사용한 것으로 추정되는 청동거울

시간이 흐르면서 사람들은 구리와 주석을 섞은 청동거울을 만들어 사용했습니다. 청동거울은 고대 이집트와 그리스, 중국 등지에 널리 퍼져 있었는데, 단순한 생활 도구를 넘어 신분과 권위를 상징하기도 했어요.

서기 1세기 무렵에는 유리 거울이 등장합니다. 로마의 박물학자 대(大) 플리니우스Pliny the Elder는 유리 뒷면에 금박과 같은 금속을 입힌 거울이 사용되었다고 기록했어요. 오늘날 우리가 쓰는 은도금 유리거울의 원형이 이미 고대에 등장한 셈이에요.

고대 그리스에서는 거울이 단순히 모습을 비추는 도구를 넘어 빛의 성질을 연구하는 실험 도구로 사용되기도 했습니다. 수학자 디오클레스Diocles는 저서 『불타는 거울On Burning Mirrors』에서 포물선 거울을 이용해 햇빛을 한 점으로 모아 불을 붙일 수 있다는 사실을 밝히기도 했어요. 이 원리는 훗날 태양열 집광 장치의 기초가 되었지요.

거울이 반사와 관련이 있다면 렌즈는 빛의 굴절과 깊은 관계가 있습니다. 가장 오래된 렌즈는 기원전 2600~2300년경 이집트 고왕국 시기의 것으로 알려져 있어요. 또 1850년에는 영국의 고고학자 오스틴 헨리 레이어드Austen Henry Layard가 이라크 님루드의 아시리아 궁전에서 기원전 700년경 제작된 수정 렌즈를 발굴하기도 했지요. 이 렌즈는 님루드 렌즈라 불리는데 확대경, 불을 붙이는 도구, 망원경의 일부 등 그 용도에 대해서는 의견이 다양하게 갈리고 있어요.

좌_ 거울이 묘사된 기원전 470년경 고대 그리스의 작품 우_ 님루드 렌즈

고대 그리스의 광학

거울과 렌즈의 발명은 단순히 일상 도구에 머무르지 않았습니다. 사람들은 곧 "빛이 무엇인가?", "우리는 어떻게 사물을 보는가?"라는 근본적인 질문을 던지기 시작했어요. 이러한 탐구가 본격적으로 전개된 곳이 바로 고대 그리스였습니다.

광학을 뜻하는 영어 optics는 고대 그리스어 optikē에서 유래했는데, 이는 '시각의', '시각에 관한 것', '사물을 본다'라는 뜻이 있습니다. 말 그대로 광학은 처음부터 눈과 시각의 원리를 설명하려는 시도에서 출발한 학문이에요.

기원전 5세기 철학자 엠페도클레스는 세상의 모든 것은 불, 공기, 흙, 물이라는 네 가지 원소로 이루어져 있다고 보았습니다. 그는 아프로디테가 이 네 원소로 인간의 눈을 만들었으며, 눈 속의 불꽃이 바깥으로 나와 사물을 비춰 우리가 물체를 볼 수 있다고 생각했어요. 물론 오늘날에는 틀린 설명이지만, 눈에서 빛이 나와 시각이 이루어진다고 본 그의 주장은 시각을 물리직으로 설명하려는 시도라고 할 수 있어요.

그 뒤를 이어 기원전 3세기의 수학자 유클리드는 『광학』을 저술하며 빛의 성질을 수학적으로 다루기 시작했습니다. 그는 빛이 직선으로 나아간다고 보았고, 거울에서 반사될 때 입사각과 반사각이 같아야 한다는 원리를 증명했어요. 이는 오늘날에도 변함없이 적용되는 빛의 반사 법칙의 초기 형태로 평가됩니다.

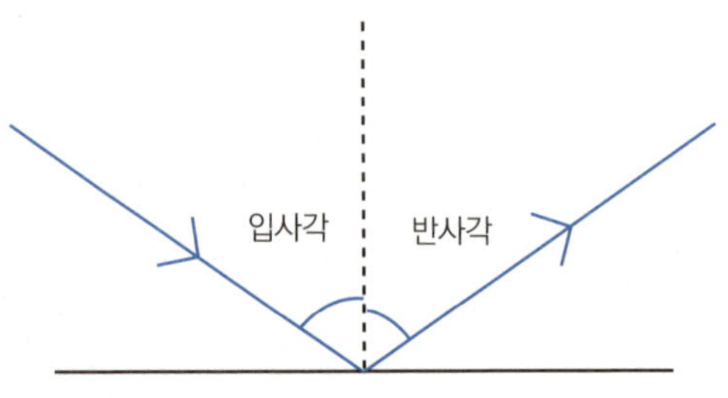

입사각과 반사각은 같다.

2세기 알렉산드리아의 학자 **프톨레마이오스** 역시 『광학』이라는 책을 통해 시각의 원리, 거울의 반사, 빛의 굴절을 체계적으로 설명했습니다. 그는 여전히 눈에서 광선이 나간다고 믿었어요. **광선이 원뿔 모양으로 퍼져 나가 시야를 형성한다**고 주장했지요. 눈에서 나오는 광선은 원뿔을 형성하며 원뿔의 꼭짓점은 눈 안에 있고, 원뿔의 밑면이 시야의 범위라고 주장한 거예요. 또한 그는 공기에서 물로 빛이 들어갈 때 굴절되는 각도를 반복적으로 측정해 기록으로 남겼습니다. 이는 굴절 연구의 가장 이른 사례 중 하나였으며, 광학을 단순한 철학적 추측이 아닌 실험과 측

더 알아보기

프톨레마이오스의 광학

프톨레마이오스의 『광학』은 세 부분으로 나눌 수 있습니다. 첫 번째는 사물을 보는 것의 원리를, 두 번째는 평면거울, 볼록거울, 오목거울의 반사 법칙을, 세 번째는 빛의 굴절을 다루고 있어요. 마지막 장에서 프톨레마이오스는 공기에서 물로 빛이 들어갈 때의 굴절과 굴절각에 대해 다루었어요. 그는 입사각-굴절각을 반복 측정해 각도 표를 만들었고, 더 나아가 공기↔유리, 물→유리 등 여러 매질 조합에 대해서도 실험값을 제시했지요. 이 굴절 표는 현존하는 가장 이른 체계적 데이터에 속한답니다.

정의 영역으로 끌어올린 시도였답니다.

중세 시대의 광학

중세 시대에 들어서면서 광학 연구의 주도권은 이슬람 세계로 넘어갔습니다. 바그다드와 코르도바 같은 학문 도시에서는 고대 그리스의 책을 번역해 연구했고, 이를 바탕으로 새로운 발견이 이어졌어요.

서기 984년, 페르시아의 수학자 이븐 사흘Ibn Sahl은 빛이 서로 다른 매질을 통과할 때 꺾이는 현상을 정밀하게 연구했습니다. 그는 굴절각과 입사각 사이의 일정한 비율을 발견했는데, 이는 오늘날 스넬의 법칙으로 알려진 굴절 법칙과 사실상 같은 내용이에요. 서유럽에서는 스넬과 데카르트가 재발견한 이 법칙을 이븐 사흘은 이미 10세기에 수학적으로 도출해 냈던 것이지요.

그로부터 약 40년 뒤, 또 한

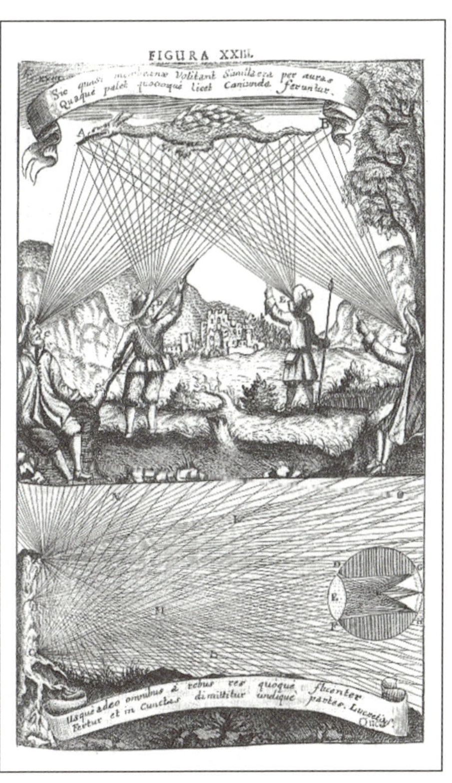

프톨레마이오스는 눈에서 광선이 나와 물체를 볼 수 있다고 주장했다.

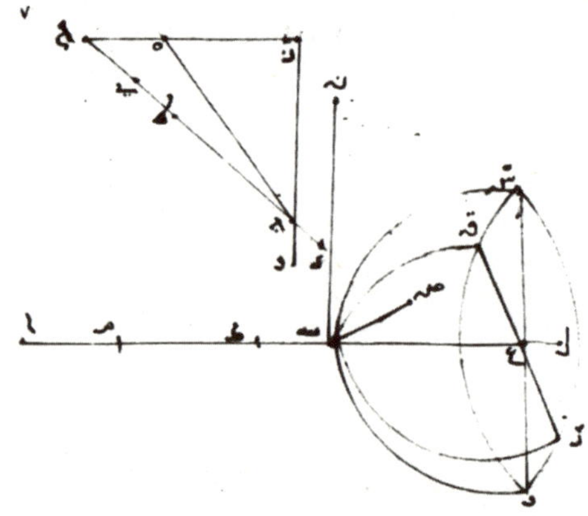

이븐 사흘 책

명의 위대한 학자가 등장했습니다. 바로 '현대 광학의 아버지'라 불리는 이븐 알하이삼Ibn al-Haytham이에요. 그는 1021년에 『광학의 책Kitab al-Manazir』을 집필했는데, 이 책에서 그는 고대 그리스 철학자들과 프톨레마이오스가 주장했던 '눈에서 광선이 나가 사물을 본다'라는 이론을 정면으로 반박했어요. 알하이삼은 우리가 사물을 보는 것은 물체에서 반사된 빛이 눈으로 들어오기 때문(입사 이론)이라고 설명했습니다. 이는 시각 이론의 대전환이자, 오늘날까지 이어지는 기본 개념의 출발점이 되었어요.

알하이삼은 단순히 이론을 주장하는 데 그치지 않고, 직접 실험을 통해 이를 입증했습니다. 그는 작은 구멍을 통해 들어온 빛이 스크린에 상을 맺는 원리를 연구하며 핀홀 카메라의 기초 개념을 제시했고, 빛이 거울에 반사되는 방식, 서로 다른 매질에서 굴절되는 각도, 무지개와 같은 기상 광학 현상도 논의하며 빛과 색을 폭넓게 탐구했어요. 무엇보다 중요한 점은, 그는 빛의 연구를 철학적 추측이 아니라 관찰과 실험을 통한 과학적 탐구로 바꾸었다는 사실이에요. 알하이삼은 렌즈를 통과한 빛이

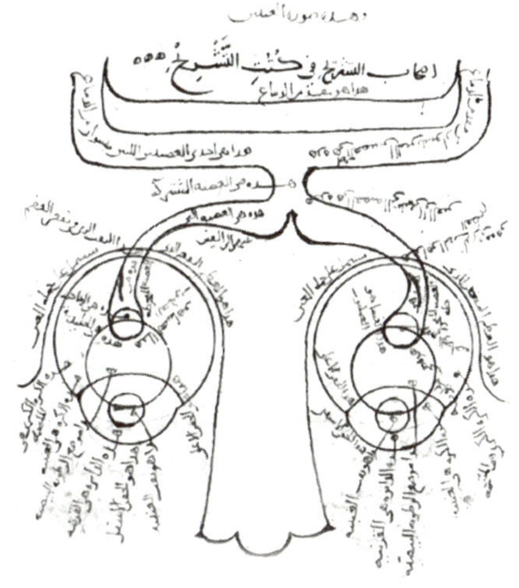

좌_ 알하이삼이 생각한 눈의 구조 우_ 알하이삼의 연구

여러 색으로 분리되는 현상도 언급했어요. 이는 훗날 뉴턴이 프리즘 실험을 통해 체계적으로 재현하며 '스펙트럼'이라 이름을 붙인 현상과 이어져요. 이렇게 알하이삼의 연구는 중세 유럽의 학자들에게 큰 영향을 주었고, 라틴어로 번역된 그의 책은 르네상스와 근대 과학의 출발점 중 하나로 자리 잡았답니다.

케플러와 데카르트의 광학 연구

17세기 초, 광학 연구는 고대와 중세의 전통을 넘어 새로운 단계로 발전하기 시작했습니다. 이 시기의 대표적인 학자는 독일의 요하네스 케플러Johannes Kepler와 프랑스의 르네 데카르트예요.

　천문학자로 이름을 날렸던 케플러
는 빛에 대한 연구에도 관심이 아주 많
았습니다. 그는 1600년에 쓴 『달의 에
세이』에서 월식과 일식의 원리를 설명
하며, 지구 대기를 통과하는 빛이 굴
절하는 현상까지 다루기도 했어요. 이
후 그는 광학 연구에 본격적으로 몰두
했고, 1604년, 황제 루돌프 2세에게 바
친 『천문학의 광학 부문Astronomiae Pars
Optica』에서 빛의 성질을 체계적으로 정
리했는데, 이 책에서 케플러는 빛의 세
기는 거리의 제곱에 반비례한다는 사실을 밝혔어요.

케플러의 『천문학의 광학 부문』

　또한 그는 망막에 상이 맺히는 원리를 최초로 설명했고, 망원경의 성
능을 개선하는 방법을 제시했습니다. 더 나아가 천체의 시차, 겉보기 크
기 변화 같은 천문학적 현상도 모두 광학적 원리와 연결하여 해석했지
요. 이처럼 케플러는 빛을 단순히 물리학적 주제로만 보지 않고, 천문학
과 연결된 하나의 통합적 학문으로 발전시켰어요.

　데카르트 역시 광학 분야에 중요한 발자취를 남겼습니다. 그는 철학자
이자 수학자였지만, 자연 현상을 기계적 법칙으로 설명하려 했던 과학
자이기도 했어요. 그가 특히 주목한 현상은 무지개였습니다. 데카르트는
햇빛이 공기 중의 빗방울 속으로 들어가 굴절되고, 물방울의 안쪽에서
반사된 뒤 다시 굴절되어 나올 때 무지개가 생긴다는 사실을 밝혔어요.
무지개는 단순한 신비로운 현상이 아니라, 빛의 굴절과 분산이라는 물리

적 법칙에 따라 생기는 자연 현상이라는 것을 증명한 거예요.

케플러가 광학을 천문학과 연결해 이론적 기초를 닦았다면, 데카르트는 일상에서 볼 수 있는 자연 현상을 과학적으로 해석했다는 점에서 의미가 있습니다. 두 사람의 연구는 뉴턴, 하위헌스, 프레넬로 이어지는 근대 광학의 길을 열어주었고, '빛은 무엇인가'라는 오랜 질문에 새로운 해답을 찾는 계기가 되었어요.

빛의 입자설과 파동설

빛은 과연 날아가는 작은 입자일까요, 아니면 물결처럼 퍼져나가는 파동일까요? 이 질문은 수백 년 동안 과학자들을 고민하게 만든 주제였습니다.

빛을 입자라고 주장한 대표적인 인물은 영국의 아이작 뉴턴이었습니다. 그는 1672년 영국 왕립 학회에 보낸 편지에서, 빛은 동일한 성질의 작은 입자들로 이루어진 광선이라고 주장했어요. 이를 뉴턴의 '빛의 입자설'이라고 부르지요. 또한 뉴턴은 1666년에 프리즘 실험을 통해 햇빛이 일곱 가지 색으로 분산되는 것을 관찰했고, 이것을 햇빛 속에 다양한 색 입자가 섞여 있기 때문이라고 해석했습니다.

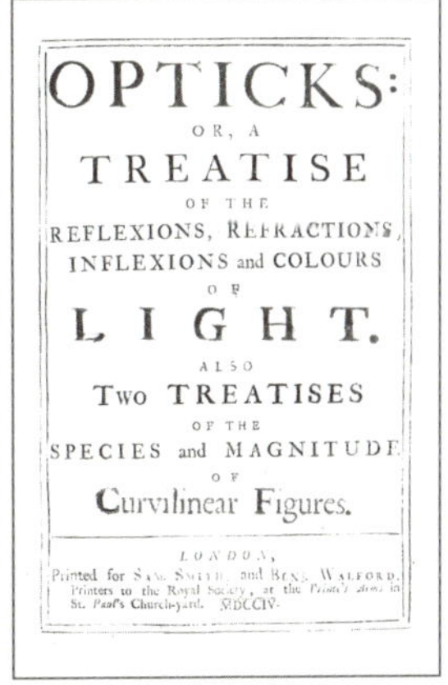

뉴턴의 『광학』

그는 반사와 굴절도 입자의 운동으로 설명할 수 있다고 보았고, 이런 생각을 1704년에 출간한 저서 『광학Opticks』에 담았어요. 이 책은 이후 18세기 유럽에서 가장 큰 영향력을 가진 광학 이론서가 되었지요.

하지만 뉴턴과는 전혀 다른 해석을 내놓은 과학자도 있었습니다. 네덜란드의 물리학자 크리스티안 하위헌스가 그 주인공이에요. 어려서부터 과학적 호기심이 많았던 하위헌스는 레이던 대학과 브레다에서 수학과 법학을 공부하며 학문적 토대를 다졌습니다.

1678년, 하위헌스는 빛이 입자가 아니라 파동처럼 퍼져나간다는 생각을 발전시켜 '하위헌스 원리Huygens' principle'라는 수학적 이론을 세웠어요. 하위헌스 원리는 파동이 전파하는 모습을 결정하는 원리예요. 바다에서 파도가 밀려오는 것을 관찰하면 파의 높은 부분, 즉 마루를 이루는 곡선이 그 형태를 조금씩 바꾸면서 움직이는 것을 알 수 있어요.

이때 파동의 마루를 이어준 곡선을 파면이라고 불러요. 어느 순간의 파면이 주어지면 다음 순간의 파면은 주어진 파면 상의 각 점에서 발생하는 구면파들에 공통으로 접하는 면이 된다는 것이 하위헌스 원리이지요.

구면파들이 겹쳐 새로운 파면이 형성된다.

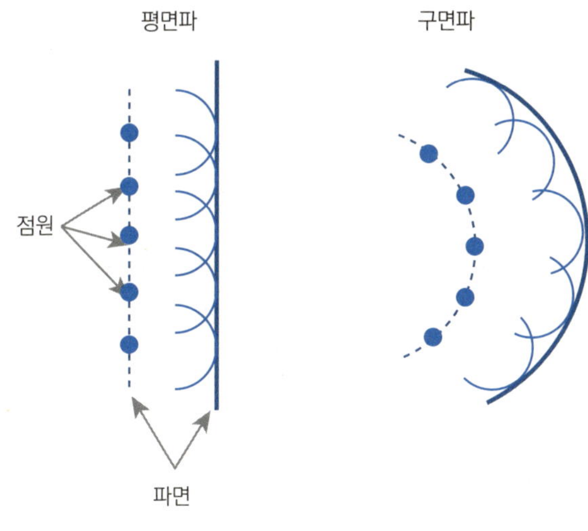

평면파와 구면파

하위헌스는 이 원리를 통해 빛이 반사될 때 거울에서 꺾이는 각도, 굴절될 때 매질에서 방향이 달라지는 현상을 자연스럽게 설명할 수 있었습니다. 그는 이러한 내용을 1690년에 출간한 『빛에 관한 논문Traité de la Lumière』에서 체계적으로 발표했어요.

이때부터 과학계에는 뉴턴의 입자설과 하위헌스의 파동설의 대립이

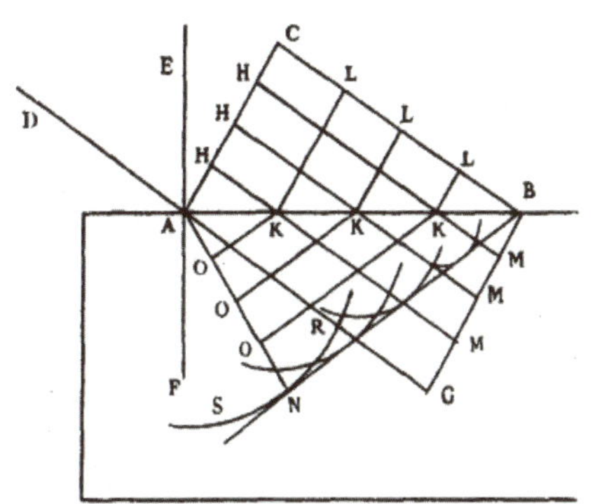

『빛에 관한 논문』에서 체계적 빛의 굴절을 설명하는 페이지

시작되었습니다. 그러나 두 이론 중 어느 쪽도 결정적인 증거를 내놓지는 못했어요. 뉴턴의 명성과 권위 덕분에 당시 학자들은 대체로 입자설을 더 신뢰했지만, 파동설 역시 물리학자들 사이에서 꾸준히 연구되며 후대 실험의 단서를 제공했습니다. 이처럼 17세기의 빛에 대한 논쟁은 이후 토머스 영, 프레넬 같은 과학자들의 연구로 이어져 빛이 파동이라는 강력한 증거가 등장하는 토대를 마련하게 되었어요.

영의 이중 슬릿 실험

19세기로 들어서면서 과학자들은 빛의 본성에 대해 다시 고민하기 시작했습니다. 18세기까지는 여전히 뉴턴의 주장처럼 빛을 입자라고 믿는 사람이 많았지만, 이제는 점점 빛이 파동임을 보여 주는 실험적 증거가 등장하기 시작했어요. 그중에서도 결정적인 실험이 바로 영국의 과학자 토머스 영Thomas Young의 이중 슬릿 실험이었습니다.

1803년, 영은 얇은 판에 두 개의 아주 가느다란 틈(슬릿)을 만들고, 그

토머스 영

- 1773년: 영국 서머싯에서 태어남.
- 1792년: 런던, 에든버러, 괴팅겐 등지에서 의학과 자연과학을 공부.
- 1799년: 런던에서 의사로 개업, 동시에 연구와 진료를 병행.
- 1801년: 왕립 연구소 교수로 임명되어 광학, 파동, 색채 이론 등을 강의함.
- 1803년: 이중 슬릿 실험을 발표하며 빛이 파동이라는 강력한 증거를 제시함.
- 1807년: 『자연 철학과 기계 예술에 대한 강의 과정』 출간.

뒤에 스크린을 세워 빛을 통과시켰습니다. 만약 빛이 입자라면, 두 슬릿을 지난 빛은 단순히 두 줄의 밝은 무늬만 남겨야 해요. 하지만 영이 본 것은 전혀 달랐습니다. 스크린 위에는 밝고 어두운 줄무늬가 번갈아 나타나는 간섭무늬가 생겨났던 거예요. 이는 두 슬릿을 통과한 빛이 서로 겹치면서 어떤 곳에서는 세기가 강해지고(밝은 무늬), 어떤 곳에서는 서로를 상쇄해 어두워지는 무늬가 나타나는 현상이었지요.

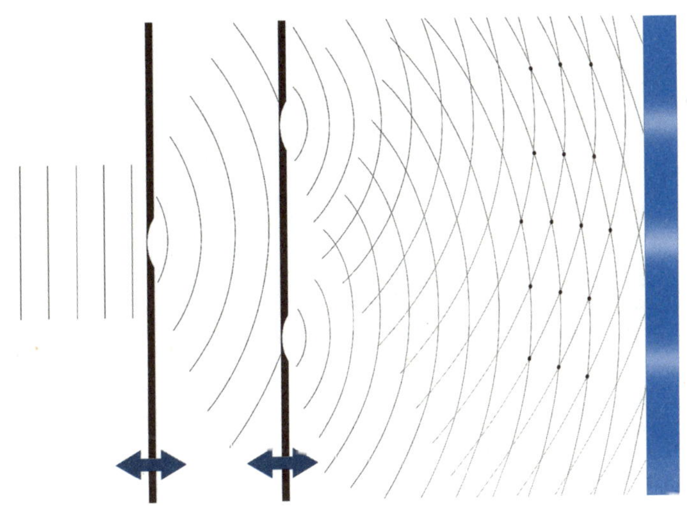

영의 이중 슬릿 실험 모식도

이 현상은 파동의 특징을 정확히 보여 줍니다. 물결이 겹칠 때 파도가 높아지거나 잔잔해지는 것을 본 적이 있을 거예요. 마찬가지로 하위헌스의 말처럼 빛이 파동이라면 간섭 현상을 일으킬 수 있지만, 빛을 작은 입자로만 본 뉴턴의 이론으로는 이런 무늬를 설명할 수 없지요. 결국 영의

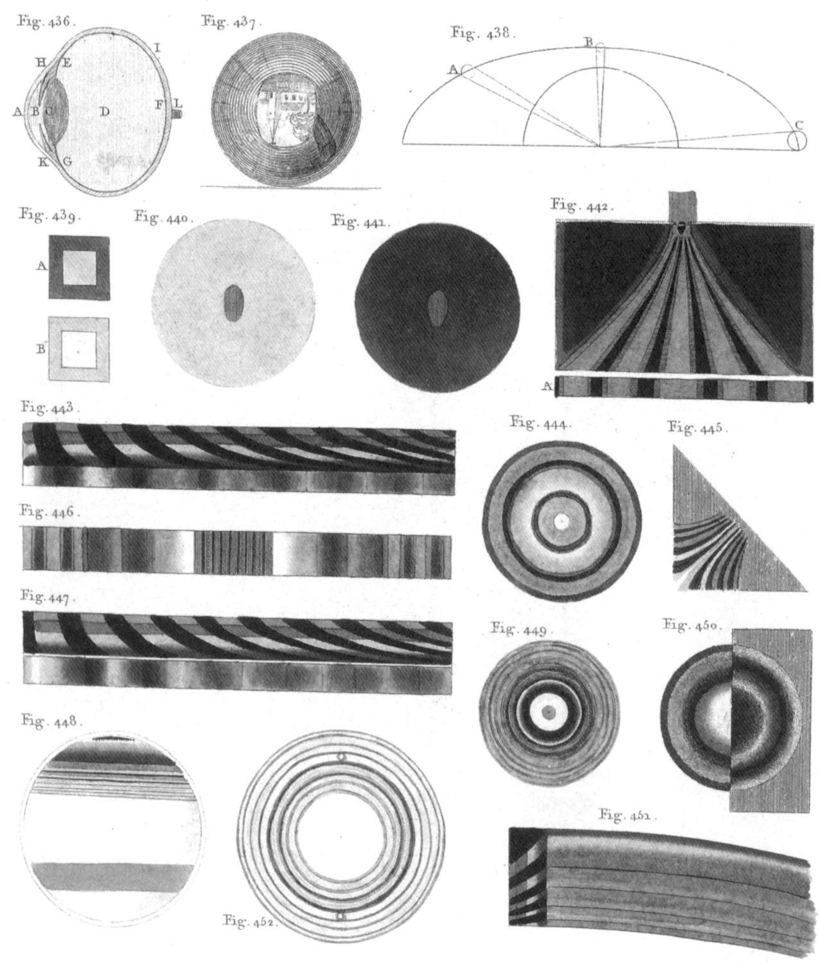

영의 『자연 철학과 기계 예술에 대한 강의 과정』

이중 슬릿 실험은 빛이 파동이라는 주장을 뒷받침하는 강력한 증거가 되
었습니다.

영은 자신의 연구를 단순한 실험 보고에 그치지 않고 1807년, 『자연철학과 기계 예술에 대한 강의 과정Course of Lectures on Natural Philosophy and the Mechanical Arts』이라는 책으로 정리했습니다. 이 책에는 그가 수행한 광학 실험뿐 아니라, 빛의 간섭, 색의 혼합, 그리고 당시 새롭게 고안된 광학 기계 장치들에 대한 상세한 설명이 담겨 있어요. 단순한 강의 자료가 아니라, 실험과 이론을 아우른 광학 연구의 집대성이라 할 수 있지요.

입자설과 회절 현상

19세기 초, 여전히 사람들은 입자설과 파동성을 두고 논쟁을 벌였습니다. 그 갈림길에서 결정적인 증거를 제시한 사람이 있는데, 바로 프랑스의 과학자 오귀스탱-장 프레넬Augustin Jean Fresnel이에요.

만약 빛이 단순한 입자라면, 아주 작은 틈이나 구멍을 통과할 때 단지 일직선으로만 나아가야 합니다. 하지만 실제로는 그렇지 않았어요. 빛은 틈을 지난 뒤 부드럽게 퍼져 나가며, 마치 물결이 좁은 방파제 틈을 지나 둥글게 퍼져 나가는 것처럼 보였기 때문이지요. 이런 현상을 회절Diffraction이라고 부르는데, 회절은 입자설로는 설명할 수 없고 오직 파동의 성질로만 설명되는 현상이에요.

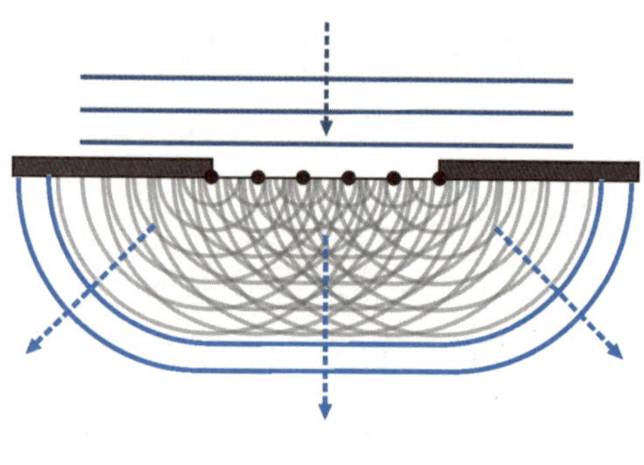

빛의 회절 현상

프레넬은 이 현상에 주목했습니다. 그는 빛이 틈을 통과할 때 틈의 크기와 파장의 관계가 중요하다는 것을 밝혀냈어요. 파장이 일정하다면 틈이 좁을수록 빛은 더 크게 퍼지고, 넓을수록 작게 퍼져요. 다시 말해, 빛은 좁은 틈을 만나면 직선이 아니라 반원 모양에 가까운 파면으로 퍼져

오귀스탱-장 프레넬

•1788년: 프랑스 노르망디 브로이에서 태어남. 수학과 과학에 뛰어난 재능을 보임.

•1804년: 파리 에콜 폴리테크니크에 입학해 공학과 수학, 물리학 등을 공부함.

•1806년: 국립 교량 및 도로 학교로 진학해 토목공학을 공부함.

•1809년: 프랑스 기술 군단 소속 토목 기술자로 근무하며 다리와 도로 설계에 참여.

•1814년: 본격적으로 과학 연구에 전념하기 시작했으며, 광학 연구도 시작함.

•1818년: 프랑스 과학 아카데미 공모전에 '빛의 본성'을 주제로 논문 제출해 우승함. 이 논문에서 프레넬 회절 이론을 제시함.

•1820년대 초반: 빛의 파동 이론 확립, 프레넬 렌즈를 발명함.

•1827년: 병으로 일찍 세상을 떠남.

나간다는 것이지요. 이는 파동으로서의 빛을 가장 분명히 보여 주는 증거였습니다.

프레넬은 1819년, 프랑스 과학 아카데미가 주최한 '빛의 본성' 공모전에 논문을 제출해 우승을 차지했습니다. 그 논문에 바로 이 회절 이론이 담겨 있었고, 이는 곧 빛의 파동설을 확립하는 결정적인 전환점이 되었어요. 그의 이론은 하위헌스의 파동 원리와 함께 빛이 단순한 입자가 아닌 파동임을 뒷받침하는 강력한 증거가 되었지요.

프레넬의 업적은 여기서 그치지 않았습니다. 그는 바다의 등대에 쓰일 수 있는 새로운 렌즈를 고안했는데, 이것이 오늘날에도 사용되는 프레넬 렌즈Fresnel Lens입니다. 이 렌즈는 평평한 모양을 가지면서도, 가장자리를 마치 톱니처럼 깎아내어 빛을 멀리 집중시킬 수 있게 만든 구조였어요. 이 발명 덕분에 등대 불빛은 이전보다 훨씬 멀리 퍼져 나갈 수 있었고, 수많은 선박이 안전하게 항해할 수 있었어요.

프레넬은 1827년, 병으로 일찍 세상을 떠나고 맙니다. 하지만 짧은 생

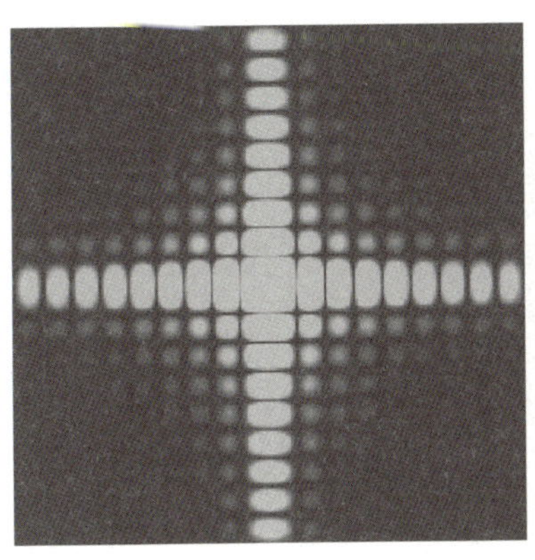

좌_ 구멍이 사각형일 때 빛의 회절 우_ 구멍이 원형일 때 빛의 회절

애에도 불구하고 빛의 회절 이론과 프레넬 렌즈로 파동 광학의 기초를 세웠어요. 그의 연구는 빛을 둘러싼 오랜 논쟁을 파동 쪽으로 기울게 만든 결정적 증거가 되었습니다.

빛으로 본 세계

고대 그리스 — 엠페도클레스, 유클리드(직진과 반사 법칙), 프톨레마이오스(굴절)

중세 시대 — 이븐 사흘(굴절 법칙), 철학적 추측에서 과학적 방법으로 전환된 시기

케플러와 데카르트
- 케플러 — 빛의 세기, 망원경 개선 등
- 데카르트 — 굴절, 반사, 재굴절, 분산으로 무지개 원리를 밝힘.

입자설 — 빛은 반사와 굴절로 설명되는 미세 입자의 흐름

파동설
- 하위헌스 — 하위헌스 원리로 빛의 반사·굴절을 파동으로 설명함.
- 토머스 영 — 이중 슬릿 실험
- 프레넬 — 회절 이론으로 빛의 파동성을 입증함.

불에서 열역학으로

불을 훔치는 프로메테우스

정교수의 pick

◆ 화씨　◆ 섭씨　◆ 열팽창　◆ 칼로릭 이론　◆ 줄
◆ 열역학 제1법칙　◆ 열역학 제2법칙

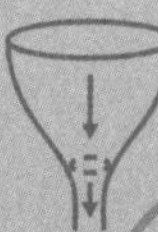

불과 온도의 비밀을 쫓다

어느 날 밤, 신들의 불을 훔쳐 인간에게 건네준 프로메테우스의 이야기는 고대 그리스에서 널리 알려진 신화 중 하나입니다. 불은 단순한 빛이 아니라, 어둠을 몰아내고 음식을 익히며 금속을 녹여 무기를 만들 수 있게 한 힘이었어요. 불을 손에 넣은 순간, 인간은 다른 동물과 구분되는 특별한 존재가 되었고 문명의 문이 활짝 열렸습니다. 하지만 신의 영역을 침범한 대가로 프로메테우스는 바위에 묶여 끝없는 형벌을 받았다고 해요.

고대인들은 불을 삶의 근원적인 힘으로 여겼습니다. 철학자 헤라클레이토스는 세상의 모든 것이 불에서 비롯된다고 보았고, 엠페도클레스는 불·흙·물·공기의 네 가지 원소가 세계를 이루는 기본이라고 주장했지요. 이처럼 불은 단순한 신화의 상징을 넘어, 자연을 설명하는 철학적 사유의 중심에 있었어요. 시간이 흐르면서 사람들은 불이 만들어 내는 '뜨거움과 차가움'에 주목하기 시작했습니다. 불은 곧 열과 연결되었고, 열은 다시 물질을 변화시키는 힘으로 이해되기 시작했어요. 결국 불을 어떻게 다루고 열을 어떻게 측정하느냐가, 인류의 과학적 탐구의 중요한 출발점이 되었지요.

불에서 열, 그리고 온도계까지

고대인들은 열을 불과 직접적으로 연결해 이해했습니다. 불은 단순히 빛과 온기의 원천이 아니라, 금속을 녹이고 음식을 익히며 세상을 바꾸는 힘이었어요. 불은 곧 열이라는 개념과 연결되었고, 사람들은 점차 공기와 액체의 움직임에서도 열의 작용이 드러난다는 사실을 깨닫기 시작했지요.

기원전 3세기, 비잔티움의 발명가 필론Philo of Byzantium은 공기의 성질을 탐구했습니다. 그는 속이 빈 구체와 물그릇, 그리고 관을 연결해 간단한 장치를 만들었어요. 구체를 불꽃이나 햇빛으로 가열하면, 공기가 팽창해 액체 속으로 기포가 올라왔고, 반대로 공기가 식으면 부피가 줄어들어 액체가 빨려 올라갔습니다. 필론은 이 변화를 관찰하며, 공기가 단순한 '빈 공간'이 아니라 열에 반응하는 실체적 힘임을 보여 주었어요. 이는 오늘날 우리가 말하는 공압Pneumatics의 첫 발견이자, 초기 공압 장치에 대한 가장 이른 실험 기록 중 하나로, 열과 기체의 관계를 밝히는

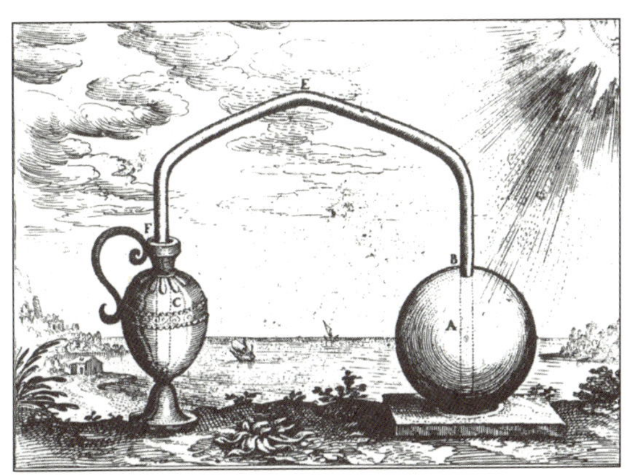

필론의 실험 장치

좌_ 페르가몬의 의사 갈렌
우_ 하슬러 온도계

중요한 단서였습니다.

하지만 이런 관찰만으로는 충분하지 않았습니다. '뜨겁다'와 '차갑다'를 숫자로 표현해야 열을 더 깊이 이해할 수 있었지요. 이때부터 온도계의 역사가 시작됩니다.

2세기, 페르가몬의 의사 갈렌Galen은 처음으로 온도의 표준화를 시도했습니다. 갈렌은 끓인 물과 얼음을 섞어 기준이 되는 '중간 온도'를 만들고, 그보다 차가운 쪽을 네 단계, 뜨거운 쪽을 네 단계로 나누어 총 아홉 단계의 눈금을 제안했어요. 비록 과학적 정밀함은 부족했지만, 열을 연속적이고 수량화 가능한 크기로 다룬 첫 시도였지요.

이 아이디어는 훗날 16세기 스위스 의사 요한 하슬러Johann Hasler에 의해 다시 소개되었습니다. 하슬러는 갈렌의 구상을 1(가장 차가움)에서 9(가장 뜨거움)까지 연속적으로 나타내기도 했어요.

이후 갈릴레오 갈릴레이는 공기의 팽창과 수축을 이용한 장치를 발명합니다. 물이 담긴 용기에 위로 길게 뺀 관과 큰 공기를 넣은 장치였는

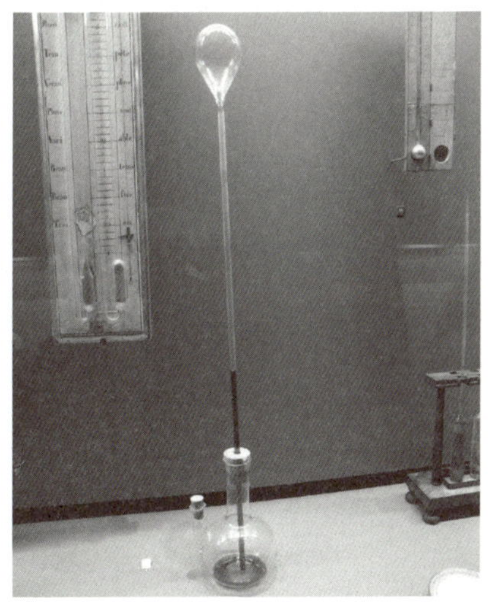

공기의 팽창과 수축을 이용한 갈릴레이의 장치

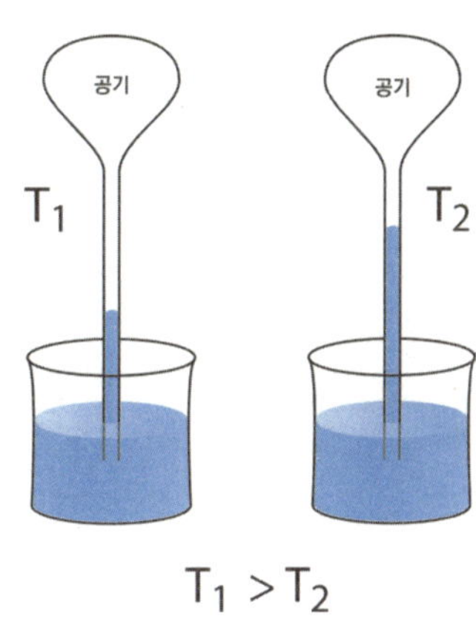

온도가 높으면 관 안의 공기가 팽창해 물의 높이가 낮아지고 온도가 낮으면 관 안의 공기가 수축해 물의 높이가 높아진다.

데, 공기가 뜨거워지면 팽창해 물이 내려가고, 식으면 수축해 물이 올라가는 원리였어요. 그는 이를 열보기 장치Thermoscope라 불렀어요.

온도가 올라가면 액체가 팽창하는 성질을 이용한 온도계는 17세기에 발명되었습니다. 저음 사용된 액체는 알코올이었어요. 알코올 온도계의 최초 발명자는 정확하게 밝혀져 있지 않지만 갈릴레이의 제자 델메디고 Joseph Solomon Delmedigo가 1629년에 쓴 『엘림』이라는 책에 그 원리가 기록되어 있어요. 이어 토스카나의 페르디난도 2세 데 메디치Ferdinando II de' Medici대공은 1654년, 알코올 온도계를 최초로 만들었는데, 이 온도계는 온도계 내부의 액체와 외부 공기가 직접 닿지 않는 밀폐된 형태였다고 해요.

17세기 후반, 더 정밀한 온도계를 만들려는 시도가 이어졌습니다.

갈릴레오의 제자 델메디고

1665년, 하위헌스는 물이 얼음이 되는 온도와 물의 끓는 온도를 기준으로 눈금을 정하자고 주장했어요. 1688년 프랑스의 달란세Joachim Dalence는 알코올 대신 물과 질산의 3:1 혼합물을 사용한 온도계를 제안하며, 물의 어는점과 버터가 녹는 점 사이를 30등분한 눈금을 고안했지요. 한편, 뉴턴은 1701년, 얼음의 녹는 점과 체온을 기준으로 온도를 12등분 하는 방안을 내놓았어요.

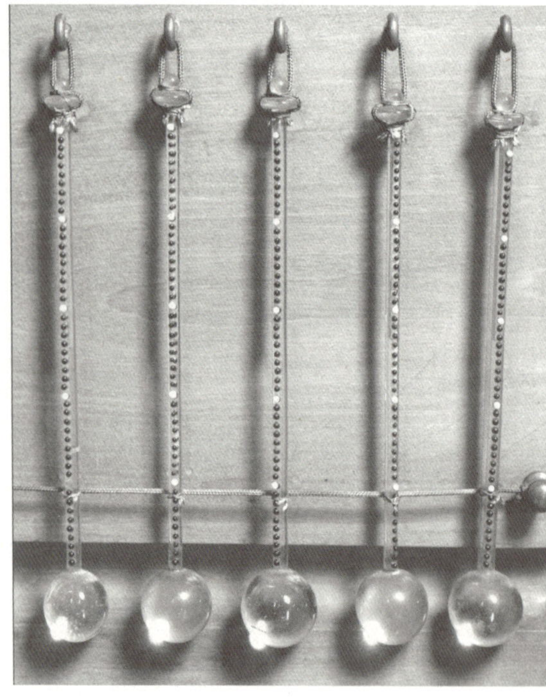

17세기 중반의 온도계, 검은색 점은 1도, 흰색 점은 10도 단위이다.

화씨와 섭씨의 탄생

초기 온도계는 온도의 변화를 측정할 수 있게 해 주었지만, 여전히 문제는 남아 있었습니다. 바로 서로 다른 온도계마다 눈금이 제각각이었다는 것이지요. 지역마다, 학자마다 기준이 달랐기 때문에 같은 온도의 물을 재어도 어떤 온도계는 50, 어떤 온도계는 200을 가리키는 식이었어요.

과학이 점차 정밀해지고 국제적으로 교류가 활발해지자, '온도를 표현할 보편적이고 일관된 기준이 필요하다'라는 목소리가 커졌습니다. 이런 요구 속에서 화씨 °F와 섭씨 ℃라는 두 가지 대표적인 온도 단위 체계가 태어난 거예요. 오늘날 미국에서는 주로 화씨를 사용하지만, 그 외의 대부분의 나라에서는 섭씨가 표준으로 쓰이고 있어요.

화씨온도를 만든 사람은 발명가 가브리엘 파렌하이트Gabriel Fahrenheit

좌_ 파렌하이트의 생가
우_ 화씨온도의 창시자 파렌하이트

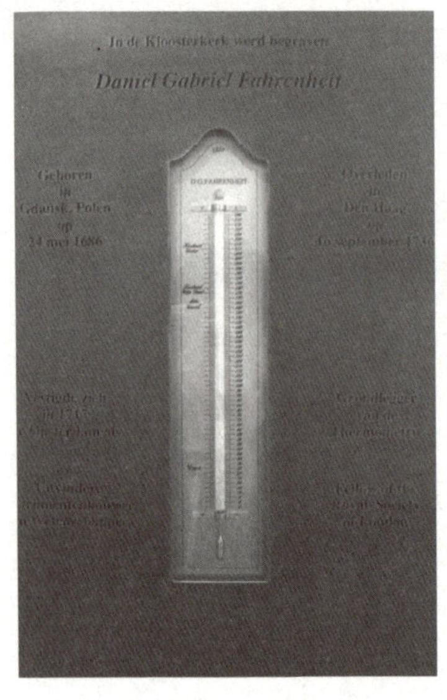 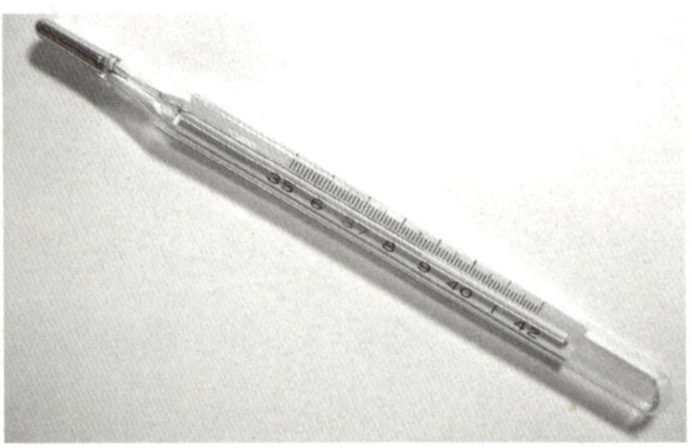

좌_ 파렌하이트가 만든 수은 온도계
우_ 현재의 수은 온도계

입니다. 파렌하이트는 폴란드의 그단스크에서 태어났어요. 하지만 1701년, 파렌하이트가 단치히 김나지움에 입학하려던 무렵, 부모가 독버섯을 잘못 먹고 세상을 떠나는 비극을 겪습니다. 이후 후견인 밑에서 자란 파렌하이트는 1702년, 암스테르담의 상인 견습학교에서 공부를 이어갑니다.

1714년, 파렌하이트는 세계 최초로 수은을 이용한 온도계를 발명합니다. 이전까지 온도계에는 알코올이 사용되었는데, 알코올은 끓는점이 낮아 증발이 쉽고 온도 변화에 따른 팽창(비선형 팽창)이 일정하지 않아 정확도가 떨어졌어요. 반면 수은은 넓은 온도 범위에서 일정한 팽창률을 보여 더 정밀한 측정이 가능했지요. 또한 1724년에는 물이 어는 온도를 32°F, 끓는 온도를 212°F로 정한 화씨 눈금 체계를 발표했는데, 눈금이 180등분 간격으로 나누어져 있어 더욱 세밀하게 온도를 측정할 수 있었어요. 오늘날에도 미국, 카리브해 일부 국가, 그리고 항공·해양 산업 분야에서 여전히 화씨가 쓰이고 있답니다.

한편, **섭씨온도**는 스웨덴의 천문학자 안데르스 셀시우스Anders Celsius가 고안했습니다. 그는 1742년, 물의 어는점을 0도, 끓는 점을 100도로 정한 새로운 눈금 체계를 발표했어요. 이 간단하면서도 직관적인 체계는 계산과 실험에 매우 편리했기 때문에, 빠르게 유럽 전역으로 확산되었어요. 흥미로운 점은, 셀시우스가 처음 제안했을 때는 지금과 반대로 끓는 점을 0도, 어는점을 100도로 정했다는 사실이에요. 하지만 그의 사후, 스웨덴의 식물학자 카를 린네Carl Linnaeus가 이를 뒤집어 지금의 형태로 고정했어요.

섭씨 눈금은 물의 성질에 기반을 두었기 때문에 자연 과학적 표준으로서 세계적으로 받아들여졌습니다. 오늘날에는 전 세계 대부분의 나라에서 기상 관측, 과학 실험, 일상생활에 이르기까지 보편적으로 쓰이고 있어요.

열팽창

과학자들은 온도를 측정할 수 있게 되자, 이제 수치를 기록하는 것을 넘어 온도가 물질에 어떤 변화를 일으키는지 알고 싶어 했습니다. 그중 가장 눈에 띄는 현상이 바로 열팽창이었어요. 물체는 뜨거워지면 부피가 늘어나는 성질을 갖는데, 이를 **열팽창**이라고 불러요.

고체와 액체의 열팽창은 인류가 오래전부터 경험적으로 알고 있었지만, 과학적으로 보여 주는 실험은 18세기 무렵부터 본격적으로 등장했습니다. 네덜란드 레이던 대학교의 교수였던 스흐라베잔데는 다음 그림과 같이 금속 공과 링을 이용한 간단한 장치를 고안했어요.

스탠드의 링은 금속 볼이 링을 통과할 수 있을 만큼 충분히 큽니다. 하지만 공을 끓는 물에 담그거나 불꽃으로 가열하면, 금속이 팽창해 공이 링을 통과할 수 없게 되지요. 이는 금속의 열팽창을 보여 주는 가장 간단한 실험이에요.

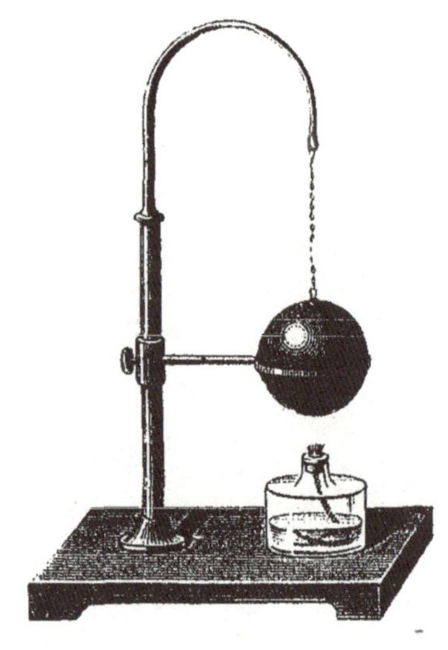

스흐라베잔데의 열팽창 실험

기체의 열팽창은 조금 더 늦게 발견되었습니다. 이 법칙을 처음 알아낸 사람은 프랑스의 과학자 샤를Jacques Alexandre César Charles이에요. 샤를은 1787년, 기체의 온도가 올라가면 기체의 부피가 증가한다는 사실을 알아냈어요. 하지만 샤를은 이 사실을 발표하지 않았고 1801년, 영국의 돌턴John Dalton과 1802년, 게이 뤼삭Joseph Louis Gay-Lussac이 이 법칙을 발표했지요. 돌턴과 게이 뤼삭은 섭씨 0도일 때 기체의 부피와 섭씨 100도일 때 기체의 부피를 비교한 결과

$$(섭씨\ 100도일\ 때\ 기체\ 부피) = (섭씨\ 0도일\ 때\ 기체\ 부피) \times (1 + k)$$

라는 공식을 얻었어요. 돌턴과 게이 뤼삭이 구한 k의 값은 $\frac{1}{2.666}$이에요.

이것은 현재의 정확한 값인 $\dfrac{1}{2.7315}$ 와 거의 비슷하지요. 돌턴은 k의 값이 기체의 종류와 관계없이 같은 값이라는 것을 알아냈어요. 한편, 게이뤼삭은 자신의 논문에서 이 공식을 먼저 알아낸 것은 샤를이라고 주장해 이 법칙은 샤를의 법칙으로 불리게 되었어요. 온도가 T일 때 샤를의 공식은 다음과 같아요.

$$\text{(섭씨온도 } T \text{일 때 기체 부피)}$$
$$= \text{(섭씨 0도일 때 기체 부피)} \times \left(1 + \frac{1}{273.15} \times T\right)$$

즉, 위의 공식에서 $T = 100$이면 앞선 식을 구할 수 있답니다.

열량

뜨거운 물과 차가운 물을 섞으면 미지근한 물이 된다는 것은 누구나 경험적으로 알고 있습니다. 고대 사람들은 이 현상을 단순히 '뜨거움이 옮겨간다' 정도로만 이해했어요. 하지만 시간이 지나면서 학자들은 이를 더 정밀하게 설명하려 했지요. 사람들은 같은 양의 뜨거운 물과 차가운 물을 섞으면 섞인 물의 온도가 단순히 평균값이 된다는 사실을 알았고, 뜨거운 쪽에서 차가운 쪽으로 어떤 '양'이 이동한다고 생각했어요. 이때 옮겨간 양을 열량Heat Quantity이라고 불렀는데, 다음과 같이 나타낼 수 있어요.

(뜨거운 물이 잃어버린 열량) = (차가운 물이 얻은 열량)

이렇게 같은 물질일 때, 열량은 온도 변화에 비례합니다. 예를 들어, 공기 중 열 손실이 없다는 가정하에, 온도가 각각 100도, 20도이고 질량이 같은 물을 섞으면, 혼합된 물의 온도는 60도가 되므로 40도만큼 온도가 변화하고, 열량은 이 값에 비례해요.

1723년, 영국의 수학자 테일러Brook Taylor는 차가운 물과 뜨거운 물의 양을 다르게 했을 때 온도 변화가 어떻게 되는지 알고 싶었습니다. 그래서 그는 차가운 물의 양을 일정하게 하고 뜨거운 물의 양을 다르게 하여 섞었어요. 그리고 실험 결과 '혼합 후 온도 변화는 뜨거운 물의 양에 비례'한다는 사실을 알아냈어요.

이것은 열량이 단순히 온도 변화뿐 아니라 물질의 양, 즉 질량에도 비례한다는 것을 명확히 보여준 사례로 열량 = (질량) × (온도 변화)에 비례한다는 것을 의미하지요.

1760년, 스코틀랜드 글래스고 대학의 의학교수 블랙Joseph Black은 온도가 다른 서로 다른 두 물질을 섞었을 때, 어떤 온도에 도달하는지 실험을 통해 확인하고자 했습니다. 블랙은 물질마다 열을 흡수하거나 방출하는 능력이 서로 다르다는 사실을 발견하고, 이를 비열Specific Heat이라는 개념으로 정리했어요. 그는 열량을 다음과 같은 식으로 표현했습니다. 열량은 (질량) × (온도 변화)에 비례하는데 이때 비례 상수를 물질의 비열이라는 개념으로 정리했어요. 즉,

(열량) = (비열) × (질량) × (온도 변화)

로 나타낼 수 있는 거예요. 즉, 같은 열량을 받더라도 비열이 작은 물질은 온도가 크게 변하고, 비열이 큰 물질은 온도가 천천히 변한다는 것을 설명할 수 있어요. 이 발견은 물리학뿐만 아니라 화학, 지구과학, 공학 전반에 걸쳐 큰 영향을 주었답니다.

칼로릭 이론

1787년, 프랑스 과학자 루이베르나르 기통 드 모르보Louis-Bernard Guyton de Morveau와 앙투안 라부아지에Antoine Lavoisier는 열의 본질을 설명하기 위해 새로운 개념을 제안했습니다. 그들이 붙인 이름은 칼로릭Caloric이었어요. 라부아지에는 열이 단순한 감각이 아니라, 눈에 보이지 않고 무게가 없는 입자 같은 물질이라고 생각했지요. 물체 속에 칼로릭이 많으면 온도가 높아지고, 적으면 온도가 낮아진다고 생각한 거예요. 또한 그는 열이 고온에서 저온으로 이동하는 현상도 칼로릭으로 설명했습니다. 뜨거운 물체에서 차가운 물체로 열이 전달되는 것은, 칼로릭이라는 입자가 많은 쪽에서 적은 쪽으로 흘러가기 때문이라고 주장했어요.

라부아지에는 칼로릭을 마치 공기처럼 보이지 않는 실재로 여기며, 화학 반응과 기체 팽창 등을 설명하는 데 활용했습니다. 이 관점은 직관적이었고, 당시로서는 매우 합리적인 이론이었어요. 실제로 라부아지에는 칼로릭을 바탕으로 열량계Calorimeter를 고안해 화학 반응에서 발생하는 열을 측정하기도 했어요.

하지만 칼로릭 이론에는 결정적인 문제가 있었습니다. 1798년, 바이

위_ 루이베르나르 기통 드 모르보
아래_ 앙투안 라부아지에

1782년에 발명한 라부아지에의 열량계

에른 공국에서 군수공장 감독관으로 일하고 있던 럼퍼드 백작Benjamin Thompson, Count Rumford은 대포를 만들기 위해 쇠붙이를 깎는 과정에서 엄청난 양의 열이 계속해서 발생한다는 사실을 발견했어요. 쇠를 갈아내는 마찰만으로도, 작업자들이 손을 델 만큼 뜨거워졌지요. 럼퍼드는 이 현상에 의문을 가졌어요. "도대체 이 열은 어디서 오는 걸까?"

당시 대부분의 과학자는 열이란 칼로릭이라는 물질이 물체 안에 담겨 있다가 밖으로 빠져나오는 거라고 믿고 있었습니다. 그렇다면, 한 번 열이 나면 점점 줄어야겠지요. 칼로릭이 유한한 물질이라면, 계속해서 열이 발생할 수는 없기 때문이에요.

럼퍼드는 한 가지 실험을 계획합니다. 쇠로 된 대포통 안에 구멍을 뚫

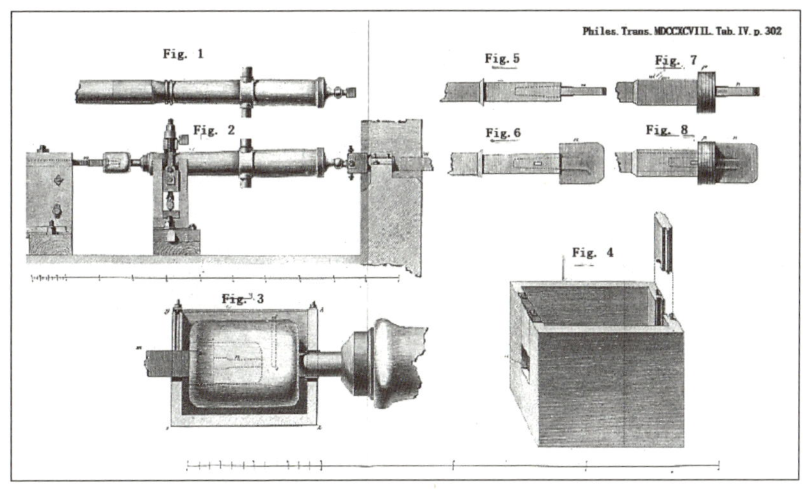

럼퍼드의 실험 장치

고, 그 안에 마찰을 일으킬 만한 뭉툭한 강철 도구를 끼운 뒤, 말 한 쌍을 이용해 장치를 돌렸어요. 마찰이 계속되는 동안, 그는 대포통을 물이 가득 찬 통에 담갔고, 물이 얼마나 뜨거워지는지 관찰했어요. 놀랍게도 마찰 운동만으로도 물은 끓을 정도가 되었어요. 럼퍼드는 1798년 논문에서 마찰로부터 '끝없이' 생성되는 열을 근거로 물리로서의 칼로릭을 반박하며, 열이 '운동'에 의해 생긴다고 주장했어요. 즉 통념이던 열이 물질이라는 생각을 뒤엎고 열이 에너지라는 개념을 제시한 거예요.

이 실험은 칼로릭 이론의 붕괴를 알리는 신호탄이 되었습니다. 열이 더 이상 눈에 보이지 않는 입자가 아니라, 분자의 운동 에너지라는 새로운 관점으로 이해하기 시작한 거예요.

줄, 열은 에너지라는 사실을 밝히다

제임스 프레스콧 줄

열에 대한 연구가 계속 이루어지고 19세기 중반이 되었지만, 과학자들은 여전히 "열이란 무엇인가"라는 근본적인 질문과 씨름하고 있었습니다. 열이 실체적인 물질인지, 아니면 단순한 현상인지 명확히 알 수 없었기 때문이에요. 바로 이때 영국의 과학자 제임스 프레스콧 줄 James Prescott Joule이 등장해, 열이 곧 에너지라는 사실을 실험으로 입증했습니다.

1843년, 줄은 이렇게 물었습니다. "운동 에너지가 줄어들 때, 그 에너지는 어디로 가는 걸까?" 그는 이 에너지가 사라지는 것이 아니라 열로 전환된다고 생각했어요. 줄은 역학적 에너지(운동 에너지와 위치 에너지의 합)가 어떻게 열에너지로 바뀌는지를 직접 실험으로 보여 주려 했어요.

줄은 에너지가 열로 전환된다는 사실을 확인하기 위해 다양한 정밀 실험을 고안합니다. 그중 가장 유명한 것이 물속의 바람개비 실험이에요. 줄은 무거운 추를 높이 매달아 떨어뜨린 다음, 추에 연결된 끈이 물속 바람개비를 돌아가게 했습니다. 이 과정에서 바람개비와 물이 마찰하며 발생한 열이 물의 온도를 높이는지 관찰한 거예요.

줄은 실험의 정밀성을 높이기 위해 눈금을 1도의 360분의 1까지 측정할 수 있는 특별한 온도계를 제작했고 실험 장치를 나무로 단열했으며, 온도 변화가 적은 양조장 지하실에서 실험을 반복했습니다. 마침내 그는

1847년, 운동에너지 4.2줄(J)이 소모되면 물 1그램의 온도를 1도 올리는 열(1칼로리)이 생긴다는 사실을 밝혀냈습니다. 이 말을 식으로 나타내면 다음과 같이요.

$$1cal \approx 4.2J$$

이 값은 이후 '기계적 열당량Mechanical equivalent of Heat'이라 불리며, 열이 에너지임을 수치상으로 증명한 첫 사례가 되었어요.

하지만 이 위대한 발견은 처음부터 인정받지 못했습니다. 줄은 정식 물리학 교수가 아니라 양조업자 집안 출신의 아마추어 과학자였기 때문이에요. 그의 논문은 학회에서 거절당했고, 줄은 신문을 통해 자신의 연구를 알릴 수밖에 없었어요. 이때 젊은 수학자 윌리엄 톰슨(후에 켈빈 경)이 줄의 성과에 주목했습니다. 톰슨은 줄의 실험이 옳다고 믿었어요. 이후 줄의 논문은 1850년, 당시 가장 권위 있는 과학 저널인 왕립 학회의 〈철학 회보Philosophical Transactions〉에 게재되었어요.

두 사람은 그 후 함께 연구를 이어갔고, 1852년에는 줄-톰슨 효과Joule-Thomson Effect를 발견합니다. 이 현상은 기체가 팽창할 때 열이 빠져나가지 않아도 온도가 낮아질 수 있다는 것으로, 오늘날 냉장고와 에어컨의 원리가 된 개념이에요.

줄은 평생을 실험에 바쳤습니다. 36년 동안 같은 주제로 실험을 반복할 정도였어요. 줄의 집념은 결국 과학사의 전환점을 만들어냈고, 그의 이름은 오늘날에도 에너지의 단위 줄Joule로 남아 있답니다.

열의 세 가지 이동방식

줄이 열을 에너지로 규정하면서, 과학자들은 '그렇다면 열은 어떻게 이동할까?'라는 새로운 질문에 집중하게 되었어요. 우리가 일상에서 경험하는 열의 이동 방식은 크게 전도, 대류, 복사 세 가지입니다.

[전도]

라면 끓일 때 쇠젓가락으로 라면을 저으면 쇠젓가락의 끝이 뜨거워집니다. 이렇게 한 쪽 끝이 가열되면 다른 한쪽 끝도 뜨거워지는데 이것은 쇠젓가락을 통해 열이 전달되기 때문이에요. 쇠젓가락과 같은 고체를 통해 열이 한쪽 끝에서 다른 한쪽 끝으로 전달되는 것을 열의 전도라고 불러요. 물질에 따라 열의 전도가 다른데 쇠는 나무에 비해 열의 전도가 빠르게 이루어져요. 그래서 라면을 조리할 때는 쇠젓가락보다는 나무젓가락으로 라면을 저어주는 것이 좋지요.

사람들은 아주 오래전부터 열의 전도에 대해 알고 있었습니다. 하지만 이 열의 흐름이 어떤 법칙을 따르는지, 속도는 어떻게 되는지, 또 물질에 따라 왜 다른지를 정량적으로 설명하려는 시도는 훨씬 나중에야 나타났어요.

1750년대, 독일의 요한 하인리히 람베르트Johann Heinrich Lambert는 금속 막대를 이용해 열전도 실험을 했습니다. 람베르트는 한쪽 끝을 불로 가열하면, 멀리 떨어진 지점의 왁스가 차례로 녹는 걸 관찰했어요. 이 실험은 열이 금속을 따라 이동한다는 사실을 눈으로 확인하게 해 주었지요. 비슷한 시기, 영국의 벤저민 프랭클린도 얼음과 금속을 이용해 열전도의 차이를 관찰합니다. 그는 다양한 물질이 열을 전달하는 능력이 다르다는 사실을 기록하기도 했어요.

[대류]

대류는 액체나 기체처럼 흐르는 물질에서 열이 이동하는 방식입니다. 냄비 속 물을 끓이면, 아래쪽의 뜨거워진 물이 위로 올라가고, 상대적으로 차가운 물이 아래로 내려오면서 순환이 일어나지요. 이러한 원리는 난방기, 스팀 보일러, 대기 대순환 등에도 적용됩니다. 19세기 후반, 독일의 물리학자 헬름홀츠는 열에 의해 발생하는 유체의 순환 원리를 체계적

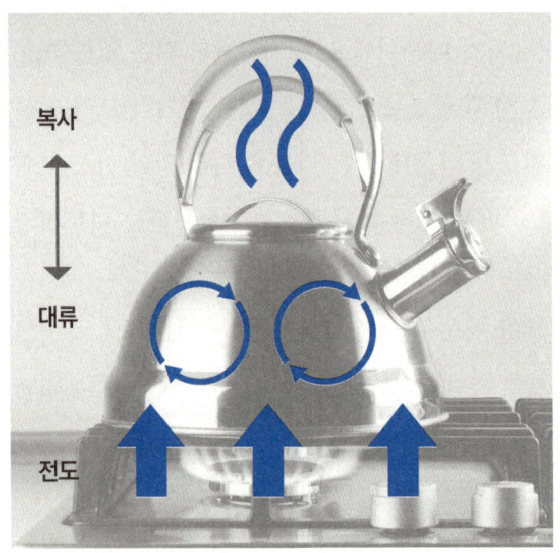

으로 정리했어요. 물이나 공기는 뜨거워지면 팽창하고 부피가 점점 커져요. 반대로 밀도는 작아져 위로 올라가게 되고, 그 빈 자리를 주변에 있던 차가운 공기가 채우게 되지요. 이렇게 물이나 공기가 순환하는 현상이 대류랍니다.

[복사]

복사는 매질 없이 빛과 같은 전자기파로 열이 전달되는 방식입니다. 태양의 열이 진공 상태의 우주 공간을 가로질러 지구에 도달하는 것이 대표적인 예지요. 열복사의 개념은 기존의 열전도와는 다른 열전달 방식이라는 점에서 주목받기 시작했어요.

1800년, 윌리엄 허셜은 프리즘을 이용해 햇빛을 분산시키던 중, 적색 바깥쪽에 보이지 않는 새로운 빛이 존재함을 발견했습니다. 이 보이지 않는 빛은 온도를 올릴 수 있었고, 그는 이를 적외선이라고 불렀습니다. 이것이 최초의 열의 복사 발견이에요. 열이 빛처럼 전달된다는 사실을 처음으로 실험으로 보여준 순간이었지요.

열역학 제1법칙, 에너지 보존의 법칙

열은 단순히 따뜻함이나 차가움의 감각이 아니라, 온도 차이에 의한 에너지 전달의 한 형태예요. 즉 물질 내부의 분자들이 가진 운동과 관련된 에너지입니다. 따라서 어떤 물체나 시스템에 열Heat을 가하거나, 외부에서 일Work을 시키면 그만큼 내부 에너지Internal Energy가 변하게 돼요. 이를 수식으로 표현하면 다음과 같아요.

$$(내부 에너지의 변화) = (들어온 열) - (시스템이 한 일)$$

예를 들어, 물을 끓인다고 생각해 보세요. 불에서 온 열은 물 분자들을 빠르게 움직이게 만들어 내부 에너지로 바꾸거나, 수증기가 발생하여 뚜껑을 밀어 올리는 일로 바뀔 수 있어요.

이러한 법칙을 열역학 제1법칙이라고 합니다. 훗날 과학자들은 열역학 제1법칙을 에너지 보존의 법칙으로 확립했지요. 바꿔 말하면, 에너지는 형태를 바꾸더라도 전체 양은 변하지 않는다는 것이 제1법칙의 핵심이에요. 이 원리 덕분에 우리는 자동차 엔진에서 연료가 낼 수 있는 일의 양을 계산할 수 있고, 냉장고에서 전기가 얼마나 열을 이동시키는지를 알 수 있으며, 보일러가 연료를 열로 바꾸는 효율을 측정할 수 있어요.

열역학 제2법칙, 뜨거운 곳에서 차가운 곳으로

뜨거운 커피에 얼음을 넣으면 어떻게 될까요? 당연히 커피는 식고, 얼음은 녹습니다. 반대로 커피가 더 뜨거워지고 얼음이 더 얼어붙는 일은 없지요. 열은 왜 항상 뜨거운 곳에서 차가운 곳으로 흐를까요? 이 질문에 답을 제시한 것이 바로 열역학 제2법칙입니다.

[니콜라 카르노]

19세기, 산업혁명이 한창이던 유럽에서는 증기 기관이 사람과 물건을 움직이는 핵심 동력이 되었습니다. 그러나 과학자들은 궁금했어요. "열은 일을 어떻게 만들어 내는 걸까? 그리고 왜 증기 기관은 항상 효율이 떨어질까?" 그때 등장한 사람이 바로 니콜라 카르노Nicolas Léonard Sadi Carnot예요.

니콜라 카르노

- 1796년: 프랑스 파리에서 태어남.
- 1812년: 에콜 폴리테크니크 입학해 수학·물리·공학 수학 등을 공부함.
- 1814년: 군 공학 기술자로 복무를 시작함.
- 1824년: 『불의 동력에 관한 고찰』 출간. 열기관의 이상적 작동 원리를 최초로 수학적으로 설명함.

카르노는 프랑스 혁명 직후, 유럽이 요동치던 격변의 시대에 태어났습니다. 그의 아버지인 라자르 카르노는 수학자이자 군사 전략가로, 프랑스 혁명의 핵심 인물이었어요. 과학과 기술이 나라의 힘이 되던 시기, 카르노는 어린 시절부터 수학과 기계에 관심을 보였고, 아버지에게서 이성적 사고와 공학 정신을 배우며 자라났습니다.

그 무렵 영국에서 시작된 산업 혁명은 유럽 전체로 퍼져나가고 있었습니다. 증기 기관이 발명되어, 사람들은 물레를 돌리고 기차를 움직이며 공장을 가동하는 등 사회 전체가 새로운 동력에 의존하게 되었지요. 사람들은 '기계가 움직이려면 열이 필요하다'라는 사실을 실감했지만, 정작 열의 정체가 무엇인지에 대해서는 여전히 분명히 알지 못했습니다. 당시 많은 과학자는 열을 '칼로릭'이라는 보이지 않는 유체로 여겼고, 물처럼 흘러가면서도 보존되는 물질이라고 생각했어요.

그러나 카르노는 의문을 품었습니다. "기계는 열을 어떻게 이용해 일을 만들어낼까?", "열은 단순히 흘러가는 물질일까, 아니면 움직임을 만들어내는 힘일까?" 이 질문에 답을 찾기 위해 그는 1824년, 단 한 권의 책을 남겼습니다. 제목은 『불의 동력에 관한 고찰』이었어요. 이 책에서 카르노는 이상적인 열기관을 가정 해 작동 원리를 수학적으로 분석하며, 열은 뜨거운 곳에서 차가운 곳으로 흐르면서 일을 한다는 사실을 밝혔습니다. 또한 어떤 기관도 100퍼센트 효율을 가질 수 없다는 결론에 이르렀는데, 이는 훗날 열역학 제2법칙으로 이어지는 중요한 초석이 되었어요.

카르노는 열을 단순한 물질이 아닌, 운동과 에너지의 전환과 관련된 현상으로 바라보았습니다. 비록 그의 생각은 생전에는 크게 주목받지 못했지만, 이후 클라우지우스, 켈빈, 줄과 같은 과학자들에 의해 재평가되며 열과 에너지의 본질을 이해하는 열쇠로 자리매김하게 되었지요.

[루돌프 클라우지우스]

1850년대, 독일의 물리학자 루돌프 클라우지우스Rudolf Julius Emanuel Clausius는 열에 대해 근본적인 질문을 던졌습니다. "왜 열은 항상 뜨거운 곳에서 차가운 곳으로만 흐를까?" 그는 에너지 변환에는 일정한 방향성이 존재한다는 사실을 깨달았고, 여기서 엔트로피Entropy라는 새로운 개념을 도입했어요. 그는 이렇게 정리했지요.

열은 결코 스스로 차가운 곳에서 뜨거운 곳으로 흐르지 않는다.

이것이 바로 오늘날 우리가 배우는 열역학 제2법칙의 고전적 표현이에요.

루돌프 클라우지우스는 19세기 유럽의 산업화 물결 속에서 활동한 과학자였습니다. 증기 기관이 사회를 바꾸어놓던 시기에 그는 에너지와 운

루돌프 클라우지우스
- 1822년: 독일 코슬린에서 태어남.
- 1844년: 베를린 대학에서 수학·물리학 학위를 취득함.
- 1850년: 열은 고온에서 저온으로 흐르며, 그 과정은 되돌릴 수 없다는 열역학 제2법칙을 정량화함.
- 1854년: 취리히 공과대학 교수로 임용됨.
- 1865년: 엔트로피 개념을 도입함.

동, 열의 본질을 탐구했어요. 1850년, 그는 열이 항상 고온에서 저온으로 흐르며 그 과정은 되돌릴 수 없다는 사실을 담은 논문을 발표했습니다. 이것이 바로 열역학 제2법칙이에요. 이 법칙은 자연이 한방향으로 흐른다는, 즉 시간이 되돌릴 수 없는 방향성을 가진다는 철학적 통찰로까지 확장되었어요.

1865년, 클라우지우스는 뜨거운 물체에서 차가운 물체로의 열의 이동은 저절로 일어나지만, 그 반대의 과정은 저절로 일어날 수 없다는 것을 설명하기 위해 엔트로피라는 양을 정의했습니다. 그는 엔트로피를 S라고 썼는데, 엔트로피의 변화량 ΔS가 이 문제를 해결할 수 있다고 생각했어요. 클라우지우스는 온도가 θ인 물체에서 열의 변화량을 ΔQ라고 할 때, 엔트로피의 변화량을 다음과 같이 정의했습니다.

$$\Delta S = \frac{\Delta Q}{\theta}$$

뜨거운 물체와 차가운 물체를 접촉시킨다고 생각해 보세요. 뜨거운 물체의 온도를 θ_H와 차가운 물체의 온도를 θ_C라고 할 때, 열 Q는 뜨거운 물체에서 차가운 물체로 이동합니다. 물론 여기서 Q는 양수예요.

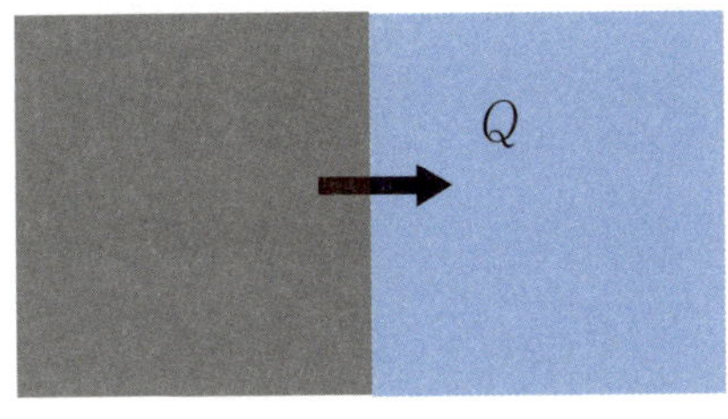

뜨거운 물체(θ_H)　　　　차가운 물체(θ_C)

이때 뜨거운 물체는 열이 Q만큼 빠져나갔으니까 열의 변화량은 $-Q$가 돼요. 뜨거운 물체의 열의 변화량을 $(\Delta Q)_H$라고 하면

$$(\Delta Q)_H = -Q$$

가 되지요. 이때 뜨거운 물체의 엔트로피 변화를 $(\Delta S)_H$라고 쓰면

$$\Delta S_H = \frac{(\Delta Q)_H}{\theta_H} = -\frac{Q}{\theta_H}$$

가 됩니다. 반대로 차가운 물체는 열을 Q만큼 얻었으므로 열의 변화량은 $+Q$가 되고, 이때의 열 변화량을 (ΔQ)라고 할 때, $(\Delta Q)_C = +Q$이므로 차가운 물체의 엔트로피 변화 $(\Delta S)_C$는

$$\Delta S_C = \frac{(\Delta Q)_C}{\theta_C} = \frac{Q}{\theta_C}$$

가 되지요. 두 물체가 접촉해 있으니까 전체 계_{System}는 접촉한 두 물체로 이루어져 있어요. 이때 전체 계의 엔트로피의 변화량은 뜨거운 물체의 엔트로피의 변화량과 차가운 물체의 엔트로피의 변화량의 합이에요. 따라서 전체 계의 엔트로피의 변화량 ΔS은 다음과 같이 나타날 수 있어요.

$$\Delta S = (\Delta S)_H + (\Delta S)_C$$

$$= -\frac{Q}{\theta_H} + \frac{Q}{\theta_C}$$

$$= \frac{Q}{\theta_H \theta_C} (\theta_H - \theta_C)$$

뜨거운 물체의 온도가 차가운 물체의 온도보다 높으므로 전체 계의 엔트로피의 변화량 ΔS은 0보다 큰 값이에요. ($\Delta S > 0$)

이는 계 전체의 엔트로피가 증가한다는 것을 의미합니다. 클라우지우스는 열역학 제2법칙을 엔트로피를 이용해 다음과 같이 다시 썼어요.

열역학 제2법칙: 고립계 전체의 엔트로피가 증가한다.

이 법칙을 엔트로피 증가 법칙이라고 하는데, 열역학 제2법칙과 같은 뜻이랍니다. 즉 고립계(외부와 입자도 열도 전혀 주고받지 않는 계)의 엔트로피가 감소하는 반응은 존재하지 않기 때문에 차가운 물체에서 뜨거운 물체로 열이 저절로 이동할 수는 없다는 것이 클라우지우스의 생각이었어요. 고립계의 엔트로피는 시간에 따라 점점 증가하다가 언젠가는 엔트로피의 최댓값에 도달하고 더 이상 엔트로피는 증가하지 않아요.

클라우지우스는 연구실에서 앉아 연구만 하던 학자가 아니었어요. 1870년, 프로이센-프랑스 전쟁이 일어나자 그는 자원하여 부상병을 돌보는 의용군 부대 지휘관으로 참전했어요. 과학자로서의 사명감뿐 아니라, 시민으로서의 책임감도 함께 가진 사람이었지요. 전쟁이 끝나고 독일 제국이 통일되면서, 클라우지우스는 본 대학의 교수로 과학 교육과 연구 제도를 정비하는 데 힘썼습니다. 그의 제자들은 훗날 볼츠만, 기브스, 아인슈타인으로 이어지는 현대 물리학의 길을 열었지요. 클라우지우스는 이렇게 말했어요. "우주의 에너지는 일정하다. 우주의 엔트로피는 증가한다." 이 말은 단순한 과학 이론이 아니라, 우리 삶과 문명이 어떻게 흘러가고 있는지에 대한 철학적 통찰이기도 해요. 에너지는 보존되지만, 사용될수록 더는 쓸 수 없는 방향으로 흘러갑니다. 이 사실은 우리에게 효율과 질서, 그리고 지속 가능성에 대해 깊은 질문을 던져 주고 있어요.

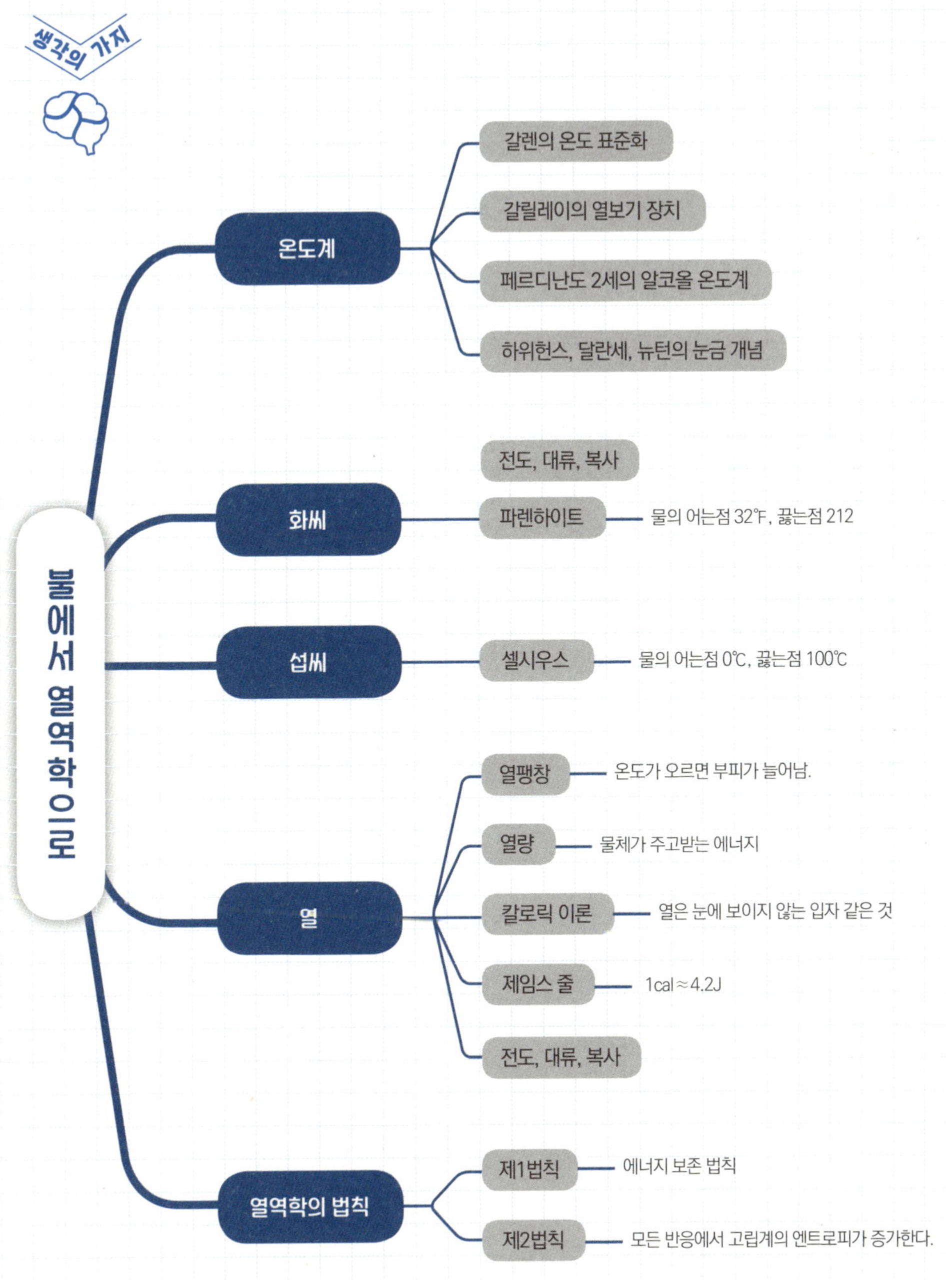
생각의 가지
불에서 열역학으로
온도계
갈렌의 온도 표준화
갈릴레이의 열보기 장치
페르디난도 2세의 알코올 온도계
하위헌스, 달란세, 뉴턴의 눈금 개념
화씨
전도, 대류, 복사
파렌하이트
물의 어는점 32℉, 끓는점 212
섭씨
셀시우스
물의 어는점 0℃, 끓는점 100℃
열
열팽창
온도가 오르면 부피가 늘어남.
열량
물체가 주고받는 에너지
칼로릭 이론
열은 눈에 보이지 않는 입자 같은 것
제임스 줄
1cal ≈ 4.2J
전도, 대류, 복사
열역학의 법칙
제1법칙
에너지 보존 법칙
제2법칙
모든 반응에서 고립계의 엔트로피가 증가한다.

증기 기관의 역사

증기기관으로 운전되는 방적기가 설치된 공장의 풍경

정교수의 pick

- ◆ 아르키메데스의 증기 장치 ◆ 뉴커먼 기관 ◆ 제임스 와트
- ◆ 증기선 ◆ 증기 기관차

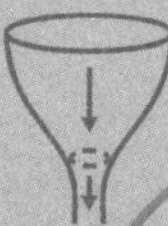

증기에서 시작된 기계 문명

18세기 후반, 영국의 탄광에서는 언제나 물이 골칫거리였습니다. 땅을 파 내려갈수록 지하수가 차올라 작업을 중단해야 했기 때문이에요. 사람들은 이 문제를 해결하기 위해 새로운 방법을 고민했고, 그 해답은 뜻밖에도 '증기'에서 나왔습니다. 이렇게 등장한 것이 바로 인류의 역사를 바꾼 기계, 증기 기관입니다.

처음에는 단순히 펌프처럼 물을 퍼 올리는 데 쓰였던 증기 기관은 개량을 거듭하며 공장과 기차, 그리고 거대한 배까지 움직이는 동력이 되었습니다. 특히 제임스 와트가 효율적인 증기 기관을 만들면서, 사람들은 더 이상 강의 수력이나 바람의 힘에만 의존하지 않고 원하는 장소에서 원하는 순간에 힘을 공급할 수 있게 된 것입니다.

그 결과 직물 생산량이 폭발적으로 늘었고 사람과 물자의 흐름을 완전히 바꾸어 놓았으며 인류는 기계·속도·도시의 시대로 들어서게 되었습니다. 이처럼 증기 기관의 등장은 인류가 처음으로 자연이 아닌 기술을 통해 세계를 움직일 수 있다는 가능성을 보여 준 역사적 전환점이 되었어요.

고대 증기 기관의 탄생

증기 기관은 기본적으로 증기의 열에너지를 기계적인 운동 에너지로 바꾸는 장치입니다. 증기 기관이라는 말을 들으면 산업 혁명기의 거대한 엔진을 떠올리기 쉽지만, 사실 증기의 힘을 이용하려는 시도는 고대 그리스 시대까지 거슬러 올라가요.

기원전 4세기, 그리스 식민도시 타라스에서 태어난 철학자 아르키타스 Archytas는 피타고라스학파의 수학자이자 정치가였고, 플라톤의 친구로도 잘 알려져 있습니다. 그는 수학과 기하학적 원리를 기계 장치에 응용하는 데 관심이 많았는데, 특히 공기의 압력을 활용한 장치를 만들었어요. 그의 대표적인 발명품은 '날아가는 비둘기'입니다. 가벼운 나무로 만든 새 모양의 기계를 증기나 압축된 공기의 힘을 이용해 날아가도록 만든 거예요. 비둘기가 한계 이상의 압력을 받으면 발사되고, 내부의 동물 방광에서 나오는 공기의 힘을 이용해 나는 듯 움직이게 되지요. 이 장치가 공압을 이용했다는 의견도 있고 증기와 열을 활용했다는 의견도 있

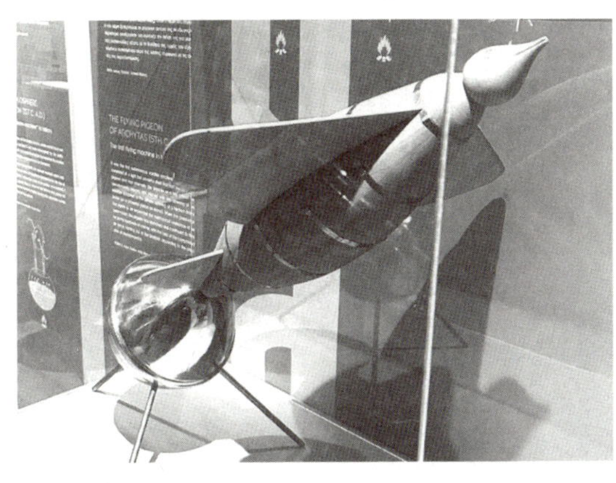

코차나스 고대 그리스 기술 박물관에 있는 아르키타스의 날아다니는 비둘기 재현 작품

지만, 인류가 '보이지 않는 기체의 힘'을 기계 운동으로 바꾸려 했던 최초의 시도 가운데 하나라는 점은 바뀌지 않아요.

2세기 무렵, 이집트 알렉산드리아에서 활동한 헤론Heron은 고대 기술사에서 빼놓을 수 없는 인물입니다. 그의 저서『공학 장치에 대하여』에는 수많은 발명품이 기록돼 있어요.

헤론의 가장 유명한 발명품은 에어리파일Aeolipile, 즉 '헤론의 엔진'입니다. 이 장치는 오늘날 우리가 아는 '증기 터빈'의 원형이라 불리기도 해요. 원리는 간단해요. 먼저 금속 공 모양의 장치에 물을 넣고 가열하면, 물이 증기로 변해 공 속으로 들어갑니다. 공에는 구부러진 두 개의 분출관이 달려 있는데, 여기서 증기가 분출되면 그 반작용으로 공이 빠르게 회전해요.

알렉산드리아의 헤론이라고 불리는 헤론

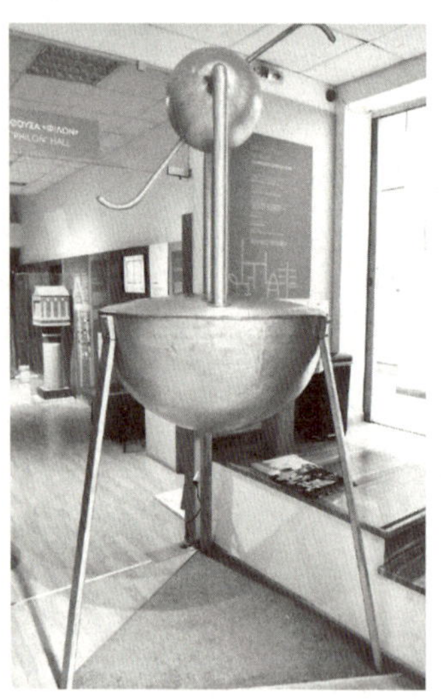

좌_ 고대 그리스 기술 박물관에 있는 에어리파일 복제품
우_ 헤론의 증기 기구 에어리파일

헤론은 에어리파일 외에도 다양한 자동 장치를 고안했습니다. 그는 물의 힘으로 움직이는 수력 오르간이나 자동 연극 장치, 동전을 던져 넣으면 자동으로 성수가 흘러나오도록 만들어진 자동 성수기 등을 발명했어요.

아르키타스와 알렉산드리아의 헤론은 '증기'와 '공기'라는 눈에 보이지 않는 힘을

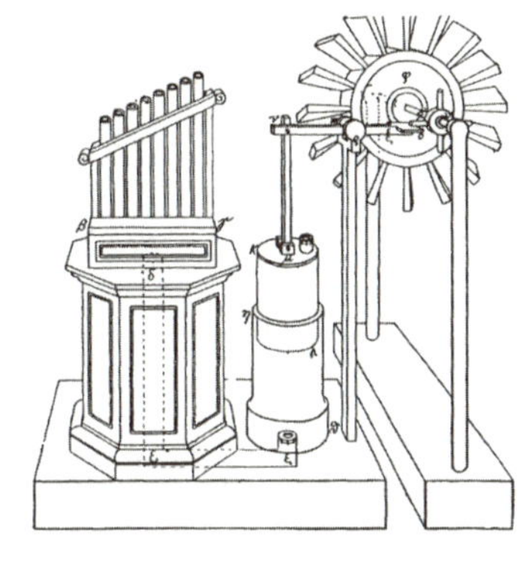

헤론의 수력 오르간

기계적 운동으로 바꾸려 했던 선구자들이었습니다. 비록 그들의 발명은 산업적 동력으로 이어지지는 못했지만, 그 아이디어와 원리는 훗날 수천 년 뒤 증기 기관이 등장하는 중요한 밑거름이 되었어요.

르네상스의 상상력

고대 그리스에서 시작된 '증기의 힘'에 대한 호기심은 중세를 거쳐 르네상스 시대에도 이어졌습니다. 특히 레오나르도 다빈치는 수많은 기계 장치의 설계도를 남겼는데, 그중에는 증기 동력 대포도 포함되어 있었어요. 다빈치는 이 무기를 '아키토네르Architonnerre'라고 불렀습니다. 그는 이 대포가 사실은 고대 과학자 아르키메데스가 처음 고안한 것이라고 주장했어요. 아르키메데스가 시라쿠사의 전쟁에서 로마군을 막기 위해 사용하려 했다는 전설적 무기였다고 생각한 거예요.

다빈치의 기록에 따르면, 아키토네르는 한쪽에 긴 원통형 튜브가 있어

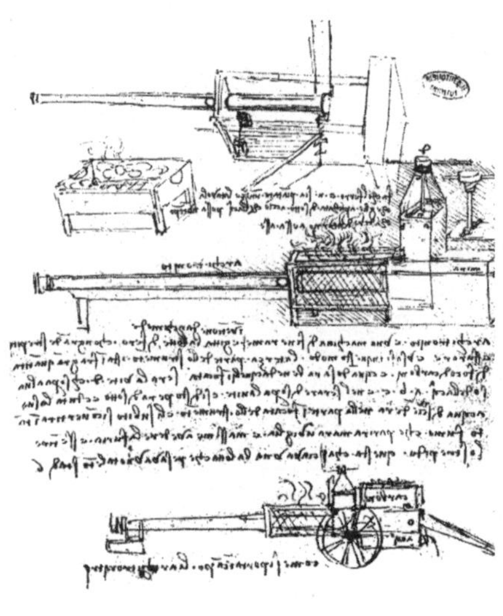

아키토네르의 구조

발사체를 조준할 수 있고, 반대쪽에는 물을 가열해 증기를 만드는 커다란 체임버가 있었다고 해요. 발사 준비가 되면 대포 상단의 구멍을 단단히 막아 내부 압력이 높아지도록 했고, 증기가 충분히 고압 상태가 되면 발사체는 목표물을 향해 강력하게 발사되는 원리였지요. 이 장치는 오늘날의 화약 무기처럼 폭발력을 이용한 것이 아니라, 순수하게 증기의 압력만을 동력으로 사용한다는 점에서 아주 독창적이에요.

실제로 아르키메데스가 이런 무기를 만들었는지는 확실하지 않습니다. 고대 문헌에는 '아르키메데스의 거대한 전쟁 기계'가 언급되지만, 증기 대포 자체가 구체적으로 기록된 사례는 드물어요. 아마 다빈치는 고대 과학자의 명성을 빌려 자신의 발명에 권위를 더하려 했을지도 몰라요. 하지만 중요한 점은, 다빈치가 고대인들의 상상을 이어받아 증기의 압력과 에너지를 실제 무기 체계로 응용하려 했다는 사실이에요. 그의 설계도는 실용화되지 못했지만, 고대의 공압 장치와 헤론의 에어리파일로 대표되는 고대 증기 장치의 전통을 르네상스 맥락에서 재해석하며, 증기 동력의 가능성을 다시 환기한 사례로 볼 수 있답니다.

증기 터빈의 초기 형태

고대와 르네상스 시대에 이어, 사람들은 증기의 힘을 더 효율적으로 활용할 방법을 찾기 시작했습니다. 단순히 장난감이나 무기 구상에서 벗어나, 실제로 회전 운동을 만들어 내고 이를 다른 장치에 전달하려는 시도가 이어졌어요.

1551년, 오스만 제국의 과학자 타키 앗딘Taqi ad-Din은 꼬챙이를 회전시키는 장치를 발명했습니다. 가열한 물에서 나온 증기를 관에 불어넣으면 그 힘으로 작은 터빈(바퀴)이 돌아가고, 이 회전력이 꼬챙이에 전달되는 방식이었어요. 이 장치는 오늘날 스팀잭Steam Jack이라고 불리는데, 이전에는 턴스핏 도그Turnspit dog라는 작은 개를 바퀴 안

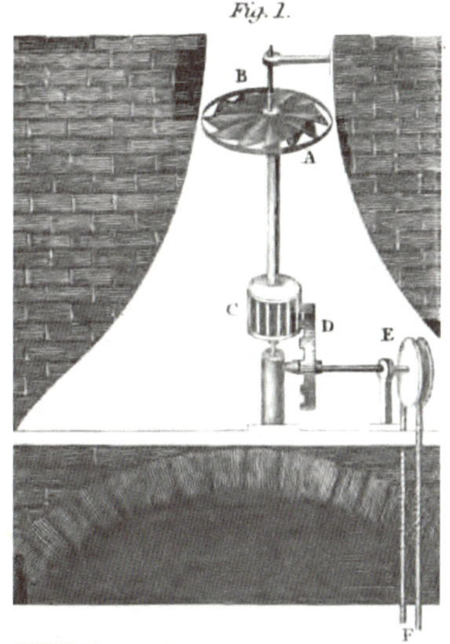

타키 앗딘의 증기 터빈

천장에 달린 바퀴 안에서 개가 달리면 꼬챙이가 돌아간다.

에서 달리게 해 꼬챙이를 돌렸다고 해요. 이렇게 증기 터빈의 발명은 사람과 동물을 대신해 열에너지를 기계적 에너지로 바꾸는 실용적인 시도라고 할 수 있어요.

이후, 이탈리아의 과학자 조반니 브랑카Giovanni Branca 역시 비슷한 발상을 이어갔습니다. 그는 1629년에 『기계Le Machine』라는 책을 펴냈는데, 그 안에는 무려 63종의 기계 설계도가 담겨 있었어요. 그중에서도 가장 주목받은 것이 25번째 그림, 바로 증기 터빈 장치였습니다. 구조는 간단했어요. 물을 끓여서 증기를 만들고, 그 증기가 노즐을 통해 분사되면, 그 바람에 맞은 바퀴의 날개가 돌아가도록 만든 것이지요. 오늘날로 치면, 증기 압력을 이용한 원시적인 터빈 발전기의 아이디어라고 할 수 있어요. 비록 실제 산업용으로 쓰이기에는 부족했지만, '증기 → 회전 운동 → 기계 동력'이라는 발상은 이후 근대 증기 기관과 터빈 기술로 이어지는 사상적 배경의 한 축이 되었답니다.

근대 증기 기관의 혁신

17세기 후반 들어서면서 증기를 동력화하려는 실용적 시도가 본격화되었습니다. 이 시기를 대표하는 인물이 있는데 바로 드니 파팽Denis Papin과 토머스 세이버리Thomas Savery예요. 두 사람의 발명은 미완이었지만, 산업 혁명으로 이어질 근대 증기 기관 발전의 문을 연 전환점이었어요. 두 사람의 발명품을 함께 살펴보도록 할까요?

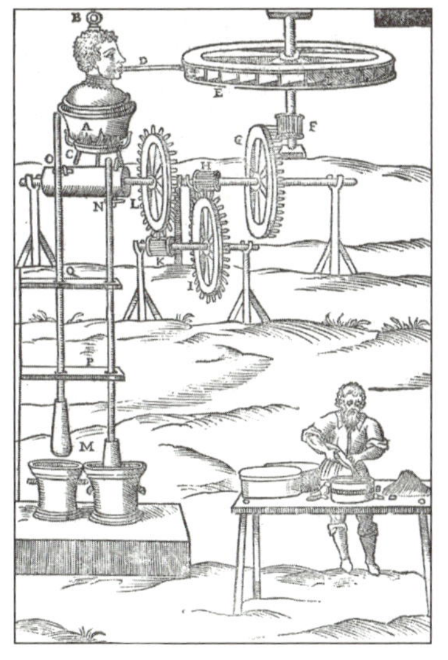

브랑카의 책 『기계』와 증기 터빈 설계도

[드니 파팽, 압력과 증기의 마법을 발견하다]

기계를 안전하게 움직이게 해 주는 '안전밸브', 그리고 '증기의 힘으로 움직이는 피스톤'을 고안한 사람이 있습니다. 바로 프랑스의 과학자 드니 파팽이에요.

드니 파팽은 1647년, 프랑스의 작은 마을 시트네에서 태어났습니다. 원래 의학을 공부했던 드니 파팽은 1669년, 의사 자격을 얻지만 곧 의사보다 과학자의 길에 더 큰 매력을 느꼈어요. 결국 1673년, 파팽은 프랑스 파리로 건너갑니다. 그곳에서 하위헌스를 도와 공기 펌프 실험을 했고, 얼마 뒤인 1675년에는 영국으로 건너가 로버트 보일과 함께 기체 압력과 진공에 관한 실험을 했어요. 이 시기 파팽은 '압력이 셀수록 물이 더 높은 온도에서 끓는다'라는 원리를 발견하게 돼요. 이 연구는 곧 실용적인 발명으로 이어졌지요.

1679년, 파팽은 증기의 힘을 이용한 새로운 조리 기구 '압력솥Papin's Digester'을 발명했습니다. 이 솥은 고기나 뼈를 빠르게 익힐 수 있다는 장점이 있었지만 동시에 치명적인 위험도 안고 있었어요. 내부 압력이 높아지면 언제든 폭발할 수 있었던 것이지요. 파팽은 이를 해결하기 위해 안전밸브Safety Valve를 고안했습니다. 일정 압력이 넘으면 자동으로 김을 배출하는 장

드니 파팽

치였는데, 이것은 이후 보일러, 증기 기관, 심지어 원자력 발전소에까지 이어진 핵심 원리가 되었습니다.

1690년, 파팽은 독일의 마르부르크 대학에서 세계 최초의 피스톤 증기 기관 모형을 만들었습니다. 원리는 간단했어요. 물이 끓어 생긴 증기가 피스톤을 밀어 올리고, 식으면 다시 피스톤이 내려오는 구조였지요. 오늘날로 치면 단순한 왕복 운동이었지만, 바로 이 원리가 훗날 제임스 와트의 증기 기관으로 발전하게 돼요.

하지만 파팽의 삶은 그의 발명만큼 순탄치 않았습니다. 그는 여러 나라를 오가며 연구했지만 정치적 후원도 재정적 뒷받침도 받지 못했어요. 고국 프랑스로 돌아가려 했지만, 그마저도 실패했지요. 결국 1713년, 파팽은 쓸쓸히 생을 마감했습니다. 그러나 그의 발명과 구상은 사라지지 않았어요. 파팽의 압력솥과 안전밸브, 피스톤 증기 기관은 이후 세이버리와 뉴커먼으로 이어지며 산업 혁명을 가능하게 한 열기관의 씨앗이 되었기 때문이에요.

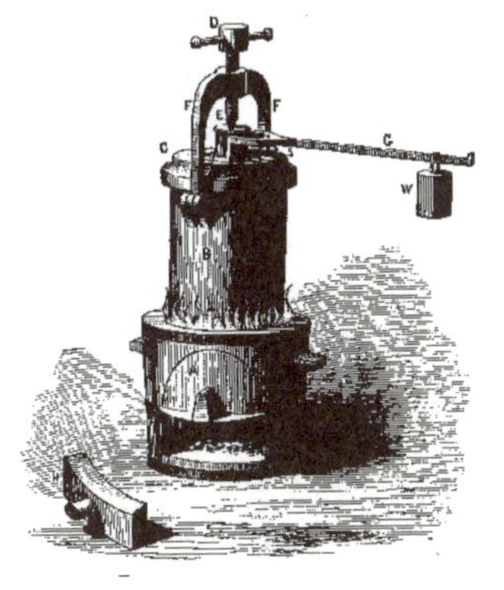

좌_ 1679년에 발명한 파팽의 압력솥 우_ 18세기 후반의 압력솥

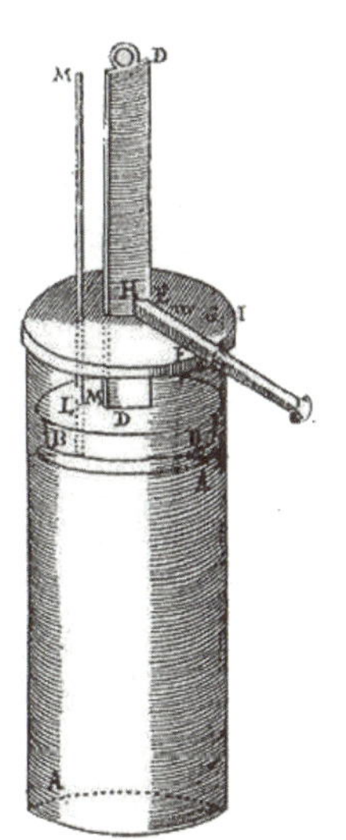

좌_ 물레방아를 돌리는 파팽의 증기 엔진 우_ 파팽의 피스톤 증기 기관

[세이버리, 물을 끌어 올린 최초의 증기 기관]

17세기 후반, 영국의 광산에서는 지하수가 끊임없이 차올라 채굴 작업에 큰 어려움을 겪고 있었습니다. 사람들은 펌프와 물레방아를 비롯한 여러 장치를 동원했지만, 한계가 뚜렷했지요. 이 문제를 증기의 힘으로

처음 해결하려 한 사람이 바로 토머스 세이버리예요.

1698년, 세이버리는 상업용 증기 구동 펌프 Miner's Friend를 발명했습니다. 이 장치는 응축된 증기의 진공을 이용해 아래에서 물을 끌어올리고, 이어서 증기의 압력으로 물을 더 높은 곳으로 밀어 올리는 구조였어요. 증기가 식으며 진공이 생기고, 그 진공이 물을 빨아올린 다음, 다시 증기를 주입해 물을 위로 밀어내는 방식이었지요.

세이버리의 펌프는 광산의 배수 작업뿐 아니라, 펌프장에서 연못 물을 끌어 올리거나 물레방아에 물을 공급해 방적기 같은 섬유 기계에 동력을 제공하는 데도 활용되었습니다. 하지만 한계도 분명했습니다. 장치는 작고 값이 저렴했지만, 높은 곳까지 물을 끌어 올리는 데는 역부족이었어요. 게다가 보일러 압력이 높아지면 폭발 위험이 커서, 대규모 광산용으로 쓰기에는 위험하고 비효율적이었지요. 그럼에도 세이버리의 증기 구동 펌프는 '증기 기관을 실질적으로 산업 현장에서 이용하려 한 첫 시도'라는 점에서 역사적 의미를 지니고 있어요.

토머스 세이버리

세이버리의 펌프 모형

[뉴커먼, 최초의 상업 엔진을 발명하다]

세이버리와 파팽의 구상을 토대로 보다 실용적이고 안전한 증기 기관을 완성한 인물이 있었습니다. 바로 토머스 뉴커먼Thomas Newcomen입니다. 1712년, 뉴커먼은 세이버리의 응축-진공 아이디어에 파팽의 피스톤과 실린더 구조를 더해 대기압으로 작동하는 증기 기관을 구현했어요. 원리는 이렇습니다.

먼저 실린더 안에 증기를 채운 뒤, 차가운 물을 분사해 증기를 빠르게 식힙니다. 그러면 실린더 내부에 진공이 형성되고, 바깥의 대기압이 피스톤을 눌러 아래로 움직이게 해요. 즉, 증기는 진공을 만드는 수단이었고 실제로 일을 하는 힘은 대기압이었지요.

뉴커먼 엔진은 세이버리의 펌프보다 훨씬 깊은 지하수까지 퍼 올릴 수 있었고, 안전성도 더 나았습니다. 그러나 효율은 높지 않았어요. 실린더를 매번 가열했다가 냉각해야 했기 때문에 연료 소모가 많았고, 출력도 제한적이었지요. 또한 실린더가 커야 했기에 크기가 거대할 수밖에 없었습니다.

그럼에도 뉴커먼 엔진은 18세기 내내 수백 대가 제작되어 영국과 유럽의 광산에서 널리 쓰였고, 이후 증기 기관 발전의 토대가 되었습니다. 무엇보다 이 엔진이 없었다면 제임스 와트의 혁신적인 개량도 불가능했을 거예요.

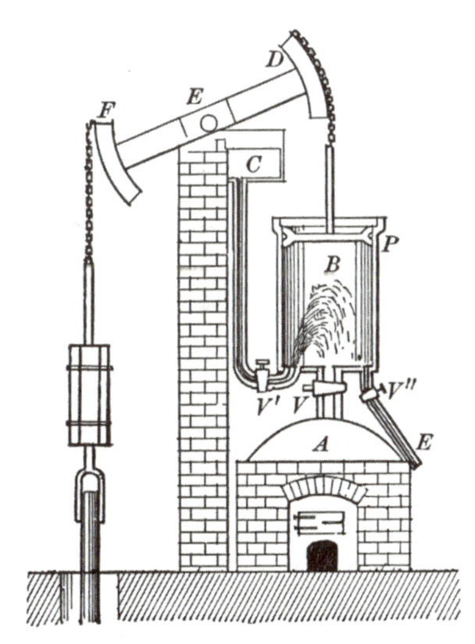

뉴커먼 엔진

제임스 와트의 등장

세이버리와 뉴커먼의 증기 기관은 혁신적인 발명품이었지만 비효율적이었습니다. 연료 소모가 심했고 출력도 약했어요. 이때 제임스 와트James Watt가 등장합니다.

1765년, 스코틀랜드 글래스고 대학의 기계공이었던 제임스 와트는 뉴커먼 엔진을 수리해달라는 의뢰를 받습니다. 이 과정에서 와트는 엔진의 구조적 문제를 간파했어요. 실린더 안에서 증기를 넣었다가 식히기를 반복하는 방식 때문에 막대한 열 손실이 생기고, 석탄이 낭비되고 있었던 거예요. 와트는 실린더와 별도로 증기를 식히는 분리 응축기Separate Condenser를 고안했고, 이 단순한 개량은 연료 소비를 절반 가까이 줄여주었어요. 또한 그는 직선 운동을 회전 운동으로 바꾸는 장치를 개발했어요. 이 회전 동력 덕분에 공장은 물레방아가 있는 강 근처가 아니라, 어디에도 세울 수 있게 되었어요. 이것은 산업혁명의 속도를 폭발적으로 증가시켰습니다.

1769년, 와트는 이 새로운 기관으로 특허를 얻었지만, 그는 발명가일 뿐 사업가 기질은 없었어요. 자금도, 대형 제작 시설도, 시장에 내놓을 능력도 부족했지요. 이때 등장한 인물이 바로 사업가 매튜 볼턴Matthew Boulton이었어요. 버밍엄 소호SOHO 지역에서 금속 가공업에 종사하며 사업을 키우고 있던 볼턴은 물레방아 동력의 한계를 느끼고 새로운 동력원을 찾고 있던 차였습니다. 그는 와트에게 손을 내밀었고 1775년, 두 사람은 힘을 합쳐 Boulton & Watt회사를 설립하게 됩니다.

와트의 증기 기관은 1776년부터 광산에 설치되기 시작했습니다. 같은

양의 석탄으로 훨씬 많은 물을 퍼낼 수 있어 연료가 비싼 지역을 중심으로 빠르게 확산되어 다수의 뉴커먼 기관을 대체했어요. 흥미로운 점은 회사가 증기 기관을 직접 판매하지 않았다는 거예요. 대신 이렇게 말했지요. "증기 기관을 설치해 '절감된 연료비'의 3분의 1을 로열티로 받겠다." 이런 독특한 사업 모델 때문에 일부 광산업자들이 불평하기도 했지만, 와트의 기술과 볼턴의 경영 전략은 산업 전체를 빠르게 변화시켰고 오늘날의 공장, 기계산업, 에너지 시스템의 기반이 되었어요.

와트의 증기 기관은 단순한 기술 개선을 넘어, 시간·속도·생산성의 개념 자체를 바꾸었습니다. 공장은 물레방아가 있는 강 근처가 아니라 어디서든 세워질 수 있었고, 24시간 돌아가는 기계에 맞춰 노동의 리듬도 달라졌어요. 사람들은 이제 '얼마나 오래 일했느냐'가 아니라 '얼마나 많이 생산했느냐'로 평가받게 되었지요. 와트는 자신이 만든 기관의 힘을 설명하기 위해 '말 한 마리가 끌 수 있는 힘'을 기준으로 삼았고, 여기서

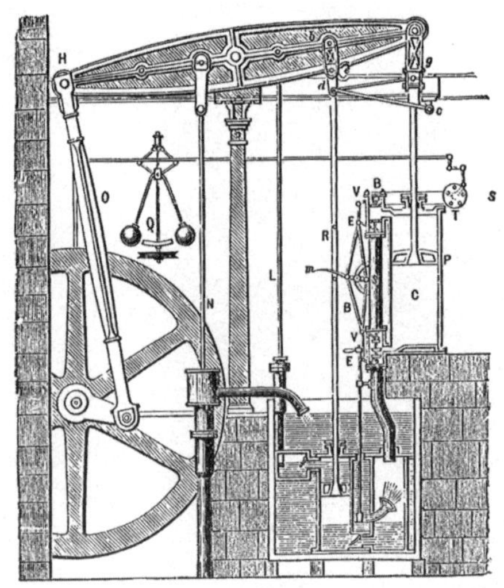

오늘날까지 쓰이는 단위 마력Horsepower이 나왔습니다. 나중에는 그의 이름을 따 전력의 단위 와트Watt도 만들어졌지요.

와트의 기관은 석탄을 태워 물을 끓이고, 생긴 증기로 피스톤을 움직이는 단순한 메커니즘을 기반으로 했습니다. 그러나 이 단순함이야말로 산업혁명의 동력이었어요. 방적기, 증기선, 증기 기관차까지, 인간의 노동을 기계가 대체하고 시간을 돈으로 환산하는 새로운 시대가 열린 거예요. 산업 혁명은 단순히 기계가 늘어난 시대가 아니라, '에너지를 어떻게 쓸 것인가'라는 철학의 전환이었고, 그 중심에는 제임스 와트의 증기 기관이 있었습니다.

그러나 와트의 기관에도 한계가 있었어요. 증기는 여전히 낮은 압력에서 작동했고, 진공을 만들어 대기압에 의존하는 방식이었지요. 게다가 크기와 무게도 만만치 않았습니다. 와트 자신도 보일러 폭발의 위험 때문에 고압 증기를 사용하는 것을 반대했어요.

하지만 1800년대 초, 영국의 리처드 트레비식Richard Trevithick과 미국의 올리버 에반스Oliver Evans가 고압 증기를 직접 피스톤에 활용하는 기관을 개발하면서 상황은 달라집니다. 이 새로운 기관은 훨씬 작고 가벼우면서도 강력해, 비로소 기관차와 증기선 같은 운송 수단에 사용할 수 있게 되었어요.

이때부터 증기 기관은 단순히 산업을 움직이는 기계를 넘어, 세계의 공간과 시간을 압축하는 동력이 됩니다. 증기 기관이 더 나은 기계를 만들고, 그 기계가 다시 더 발전된 증기 기관을 낳는 선순환이 시작된 것이지요. 이렇게 증기의 힘은 인류 문명을 진정으로 '움직이는 엔진'이 되었습니다.

증기 자동차의 역사

증기 기관은 더 이상 광산이나 공장에만 머물지 않았습니다. 곧바로 도로 위로 올라와 새로운 시대의 교통수단, 즉 자동차의 원동력이 되었어요. 오늘날 자동차는 가솔린이나 전기로 움직이지만, 자동차가 처음 도로를 달리기 시작했을 때의 동력은 '증기'였어요. 뜨거운 물에서 나오는 압력, 바로 그 힘이 세상을 움직이기 시작한 것이지요.

1769년, 프랑스 육군의 기술자 쿠뇨Nicolas-Joseph Cugnot는 포병 수송용 마차를 증기로 움직이는 방법에 대해 고민하고 있었습니다. 수많은 시행착오 끝에, 그는 세계 최초의 자주식 증기 자동차를 만들었어요. 이 차량은 바퀴가 앞에 하나, 뒤에 두 개가 달린 삼륜차 형태였고, 앞바퀴

위에는 증기 보일러와 실린더가 달려 있었어요. 증기 압력이 피스톤을 밀면서 바퀴를 돌려 시속 4~5킬로미터 정도로 움직일 수 있었지요. 비록 속도는 느렸지만, '말 없는 마차'가 실제로 굴러가기 시작한 첫 순간이었습니다.

1801년, 트레비식은 '퍼핑 데빌Puffing Devil'이라는 작고 강력한 도로용 증기 자동차를 선보였습니다. 이 차는 그 이름처럼 김을 뿜으며 도로를 달리는 악마 같은 기계였어요. 트레비식의 증기 자동차는 보일러 안에 직접 불을 붙일 수 있는 화실Firebox이 있었고 수직 실린더 하나로 움직이는 피스톤이 커넥팅 로드를 통해 바퀴를 직접 돌리는 구조였지요. 무게는 1.5톤이 넘었지만 최고 시속 약 14.5킬로미터로 마차보다 빠르게 달릴 수 있었어요.

19세기 들어서면서 증기 자동차는 점점 더 발전했고, 1833년에는 핸콕Hancock 증기 버스가 런던에서 정기 운행을 시작했습니다. 또한 1870년대의 증기 마차와 버스는 도시의 교통수단이 되었어요. 일부 지역과 시기에는 도로 위를 달리는 자동차들이 대부분 증기 자동차였던 적도 있었는데 석탄이나 나무를 태워 물을 끓이고, 그 수증기의 압력으로 바퀴를 움직이는 모습은 마치 작은 기관차 같았지요.

좌_ 트레비식의 증기 자동차(1801년) 우_ 핸콕의 증기 버스(1833년)

좌_ 증기 버스(1875년) 우_ 그렌빌의 증기 자동차(1875-1880년)

하지만 곧 변화가 찾아왔습니다. 사람들은 점점 증기 자동차보다 가솔린 엔진이나 디젤 엔진을 장착한 자동차를 선호하게 되었어요. 그 이유는 명확했습니다.

첫째, 편리함이었어요. 증기 자동차는 보일러에 불을 지펴 물을 끓이기까지 시간이 오래 걸렸고, 운행 중에도 끊임없이 압력과 수위를 확인해야 했습니다. 반면, 가솔린 자동차는 연료만 넣으면 즉시 출발할 수 있었어요.

둘째, 대량 생산의 힘이었어요. 1913년, 헨리 포드가 조립 공정을 도입

벤츠가 발명한 가솔린 엔진을 장착한 자동차(1886년)

하면서 가솔린 자동차의 가격은 크게 내려갔고, 누구나 차를 가질 수 있는 시대가 열렸습니다.

셋째, 전기식 시동 장치의 등장이었습니다. 1912년 캐딜락이 전기식 시동 장치를 최초로 적용해 버튼만 누르면 시동이 걸리도록 했어요. 더 이상 번거롭게 크랭크를 돌릴 필요가 없었지요.

마지막으로, 연료 문제도 큰 차이를 만들었습니다. 주유소가 늘어나면서 가솔린 자동차는 어디서든 연료를 보급할 수 있었지만, 증기 자동차는 물과 연료를 자주 보충해야 했어요.

결국 증기 자동차는 자동차의 역사에서 중요한 출발점이 되었지만, 가솔린 엔진 자동차에 주인공 자리를 내주어야 했습니다. 이후 1886년, 독일의 칼 벤츠Karl Benz가 가솔린 엔진을 장착한 자동차를 발명하면서 현대 자동차의 시대가 본격적으로 열리게 됩니다.

증기선의 발명

증기의 힘으로 움직이는 배를 증기선이라고 부릅니다. 물을 끓이면 생기는 고온·고압의 증기는 매우 강한 힘을 갖고 있는데, 이 증기가 피스톤을 밀거나 회전 날개를 돌려 기계를 움직이게 해요. 이런 힘을 '증기력 Steam Power'이라고 하지요. 초기 증기선은 이 힘을 이용해 외륜(배 옆이나 뒤에 달린 큰 수레바퀴처럼 생긴 날개)이나 나선형 스크류(프로펠러)를 돌려 추진력을 얻었어요.

1736년, 영국의 조너선 헐스Jonathan Hulls는 뉴커먼 엔진을 이용해 도르래와 래칫으로 외륜을 돌리는 방식의 증기선으로 특허를 받았습니다. 실용성은 떨어졌지만 '증기로 움직이는 배'라는 발상을 실제 기계로 구현한 첫 사례였어요. 미국 펜실베이니아의 윌리엄 헨리는 영국에서 와트의 증기 기관을 본 뒤, 자신만의 증기선 모델을 만들어 1763년, 코네스토가강에서 실험을 했지만 배는 가라앉고 말았습니다.

프랑스의 클로드 드 주프루아Claude de Jouffroy는 1776년부터 여러 증기선 모델을 실험하다가, 1783년에 마침내 파이로스카프Pyroscaphe라는 외륜 증기선을 강에 띄웠습니다. 이 배는 약 15분 동안 손Saône 강 상류를 거슬러 스스로 움직였어요. 짧은 시연이었지만, '불로 움직이는 배'가 현실이 된 순간이었어요. 그러나 프랑스 정부의 관심을 받지 못했고, 프랑스 혁명이 일어나면서 주프루아의 실험은 아쉽게도 중단되고 말았어요.

비슷한 시기, 미국의 존 피치John Fitch는 1787년, 델라웨어강에서 외륜 증기선의 시험 운항에 성공합니다.

주프루아의
외륜 증기선

좌_ 테네시강의 증기선(1860년대) 우_ 증기선 노스 리버(1909년)

1788년에는 30명의 승객을 태우고 정기 운항을 시작했어요. 짧은 시간 동안 무려 3,200킬로미터나 운항했지만, 이미 발달한 도로 교통과 특허 분쟁 탓에 상업적으로는 실패하고 맙니다.

한편, 대서양 건너 스코틀랜드에서도 증기선을 향한 시도가 이어졌습니다. 패트릭 밀러는 처음에 손으로 돌리는 외륜선을 실험하다, 엔지니어 윌리엄 사이밍턴W. Symington을 고용해 증기 기관을 탑재했어요. 1788년, 달스윈턴 호수에서 시운전에 성공했고, 1789년에는 더 큰 증기선을 포스-클라이드 운하에서 띄우는 데도 성공합니다. 이후 로버트 풀턴(1807년), 그레이트 웨스턴(1838년) 등의 성공으로 증기선은 마침내 세계화의 상징으로 떠오르게 되었어요.

증기 기관차의 발명

바다를 달리던 증기는 이제 철로 위로 올라왔습니다. 굉음을 내며 사람과 물자를 실어 나르기 시작했지요. 1804년, 리처드 트레비식은 세계 최초의 증기 기관차를 제작했습니다. 이 기관차는 남부 웨일스에서 철을 나르는 트램길을 달렸지만, 기관차가 너무 무거워 레일이 반복되는 하중을 이기지 못하고 파손되어 곧 사라지고 말았어요.

1812년, 영국의 기술자 매튜 머레이Matthew Murray는 세계 최초로 상업용 철도에서 실용적으로 운영된 증기 기관차인 살라망카Salamanca를 선보였습니다. 이 기관차는 두 개의 실린더Twin Cylinder를 장착했고, 선로 중앙에 톱니가 있는 구조인 '랙 앤 피니언' 방식으로 미끄러짐 없이 안정적으로 달릴 수 있었어요. 이 열차는 리즈Leeds의 미들턴 철도Middleton Railway에서 석탄을 운반하는 데 사용되며, 증기 기관차가 실제 산업 현장에서 쓰일 수 있다는 것을 처음 입증한 기념비적인 기관차였답니다.

머레이의 뒤를 이어 1813~1814년, 또 다른 도전을 한 사람이 있었

트레비식의 증기 기관차

습니다. 윌리엄 헤들리William Hedley는 와일럼 탄광Wylam Colliery에서 석탄을 나르기 위해 '퍼핑 빌리Puffing Billy'라는 기관차를 제작합니다. 퍼핑 빌리는 바퀴의 마찰력만으로 추진력을 얻었고, 무거운 화물차를 견인하면서도 철로 위에서 안정적으로 달릴 수 있었어요. 이 기관차는 이름 그대로 '푸푸' 소리를 내며 달렸고, 오늘날에는 세계에서 가장 오래 보존된 증기 기관차로 런던 과학 박물관에 전시되어 있어요.

1814년, 영국의 기술자 조지 스티븐슨George Stephenson은 더 실용적인

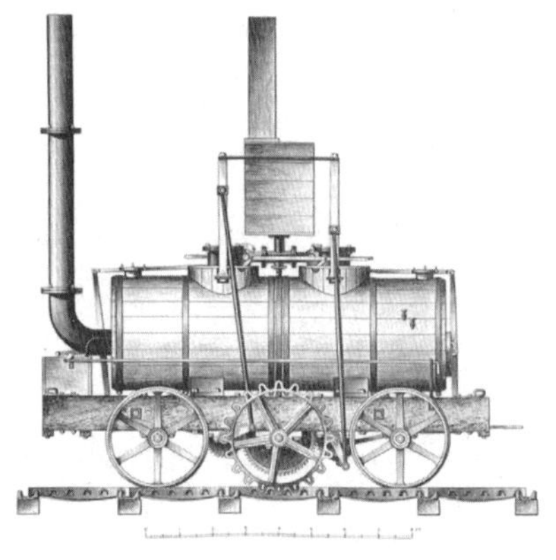

매튜 머레이의 살라망카

좌_ 윌리엄 헤들리의 퍼핑 빌리 우_ 로코모션 1호

1825년, 스톡턴과 달링턴 철도의 개통 모습을 그린 그림

로버트 스티븐슨의 로켓 호

증기 기관차 '블러허Blücher'를 제작했습니다. 이어 1825년에는 세계 최초의 공공 증기 철도 노선인 스톡턴~달링턴 철도에서 상업용 증기 기관차 로코모션 1호Locomotion No.1를 성공적으로 운행해요. 철도가 단순히 광산용 수송을 넘어 여객과 화물 운송의 시대를 연 순간이었어요.

1829년, 조지 스티븐슨의 아들 로버트 스티븐슨은 '로켓 호The Rocket'라는 이름의 증기 기관차를 만듭니다. 이 기관차는 그해 열린 '레인힐 철도 대회'에서 시속 48킬로미터로 달려 우승했고, 이후 철도 설계에 큰 기준을 제시한 기념비적 모델이 되었어요.

1830년에는 리버풀~맨체스터 철도가 개통되며, 본격적인 여객·화물 철도 시대가 시작되었습니다. 하지만 증기 기관차는 정비와 관리가 까다롭고 연료 소모가 많아 결국 20세기 들어 디젤 기관차와 전기 기관차에 자리를 내주게 되었어요. 지금은 관광지나 박물관에서만 만나볼 수 있지만, 증기 기관차는 인류의 이동과 산업을 완전히 바꿔 놓은 '철길 위의 혁명'이었습니다.

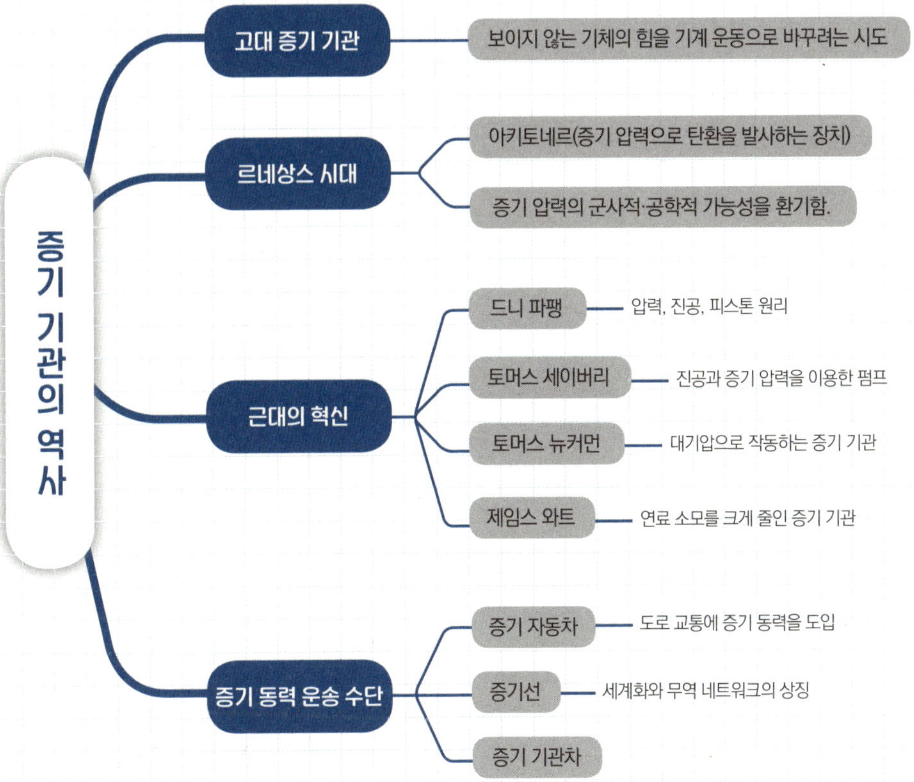

증기 기관의 역사

고대 증기 기관 — 보이지 않는 기체의 힘을 기계 운동으로 바꾸려는 시도

르네상스 시대
- 아키토네르(증기 압력으로 탄환을 발사하는 장치)
- 증기 압력의 군사적·공학적 가능성을 환기함.

근대의 혁신
- 드니 파팽 — 압력, 진공, 피스톤 원리
- 토머스 세이버리 — 진공과 증기 압력을 이용한 펌프
- 토머스 뉴커먼 — 대기압으로 작동하는 증기 기관
- 제임스 와트 — 연료 소모를 크게 줄인 증기 기관

증기 동력 운송 수단
- 증기 자동차 — 도로 교통에 증기 동력을 도입
- 증기선 — 세계화와 무역 네트워크의 상징
- 증기 기관차

문명을 밝힌 전기

번개도 전기 현상이다.

정교수의 pick

◆ 정전기 발생기　◆ 레이던병　◆ 볼타 전지
◆ 옴의 법칙　◆ 정전기 유도

전기, 실험실에서 길을 찾다

건조한 겨울날에 털옷을 입고 자동차 문을 열면 손끝에서 찌릿찌릿 전기가 튀는 것을 느낄 수 있습니다. 이것은 두 물체가 서로 마찰하면서 전하가 이동하기 때문에 생기는 현상으로, 우리는 이를 마찰 전기라고 부르지요. 그리고 이 전기는 한곳에 머물러 있기 때문에 정전기라고도 합니다.

사실 전기는 언제나 우리 곁에 있었습니다. 머리카락이 빗살에 달라붙는 현상부터 하늘을 가르는 거대한 번개까지 전기는 눈에 보이지 않지만 강력한 힘으로 존재합니다.

하지만 전기는 오랫동안 신비로운 자연 현상으로만 여겨졌습니다. 그러던 어느 순간, 전기는 실험실에서 탐구할 수 있는 현상으로 바뀌기 시작했습니다. 호박을 문지르면 깃털이 달라붙는 작은 실험에서 출발해 전기를 직접 만들고 저장하며 측정하려 했습니다.

이처럼 자연 속 번개와 일상 속 정전기를 과학자들은 실험대 위로 끌어올려 새로운 시도를 시작했습니다. 전기는 더 이상 설명할 수 없는 신비가 아니라, 측정할 수 있고 다룰 수 있는 힘이 되었던 것입니다. 그리고 바로 이 순간부터 인류의 문명은 눈부신 속도로 달라지기 시작합니다.

신비로운 자연의 전기

인류는 전기를 이해하기 훨씬 이전부터 전기의 힘을 경험해 왔습니다. 그중 가장 오래된 기록은 기원전 2400년경, 고대 이집트의 무덤 부조로 나일강의 전기메기가 새겨져 있어요. 이집트인들은 강과 바다에 서식하는 전기메기 같은 '전기 물고기'가 주는 충격을 잘 알고 있었습니다. 손이나 발이 닿으면 순간적으로 강한 전기 충격을 주었기 때문이지요.

수천 년 뒤, 로마 시대의 학자 대(大)플리니우스와 의사 스크리보니우스 라르구스Scribonius Largus 역시 전기 물고기에 대한 기록을 남겼습니다. 그들은 전기가 단순히 물고기 몸속에만 머무는 것이 아니라, 금속 같은 전도성 물체를 따라 전달될 수 있다는 사실까지 알고 있었어요. 흥미롭게도 당시 사람들은 이러한 전기 충격을 의학적으로 활용하기도 했습니다. 통풍이나 두통을 앓는 환자에게 전기메기를 만지게 해 전기 자극을 주는 치료법이 사용된 거예요. 이처럼 고대인들에게 전기는 아직 정

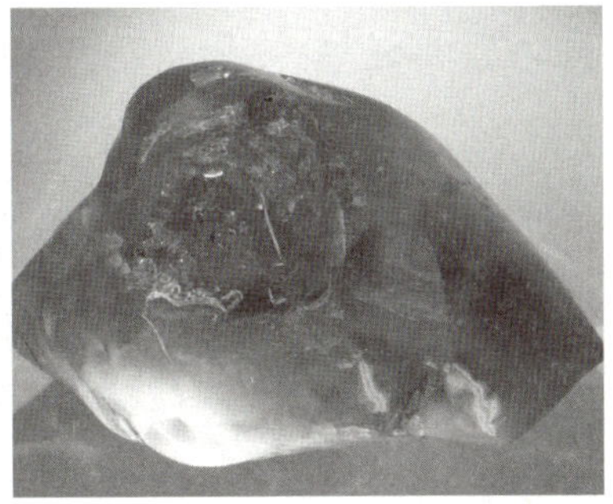

좌_ 한 쌍의 발전 기관이 있는 전기가오리　우_ 나무의 송진이 굳어 만들어진 호박

체를 알 수 없는 자연의 신비한 힘이자 때로는 치료의 도구가 되기도 했답니다.

전기 현상을 눈으로 관찰해 기록으로 남긴 최초의 사람은 고대 그리스의 철학자 탈레스Thales였습니다. 그는 송진이 굳어 만들어진 보석인 호박을 양의 가죽으로 문질렀을 때, 호박에 깃털이나 짚 같은 가벼운 물질이 달라붙는 현상을 관찰했어요. 오늘날 우리가 '정전기'라고 부르는 현상이지요. 우리가 쓰는 영어 단어 electric은 바로 그리스어로 '호박'을 뜻하는 Elektron에서 비롯되었어요. 즉, 고대 그리스인의 단순한 관찰이 오늘날 전기라는 학문과 기술의 이름을 낳은 셈이에요.

르네상스부터 초기 근대까지, 전기의 부활

[윌리엄 길버트]

탈레스가 호박에서 정전기를 관찰한 이후, 산발적인 관찰과 기록은 이어졌지만, 전기에 대한 새로운 발견이나 체계적인 연구는 드물었습니다. 그 긴 침묵을 깬 인물이 바로 영국의 윌리엄 길버트William Gilbert입니다. 그는 '전기의 아버지'라 불릴 만큼, 전기를 과학적으로 연구한 최초의 학자였지요.

길버트는 영국 콜체스터에서 태어나 케임브리지 세인트존스 칼리지에서 의학을 공부했고, 1569년에 의학박사 학위를 받은 뒤 런던에서 의사로 활동했습니다. 학문적 명성이 점점 높아지면서 1601년에는 엘리자베스 1세 여왕의 주치의가 되기도 했어요. 그러나 길버트의 진짜 열정은

좌_ 윌리엄 길버트 우_ 길버트의 생가

엘리자베스 1세 여왕 앞에서 전기 실험을 시연하는 길버트

의학이 아니라 자연 철학, 특히 자기와 전기 현상에 있었습니다. 그는 호박뿐만 아니라 다양한 광물들을 문질러 정전기를 발생시키는 실험을 했고, 서로 다른 두 물질을 마찰시킬 때 전기가 생긴다는 사실을 밝혀냈어요. 바로 이 연구에서 그는 '호박 같은 성질의Electricus' 라는 단어를 도

입합니다. 훗날 이 단어에서 '전기
Electricity'라는 용어가 파생되지요.

버소리움

길버트는 전기를 탐지하기 위한
첫 실험 기구도 발명했습니다. 그
는 가볍게 회전할 수 있는 금속 바
늘 장치인 버소리움Versorium을 만들었는데, 오늘날 전기 검출기의 원형
이라 할 수 있어요. 대전된 물체를 가까이 가져가면 바늘이 돌아가며 반
응했기 때문에, 정전기의 존재를 확인할 수 있었던 것이지요. 그의 대표
작『데 마그네테De Magnete』는 전기와 자기에 관한 최초의 체계적 연구
서로, 이후 유럽 전기 연구의 출발점이 되었습니다.

정전기 발생기의 등장

[게리케와 정전기 발생기]

길버트 이후 17세기 유럽에서는 전기를 직접
발생시키려는 다양한 시도가 이어졌습니다. 그
중 가장 혁신적인 발명은 독일의 오토 폰 게리
케Otto von Guericke가 1663년에 만든 정전기 발
생기였어요.

게리케는 독일 마그데부르크에서 태어났습
니다. 어릴 때부터 수학과 물리학에 관심이 많
았어요. 훗날 게리케는 자신이 태어난 시의 시

오토 폰 게리케

게리케의 정전기 발생기

장이 되는데 정치와 행정에 종사하면서도 과학 실험을 즐기는 열정을 이어갔어요. 바쁜 생활 속에서도 게리케는 틈만 나면 취미인 과학 실험을 할 정도였습니다. 게리케는 물로 만든 기압계를 사용해 시민들에게 날씨 예보도 해 주었고 진공의 힘이 얼마나 큰지 보여 주기 위해 마그데부르크의 반구로 유명한 실험도 했어요.

마그데부르크 반구 실험

게리케는 속이 비어 있는 반구 두 개를 서로 맞춘 다음, 한쪽 반구에 뚫린 구멍을 통해 공기를 빼 진공 상태를 만들었습니다. 공기를 빼내기 전에는 외부 공기의 힘인 대기압과 내부 공기의 압력이 같아 두 개의 반구는 잘 떨어져요. 하지만 공기를 빼면 대기압의 힘이 더 강해 두 반구는 잘 떨어지지 않지요. 게리케는 반구 양쪽에 각각 여러 필의 말을 묶고 힘껏 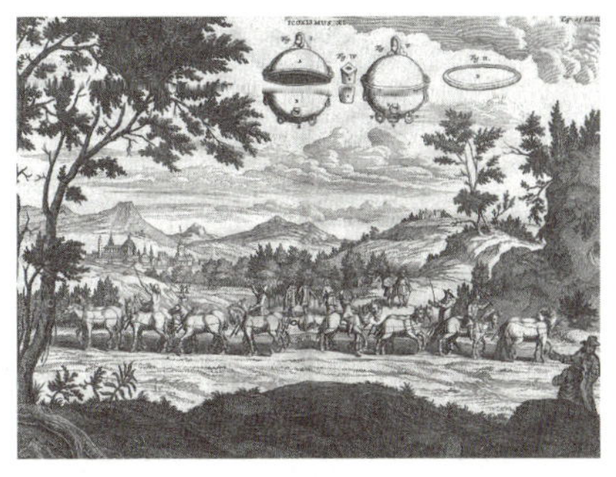 당기게 했습니다. 기록에 따르면 1656년 시연에 말 16필이 동원되었다고 해요. 그만큼 대기압의 힘은 눈으로 보기에도 엄청났던 것이지요. 이 실험은 우리가 평소에 느끼지 못하는 대기압이 실제로 존재하고 그 힘이 강력하다는 사실을 직접 보여 주는 사례가 되었어요.

게리케가 만든 정전기 발생기는 유황으로 만든 큰 구를 축에 끼우고, 손으로 돌리며 천으로 문질러 전기를 발생시키는 장치였습니다. 이렇게 발생한 정전기는 주변의 가벼운 물질을 끌어당기거나, 금속 끝에서 불꽃 방전이 일어나는 형태로 관찰되었습니다.

[혹스비와 유리구 정전기 발생기]

게리케의 발명은 이후 과학자들에게 큰 영감을 주었습니다. 1706년, 영국의 프랜시스 혹스비Francis Hauksbee는 게리케의 유황 구 대신 유리 구Glass Globe를 사용한 새로운 정전기 발생기를 제작했습니다.

혹스비의 발전기는 단순히 정전기를 발생시키는 데서 그치지 않았습니다. 유리 구를 빠르게 회전시켜 정전기를 발생시키자, 내부의 희박한 공기(저압 상태)에서 희미한 빛이 발광하는 현상이 나타났습니다. 오늘날로 치면 일종의 '방전등放電燈' 실험이었던 셈이지요. 혹스비의 장치는 정전기를 시각적으로 보여 주는 효과 덕분에 유럽 과학자들 사이에서 큰 반향을 일으켰고, 전기가 빛과도 연결될 수 있다는 새로운 가능성을 열었습니다.

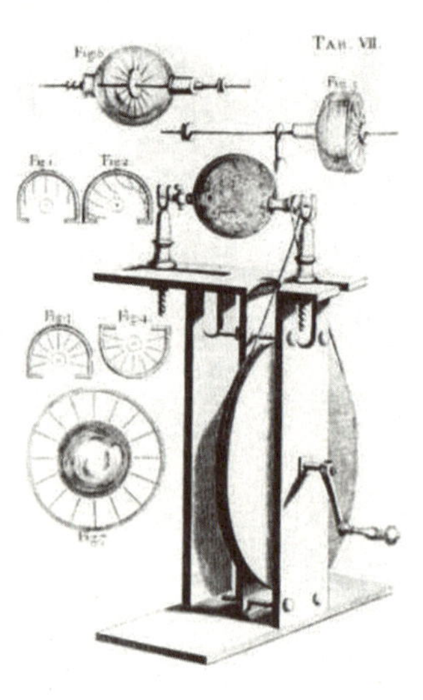

혹스비의 유리구 정전기 발생기

전선을 따라 흐르다, 전기의 전도

[스티븐 그레이]

17세기까지 사람들은 전기를 그저 한 물체에 잠시 머무는 힘이라고만 여겼습니다. 그런데 영국의 과학자 스티븐 그레이Stephen Gray는 이 생각을 뒤집었어요. 그는 전기가 물체 사이를 이동하며, 심지어 멀리까지 전달될 수 있다는 사실을 실험으로 보여 주었습니다.

스티븐 그레이

그레이는 켄트주 캔터베리에서 태어났습니다. 처음에는 아버지 밑에서 직물 염색 일을 도왔어요. 하지만 그레이는 직접 망원경을 만들어 태양의 흑점을 관찰할 정도로 과학에 대한 호기심이 남달랐어요. 이 능력을 인정받은 그레이는 영국 왕립 천문대의 초대 천문학자 존 플램스티드John Flamsteed의 조수가 되어 과학계와 인연을 맺게 됩니다. 그레이는 뉴턴의 제자이자 실험물리학 강연자로 유명했던 존 데사굴리에John Theophilus Desaguliers의 일을 도왔어요. 그는 데사굴리에가 준비하는 실험과 강연을 보조하며 생활비를 벌었고, 그 과정에서 과학에 관심 있는 여러 사람과 교류할 수 있었습니다. 덕분에 안정적인 거처를 마련함과 동시에 학문적 토론의 장에도 참여할 수 있었지요.

하지만 데사굴리에와 함께 생활하던 그레이의 거처는 도시 개발 과정에서 철거되어 사라졌습니다. 그는 다시 머물 곳을 잃고 어려움에 부닥

쳤지만 1720년, 왕립 천문학자 존 플램스티드의 주선으로 런던의 차터 하우스Charterhouse에 입주할 수 있었어요. 차터 하우스는 조국에 봉사했지만 노후에 가난해진 신사들을 위한 자선 시설이었는데, 이곳에서 그레이는 안정적인 생활을 보장받으며 과학 연구를 계속할 수 있었습니다.

그레이는 차터 하우스에서 본격적으로 정전기 실험에 몰두했습니다. 그는 금속은 전기를 잘 전달하지만, 유리나 나무 같은 물질은 전기를 전달하지 못한다는 사실을 알아냈어요. 즉, 세상의 물질을 전기가 통하는 도체Conductor와 통하지 않는 부도체Insulator로 구분할 수 있다는 중요한 개념을 세운 거예요.

1729년, 그레이는 긴 유리관과 코르크, 그리고 실을 이용한 정교한 실험을 통해 전기가 수백 미터 이상 멀리까지 전달될 수 있음을 보여 주었습니다. 그는 유리관 한쪽을 코르크 마개로 막고, 마개에 가는 막대를 꽂은 뒤 그 끝에 실을 매달아 작은 상아 공을 달았어요. 이어 유리관을 문지르자(마찰 전기), 대전된 상아 공에 왕겨가 달라붙었어요. 마찰로 인해 생긴 유리 표면의 전하가 막대와 실을 따라 공에 전달되었기 때문이에

차터 하우스

요. 그는 이 과정을 통해 전기가 750피트 이상 떨어진 거리까지 전달될 수 있음을 밝혀냈습니다. 이 실험은 전기가 단순히 한곳에 고정된 힘이 아니라, 공간을 따라 흘러가며 작용하는 에너지임을 처음으로 보여 준 혁신적인 발견이었어요.

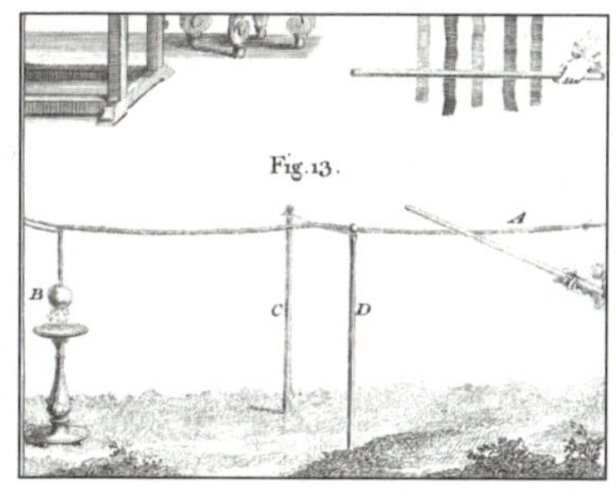

그레이의 전기 전도 실험

또한 그레이는 플라잉 보이Flying Boy라는 시연으로 대중의 눈길을 끌었습니다. 소년을 비단 끈에 매달아 놓은 다음, 정전기 발생기를 발 가까이에 가져가 정전기를 띠게 했어요. 그러자 소년의 손과 얼굴로 작은 물체들이 끌려오기 시작했지요. 사람들은 공중에 매달린 아이가 전기로 인해 마법 같은 힘을 쓰는 모습을 보고 큰 충격을 받기도 했어요.

[장 앙투안 놀레의 실험]

그레이의 발견은 유럽 전역으로 퍼져 나가 많은 과학자들의 관심을 끌었습니다. 프랑스의 과학자 장 앙투안 놀레Jean-Antoine Nollet도 그중 한 명이었어요. 성직자였던 그는 전기에 매료되어 많은 실험을 했고, 대중들에게 신비한 현상을 선보이며 명성을 얻었지요.

놀레는 전기를 띤 사람의 몸이 다른 사람에게 전기를 전달할 수 있다는 것을 보여 주었습니다. 놀레는 손수 고안한 정전기 발생 장치를 이용해 사람의 몸에 정전기를 띠게 했어요. 다른 사람이 그 사람의 몸에 손을 대자 곧바로 전기가 전달되었고, 때로는 불꽃이 튀기도 했습니다. 이 실

좌_ 놀레의 전도 실험 우_ 다양한 정전기 현상을 시연한 놀레

게오르그 보세의 전기 키스 실험

험에서 놀레는 손가락처럼 뾰족한 곳에는 다른 부분에 비해 방전이 더 잘 일어난다는 것을 알아냈어요. 놀레는 또 몸에 전기를 띤 소년을 공중에 띄워 다양한 정전기 현상을 시연하기도 했습니다. 이런 공연 같은 실험 덕분에 '전기'는 과학자뿐 아니라 일반인들에게도 점점 익숙한 존재가 되어 갔지요.

같은 시기 독일의 게오르그 마티아스 보세Georg Matthias Bose는 정전기 실험을 더욱 극적으로 만들었습니다. 그는 여성을 절연된 왁스로 만든 디스크 위에 세워 전기를 띠게 한 뒤, 남성이 다가가 입을 맞추려 하면 스파크가 튀게 하는 '전기 키스Electric Kiss'라는 시연을 했어요. 전기가 단순한 학문적 개념을 넘어, 눈에 보이고 체감할 수 있는 힘임을 보여 준 퍼포먼스였지요.

[뒤페와 두 종류의 전기]

그레이의 실험에 직접 영향을 받아 이를 확장한 과학자는 프랑스의 물리학자 샤를 뒤페Charles du Fay였습니다. 그는 전기에 관한 여러 실험을 하다가, 전기에는 서로 다른 두 종류가 있다는 사실을 발견했어요. 뒤페는 이를 '유리 전기'와 '송진 전기'라고 불렀습니다. 유리를 문질렀을 때 생기는 전기와, 송진을 문질렀을 때 생기는 전기가 서로 다른 성질을 띤다는 것이지요. 뒤페는 같은 종류의 전기는 서로 밀어내고, 다른 종류의 전기는 서로 끌어당기는 힘을 가진다는 것도 밝혀냈어요.

이 발견은 훗날 미국의 벤저민 프랭클린에게 큰 영향을 주었습니다.

장 앙투안 놀레

•1700년: 프랑스 피카르디 지역의 작은 마을에서 태어남.

•1715년경: 파리 북서부 보베의 클레르몽 대학에서 인문학을 공부함.

•1724년: 파리 대학교에서 신학 석사 학위를 받고 신부가 되려 했으나 신학 대신 물리학에 더 큰 관심을 가지게 됨.

•1730년대: 정전기 실험과 전기 전도 현상에 몰두하며 스티븐 그레이의 실험을 프랑스에 소개하고 재현함.

•1746년: '레이던병' 실험을 대규모로 재현하여 명성을 얻음.

•1753년: 파리의 나바르 대학에서 프랑스 최초의 실험물리학 교수가 됨.

•1760년대: 유럽 전역에서 전기 실험의 대가로 명성을 떨침. 전기를 띤 물체에서 불꽃이 방전되는 현상, 뾰족한 도체의 전기 집중 효과 등을 시연으로 알림.

•1770년: 파리에서 세상을 떠남.

프랭클린은 전기를 띠는 물체를 전하라고
불렀고, 물체가 전기를 얼마나 많이 지니고
있는지를 나타내는 양을 전하량이라고 불렀
어요.

또한 뒤페는 자기 몸에 전기를 띠게 해서
조수로 하여금 몸을 만지게 하는 실험도 했
습니다. 이 실험은 어두운 지하에서 이루어
졌는데, 조수가 손가락으로 자신의 몸을 만

샤를 뒤페

지는 순간 뒤페는 전기 스파크가 발생하는 것을 볼 수 있었어요.

뒤페의 연구를 통해 사람들은 전기가 단순한 신비한 힘이 아니라, 법
칙성을 가진 물리 현상이라는 사실을 알게 되었습니다. 그리고 전기의
본질을 탐구하는 과학의 시대가 본격적으로 열리게 되었어요.

더알아보기

물체의 대전열

프랭클린은 뒤페의 '두 종류의 전기'를 오늘날 우리가 쓰는 개념인 양(+)의 전하와 음
(−)의 전하로 표기했습니다. 유리전기를 양(+)의 전하로 송진 전기를 음(−)의 전하로 선택했지요. 이렇
게 전하를 띤 두 물체를 마찰시켰을 때, 어떤 물체가 양의 전하가 되고 음의 전하가 되는지 쉽게 알아
볼 수 있도록 정리한 것을 대전열이라 불러요. 대전열은 다음과 같지요.

(+) 털가죽 − 유리 − 명주 − 나무 − 고무 − 플라스틱 (−)

대전열을 보면 털가죽이 가장 양의 전하가 되고 싶어 한다는 것을 알 수 있습니다. 따라서 대전열의 왼
쪽에 있는 물질과 오른쪽에 있는 물질을 마찰시키면, 왼쪽에 있는 물질은 양전하를 띠고 오른쪽에 있
는 물질은 음전하를 띠게 돼요. 예를 들어, 털가죽으로 유리를 문지르면 털가죽은 양전하를 띠고, 유리
는 음전하를 띠게 되는 식이지요.

레이던병의 발명

정전기 발생기로 불꽃을 튀기고 털·종이를 끌어당기는 시연이 유행하자, 사람들은 전기를 담아 두는 방법에 관심을 갖기 시작했습니다. 그 첫 돌파구는 1745년, 독일-프로이센령 포메라니아의 성직자 에발트 게오르크 폰 클라이스트Ewald Georg von Kleist가 열었어요. 그는 마찰에 의해 물체에 생긴 전기를 어떻게 하면 오랫동안 보관할 수 있을까 궁리했습니다. 그는 물체에 전기를 띠게 한 후, 그 물체를 절연체로 감싸면 전기를 가둘 수 있을 거라고 생각했어요. 절연체는 전기를 잘 통하지 않기 때문

CHAPTER V

VON KLEIST AND THE LEYDEN JAR

"I would not take a second shock for the Kingdom of France."—MUSCHENBROECK, *in a letter to Reaumer.*

TOWARD the close of 1745, Von Kleist, Bishop of Pomerania, desiring to isolate electricity, conceived the idea of leading a charge from an electric machine into a glass bottle, arguing, in all probability, that he might in this manner be able to

FIG. 26.—Von Kleist's discovery of the Leyden jar. Note the objectionable sharp angles and edges of the prime conductor. This was before the discharging power of points or sharp edges was known.

fill the bottle with electricity, since he imagined the electricity would not be able to escape on account of the non-conducting property of the glass. With this end in view, he partially filled a small glass bottle with water, and, holding it in one hand, con-

클라이스트의 레이던병에 대한 설명과 도면

이에요.

클라이스트는 유리병에 물을 넣고 못을 물에 담근 다음, 한쪽 끝은 정전기 발생기에 연결하여 유리병 속의 물이 전기를 띠게 했습니다. 물을 대전시킨 클라이스트는 실수로 못을 건드렸는데, 이때 엄청난 전기 충격을 느낍니다. 그의 예상대로 유리병 속에는 정전기 발생기에 의해 만들어진 전기가 모인 거예요. 유리라는 절연체가 안팎의 전하를 '갇히게' 해 저장 효과를 만든다는 사실을 몸으로 확인한 셈이지요.

곧이어 1746년, 네덜란드 레이던 대학의 피터르 판 뮈스헨브루크Pieter van Musschenbroek과 그의 동료 안드레아스 퀴네우스Andreas Cunaeus는 독립적으로 같은 현상을 발견합니다. 그가 병을 손으로 잡은 상태에서 병에 꽂힌 막대를 만지자 강한 전기 충격이 발생했어요. 기록에 따르면 '마치 벼락에 맞은 듯한 강력한 충격'이었다고 해요. 뮈스헨부르크가 만든 장치는 실험이 이루어진 도시의 이름을 따 '레이던병Leyden Jar'으로 불리게 되었고 후대 전기 연구의 기초 장치이자 최초의 축전기Capacitor로 자리 잡았습니다.

정전기를 더 많이 모으려는 시도도 이어졌습니다. 1784년, 네덜란드의 과학자 마르틴 반 마룸Martin van Marum은 지름 1.65미터의 유리 디스크 두 장이 돌아가는 대형 정전기 발생기를 제작했어요. 레이던병 여러 개를 병렬·직렬로 연결해 하

뮈스헨부르크의 전기 저장 실험

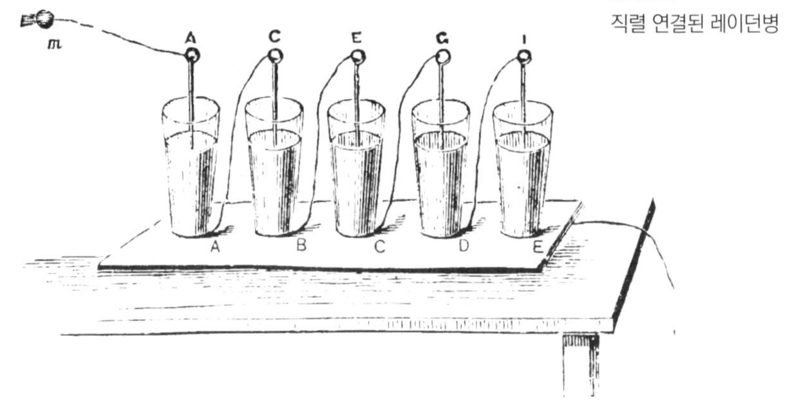

테일러스 박물관에 전시된 마룸의 대형 정전기 발생기

나의 묶음으로 만들어 충전하는 실험을 한 거예요. 이 거대 장치는 지금도 네덜란드 하를렘에 위치한 테일러스 박물관에 전시되어 있어요.

[레이던병의 원리]

레이던병은 유리병 안쪽과 바깥쪽에 금속박(보통 주석·금박 등)을 입히고, 위에는 금속 손잡이와 막대(막대는 병 안쪽 금속과 연결)를 둔 축전기(콘덴서)입니다. 그림을 보면서 자세히 살펴볼까요?

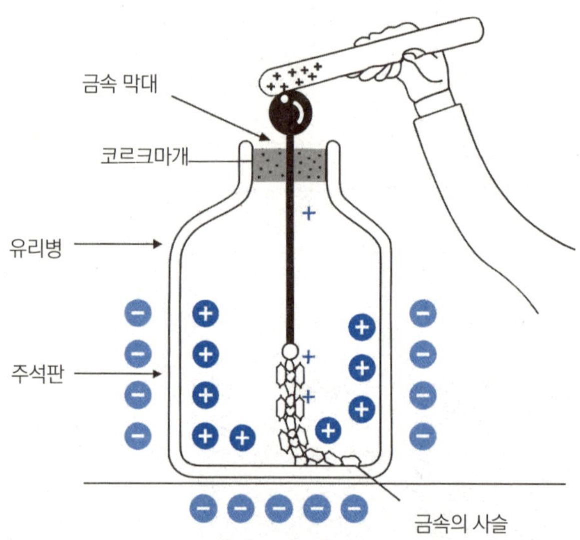

그림처럼 레이던병의 둥그런 손잡이에 양의 전기를 띤 유리 막대를 가져다 대면 어떻게 될까요? 유리 막대가 양의 전하이므로 둥그런 손잡이

역사 속으로

전기는 물도 건너간다

1747년 7월 14일, 많은 사람이 웨스트민스터 다리에 모였습니다. 영국의 물리학자들이 시연하기로 한 전기 전달 실험 때문이었어요. 물리학자들은 레이던병에 충전된 전기가 폭이 400미터나 되는 템스강을 건너갈 수 있다는 것을 보여 주기로 했지요. 먼저 한 사람의 왼손에 레이던병을 올려놓고 위쪽의 둥그런 손잡이에 기다란 철삿줄을 연결했어요. 그리고 그 철삿줄은 템스강 반대편에 있는 사람이 왼손으로 잡고 있었지요. 두 사람 모두 오른손에 쇠막대를 들고 있었는데 두 사람이 동시에 쇠막대를 강물에 넣는 순간, 둘 다 강한 충격을 느꼈어요. 철사를 통해 전기가 곧장 전해졌기 때문이었지요. 이 실험으로 과학자들은 전기가 금속이나 물과 같은 도체를 따라 빠르게 이동한다는 사실을 강렬하게 각인시켰어요.

와 연결된 주석 막대, 그 막대와 연결된 유리병 안에 입힌 주석판은 양의 전기를 띠게 됩니다. 이때 유리관 바깥에 입혀 놓은 주석판은 정전기 유도 현상에 의해 음의 전기를 띠게 되지요. 도체에 대전체를 가까이 가져 갔을 때, 도체의 양 끝에 서로 다른 전기가 나타나는 현상을 정전기 유도 현상이라고 해요.

안쪽의 주석판과 바깥쪽의 주석판은 이제 서로 반대 부호의 전기를 띱니다. 그러니 서로를 당기는 힘이 작용하게 되지요. 따라서 병 속에 생긴 양의 전기는 도망가지 않고 모여 있게 돼요.

이렇게 레이던병에 전기를 모아 두면 둥그런 손잡이 부분과 유리병의 바닥은 서로 반대 부호의 전기를 띠게 됩니다. 이 두 부분을 전기를 통하는 도선으로 연결하면 레이던병의 전기가 도선을 따라 이동하게 되죠.

레이던병은 인류 역사상 처음으로 전기를 저장할 수 있게 한 장치였습니다. 덕분에 과학자들은 더 강한 방전, 더 긴 전류 이동 실험을 반복할 수 있었고, 전기가 단순한 마찰 현상을 넘어 연속적이고 축적 가능한 에너지임을 확인할 수 있었어요. 레이던병은 곧 정전기 연구의 표준 도구가 되었고, 훗날 전기 이론과 전기 기계의 발전으로 이어지는 출발점이 되었답니다.

역사 속으로

전기의 쇼맨, 놀레의 대규모 시연

앞서 만났던 놀레도 전기 시연 실험으로는 빠지지 않는 사람이었습니다. 특히 놀레는 레이던병을 이용해 수많은 실험을 했는데, 대부분은 사람들을 골탕 먹이는 실험이었어요. 어느 날 놀레는 프랑스 왕과 귀족들이 모인 자리에서 근위병들이 서로 손을 맞잡아 둥그렇게 원을 만들도록 합니다. 놀레의 오른손에는 레이던병이 들려 있었어요. 근위병이 놀레가 들고 있는 레이던병에 손을 대자 놀레를 포함한 근위병들이 깜짝 놀랐어요. 레이던병에 축전된 전기가 사람을 통해 흘렀기 때문이에요.

전기를 하늘에서 끌어 내리다

앞에서 번개가 전기 현상이라고 했던 것을 기억하고 있나요? 이 번개가 전기 현상임을 가장 먼저 증명한 사람이 있습니다. 바로 미국의 정치가이자 과학자인 벤저민 프랭클린이에요.

벤저민 프랭클린

프랭클린은 1706년, 미국 동부 보스턴에서 태어났습니다. 그는 보스턴 라틴학교에 다니다 열 살 무렵 중퇴하고, 12살 때 형이 운영하는 인쇄소에서 일하기 시작했어요. 열일곱 살에는 보스턴을 떠나 필라델피아로 이주해 인쇄 일을 이어갔지요.

1728년, 벤저민 프랭클린은 휴 메레디스Hugh Meredith와 함께 필라델피아에 인쇄소를 세웠습니다. 이듬해인 1729년 10월 2일, 그는 〈펜실베이

프랭클린의 〈제너럴 매거진과 역사 연대기〉

1741년 2월 16일, 프랭클린은 〈제너럴 매거진과 역사 연대기〉라는 잡지를 필라델피아에서 창간했습니다. 이 잡지는 전쟁 상황과 과학 기사는 물론이고 지구 반대편 원주민 소식까지 다루고 있었어요. 경쟁자였던 앤드루 브래드퍼드의 잡지보다 3일 늦게 출간되었지만 총 6개월간 이어지며, 프랭클린의 출판이 단순한 로컬 비즈니스를 넘어 식민지에 정보 주권을 심어준 플랫폼이었음을 보여 주었지요. 그의 활자는 필라델피아를 넘어 보스턴, 뉴욕, 런던으로 퍼졌고, 이는 훗날 독립 혁명의 사상적 불씨가 되었습니다. 이처럼 프랭클린의 인쇄기는 잉크뿐 아니라 세계와 연결된 식민지 시민들의 자각을 찍어낸 기계였다고 할 수 있습니다.

프랭클린(가운데)이 인쇄기에서 작업 중인 모습

니아 가제트Pennsylvania Gazette〉를 인수해 발행인이 되었고, 이 신문은 곧 식민지에서 가장 영향력 있는 매체 중 하나로 성장했어요. 당시 영국은 조지 2세(재위 1727~1760) 시대였는데, 스페인과 은 무역을 두고 갈등을 빚고 있었습니다. 사람들은 유럽의 국제 정세, 노예무역 문제, 의회의 소식 등에 관심을 가졌으며, 프랭클린의 신문은 이를 알리는 창이 되었지요.

1732년 12월, 프랭클린은 필명 리처드 손더스Richard Saunders로 〈가난한 리처드의 연감Poor Richard's Almanack〉을 발간합니다. 생활 격언과 정치 풍자를 담은 이 연감은 대중적 인기를 끌었고, 이후 25년간 매년 발간되며 식민지 사회 전반에 큰 영향을 미쳤어요. 프랭클린의 인쇄·출판 활동은 단순한 지역 비즈니스를 넘어 세계와 연결된 의식을 키우고, 훗날 독립 혁명의 사상적 기반을 마련하는 중요한 창구라 할 수 있어요.

프랭클린은 정전기에 대한 아치볼드 스펜서Archibald Spencer의 시연을 본 후 전기에 깊이 매료됩니다. 당시 유럽에서도 번개가 전기일지도 모른다는 추측은 있었지만, 이를 증명한 사람은 없었어요. 1752년, 프랑스의 달리바르Thomas-François Dalibard가 실험을 통해 구름에서 전기를 끌어내는 데 성공합니다.

프랭클린은 유럽의 소식을 알지 못한 채, 독자적인 실험을 준비합니다. 같은 해 6월, 프랭클린은 번개가 전기 현상이라는 것을 증명하기 위해 아들 윌리엄과 함께 헛간으로 들어가 연을 준비해요. 그는 가늘고 긴 나무막대 두 개를 십자가 모양으로 만들고 큰 손수건으로 네 귀퉁이를 묶은 연을 만든 다음, 연 꼭대기에

프랭클린의 번개 실험

달리바르와 번개 실험

프랭클린이 실험을 하기 직전, 사실 유럽에서도 이미 번개가 전기라는 가설을 검증하려는 시도가 있었습니다. 1752년 5월, 프랑스의 달리바르는 파리 근교 마를리라빌에 높이 약 13미터의 쇠막대를 세우고 레이던병 바닥에 철사로 된 줄을 연결했어요. 그러고는 번개가 칠 때, 철삿줄의 끝을 쇠막대 근처로 가져가는 실험을 합니다. 그리고 번개가 치는 순간, 달리바르는 눈이 멀 정도로 밝은 불꽃이 쇠막대에서 철삿줄로 튀는 것을 볼 수 있었어요. 달리바르의 실험은 '번개도 정전기와 같은 성질을 지닌다'라는 사실을 과학적으로 입증하는 결정적인 순간이었습니다.

캐나다 토론토에 있는
CN 타워의 피뢰침에
번개가 내리치는 모습

뾰족한 금속 선을 달고, 젖은 연줄 중간에 열쇠를 달았어요. 그리고 손잡이에는 부도체인 명주 리본을 감아 번개의 충격에 대비했지요.

프랭클린은 직접 만든 연을 들고 폭풍우 속으로 나갔습니다. 번개 구름이 다가오자 프랭클린은 손가락을 열쇠 가까이 가져다 댔어요. 그 순간 불꽃이 튀었고, 그는 번개가 전기 현상이라는 사실을 깨달았어요. 그리고 레이던병에 전기를 모으는 데 성공했지요.

하지만 이 실험은 위험천만했습니다. 실제로 이듬해 독일 출신 러시아의 물리학자 게오르크 리히만Georg Richmann은 번개의 전기가 얼마나 센지 알아보기 위해 쇠로 된 자를 피뢰침 옆에 두고 실험을 하다가 벼락을 맞아 사망했어요. 그만큼 프랭클린의 실험은 목숨을 걸 만큼 위험한 도전이었지요.

프랭클린의 발견은 곧 실용적 발명으로 이어졌습니다. 그는 도체의 뾰족한 끝에 전기장이 강하게 집중되어 전하가 더 잘 모인다는 사실을 이용해, 건물 위에 금속 봉을 세우고 땅과 연결하는 피뢰침을 고안했어요. 그는 번개에 의해 발생한 전기를 뾰족한 금속이 받아서 도선을 통해 땅으로 흘려보낼 수 있을 것이라고 생각했지요. 당시에는 화학 공장, 화약고, 곡물 창고가 낙뢰에 의해 불타는 사고가 잦았는데, 피뢰침의 발명으로 이런 피해를 막을 수 있었어요. 이후 1750년대부터 미국과 유럽 여러 도시에서 설치되기 시작합니다.

쿨롱의 법칙

뒤페가 두 종류의 전기를 발견한 뒤, 두 전하 사이의 힘에 대한 이론을 만든 사람이 있습니다. 바로 프랑스의 물리학자 샤를 오귀스탱 드 쿨롱 Charles-Augustin de Coulomb이에요.

쿨롱은 프랑스 남서부 앙굴렘Angoulême에서 태어났습니다. 그는 어린 시절 가족과 함께 파리로 이주해 마자랭 대학에서 공부했고, 이후 프랑스의 명문 군사공학학교인 메지에르 왕립 공병 학교에 입학했어요. 1761년 졸업 후에는 육군 공병 장교로 복무하며 요새 건설과 같은 실무 경험을 쌓았습니다. 실제로 그는 서인도 제도의 마르티니크에 파견되어 부르봉 요새 건설을 감독하기도 했지요.

하지만 쿨롱은 단순한 군인이 아니라 연구자이기도 했습니다. 공학 현장에서 얻은 경험을 바탕으로 역학과 물리학 연구에 매달렸고, 1773년부터 파리 과학 아카데미에 여러 논문을 발표하면서 이름을 알리기 시작했습니다.

샤를 오귀스탱 드 쿨롱

[쿨롱의 실험, 비틀림 저울]

1785년, 쿨롱은 정밀한 실험 도구인 비틀림 저울Torsion Balance을 이용해 전하 사이의 힘을 측정했습니다. 두 전하가 서로 밀거나 끌어당길 때, 얇은 실이 얼마나 비틀리는지 정밀하게 기록한 것이지요. 그 결과, 쿨롱은 전하 사이의 힘이 다음과 같은 법칙을 따른다는 사실을 밝혀냈습니다.

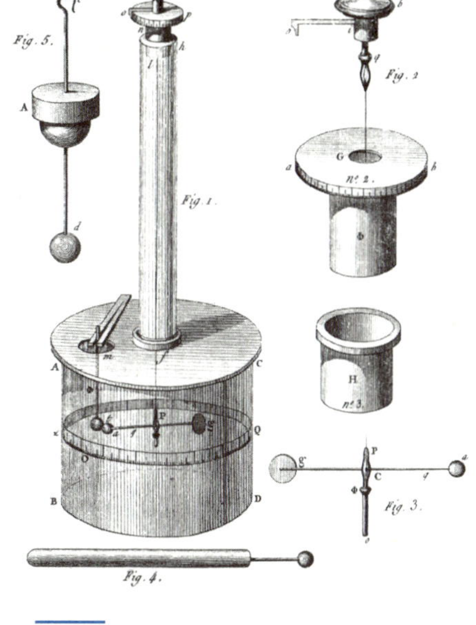

쿨롱이 사용한 비틀림 저울

1) 전기를 띤 두 물체가 어떤 거리만큼 떨어져 있을 때, 두 물체 사이의 전기력은 두 물체의 전하량의 곱에 비례한다.

2) 두 전하 사이의 힘은 떨어진 거리 제곱에 반비례한다.

3) 두 물체가 가진 전기가 같은 부호면 두 물체는 서로 밀어내고, 다른 부호면 서로 끌어당긴다.

이를 식으로 나타내면 다음과 같아요.

$$(전기력) = (전기력\ 상수) \times \frac{(두\ 전하량의\ 곱)}{(거리)^2}$$

여기서 전하량의 단위는 쿨롱의 이름을 따서 C(쿨롱)이라 하고 전기력 상수는 아래와 같습니다.

$$(\text{전기력 상수}) = 9 \times 10^9 (\text{N. M}^2/\text{C}^2)$$

두 전하가 같은 부호일 때와 다른 부호일 때 전기력의 방향은 각각 다음 그림과 같아요.

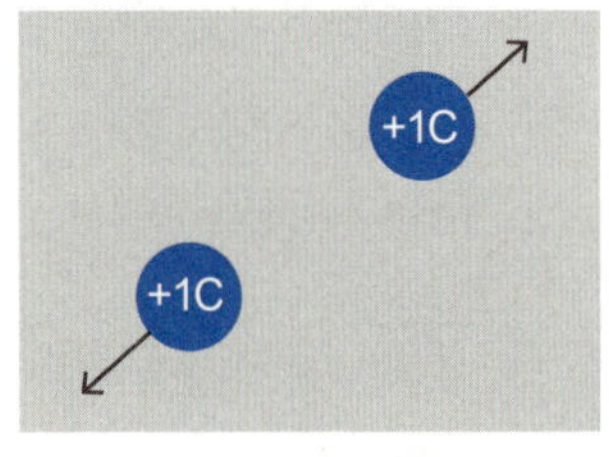

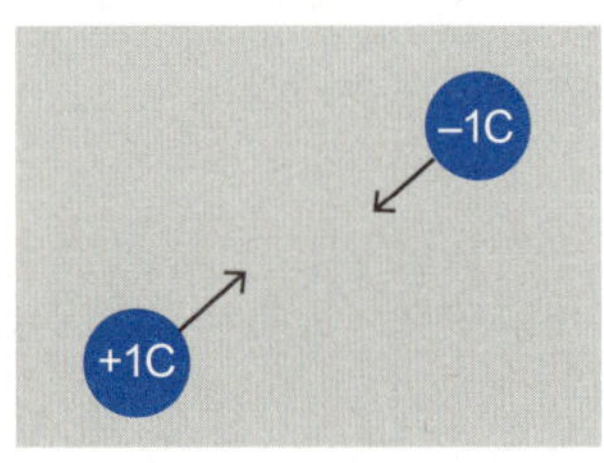

| 두 전하가 같은 부호일 때 | 두 전하가 다른 부호일 때 |

쿨롱의 법칙은 전기학의 출발점이자, 뉴턴의 만유인력 법칙과 나란히 놓이는 위대한 발견이었습니다. 뉴턴이 질량 사이의 힘을 설명했다면, 쿨롱은 전하 사이의 힘을 설명한 것이지요. 두 법칙 모두 '거리의 제곱에 반비례한다'라는 같은 수학적 형태를 지니고 있어, 자연법칙의 보편성을 보여 줍니다. 쿨롱의 연구는 훗날 앙페르, 패러데이, 맥스웰로 이어지는 전자기학 발전의 기초가 되었어요. 오늘날 우리가 사용하는 모든 전기·전자기기 속에도 그의 법칙이 살아 있지요.

개구리 다리에서 발견된 전기의 비밀

쿨롱이 전하 사이의 힘을 수학적으로 설명
하던 시기, 이탈리아에서는 전기의 성질을
생명과 연결 지어 탐구한 과학자가 있었습
니다. 바로 루이지 갈바니Luigi Galvani입니다.

갈바니는 이탈리아 볼로냐에서 대장장이
의 아들로 태어났습니다. 의학을 공부해 볼
로냐 대학 의대 교수가 된 그는 해부학과 생
리학에 깊은 관심이 있었어요. 루치아는 해
부학 교수의 딸이었는데 두 사람은 결혼 후
한 팀이 되어 공동 연구를 이어갔어요.

루이지 갈바니

1791년, 갈바니 부부는 생체 조직의 전기적 효과를 조사하던 중 놀라
운 현상을 발견했습니다. 당시 정전기 발생기가 작동하거나 천둥번개가
있는 날, 척추에 금속 갈고리를 꽂아둔 개구리 몸통이 갑자기 경련을 일
으킨 것이었어요.

더 명확한 검증을 위해 갈바니는 개구리의 신경에 놋쇠 갈고리를 걸어
철제 창살에 올려놓았습니다. 그러자 놀라운 일이 벌어졌어요. 놋쇠가
창살에 닿는 순간 개구리 다리가 격렬하게 수축했고, 갈고리가 닿을 때
마다 같은 현상이 계속 일어난 거예요. 마치 보이지 않는 어떤 신호가 근
육을 움직이는 것 같았지요.

갈바니는 이 힘을 '동물전기Animal Electricity'라고 불렀습니다. 즉, 동물
의 근육과 신경 같은 조직에는 고유한 전기적 작용이 있다고 생각했고,

이 전기가 신경과 근육을 자극한다는 생각이었습니다.

갈바니의 개구리 실험은 유럽 전역에 큰 반향을 불러일으켰습니다. 여러 과학자가 앞다투어 그의 실험을 재현했고, '생명 현상과 전기가 연결되어 있다'라는 가능성은 사람들에게 경이로움과 논쟁을 동시에 안겨 주었지요. 훗날 볼타가 이 이론을 반박하며 전지 발명으로 이어지지만, 갈바니의 실험은 생리학과 전기학을 잇는 중요한 징검다리가 되었습니다.

볼타전지의 발명

오늘날 우리가 쓰는 건전지에는 숫자와 함께 'V'라는 글자가 적혀 있습니다. 여기서 V는 전압의 단위 볼트Volt를 뜻해요. 이는 세계 최초로 전지를 발명한 이탈리아 과학자 알레산드로 볼타Alessandro Volta의 이름 첫 글자에서 유래했어요.

볼타는 이탈리아 북부의 도시 코모Como에서 태어났습니다. 어린 시절에는 문학에 관심이 많았지만, 우연히 영국의 화학자 조지프 프리스틀리Joseph Priestley의 전기에 관한 책을 읽으면서 전기에 매료되었습니다. 그 뒤 친구 지울리오 체사레 가토니Giulio Cesare Gattoni와 함께 실험을 시작하며 본격적으로 과학자의 길로 들어서게 되었지요.

이 시기에 볼타는 다양한 전기 장치를 고안했습니다. 예를 들어, 전기를 반복해서 발생시킬 수 있는 전기쟁반Electrophorus, 병에 기체를 담아 전기 불꽃으로 폭발시키는 전기 권총, 작은 충격을 일으키는 장치 등이었지요. 이러한 발명들은 단순한 장난감이 아니라, 전기가 반복적으로

볼타의 전지

실험 가능한 에너지라는 사실을 보여 주는 중요한 도구였습니다.

1774년, 볼타는 고향의 코모 왕립학교 물리학 교수가 되었고, 1779년에는 파비아 대학의 물리학 교수로 임명되었습니다. 이때부터 볼타는 전기에 관한 본격적인 연구를 시작합니다.

[갈바니와의 논쟁과 전지의 발명]

볼타의 결정적인 발견은 동시대 과학자 루이지 갈바니의 실험에서 비롯되었습니다. 앞에서 살펴본 것처럼, 갈바니는 개구리 다리가 금속에 닿을 때 경련을 일으키는 현상을 보고, 동물의 몸 안에 고유한 동물 전기가 있다고 주장했어요. 하지만 볼타는 다른 해석을 내놓았습니다. 개구리 다리가 움직이는 이유는 동물 자체의 전기가 아니라, 서로 다른 두 금속이 접촉했을 때 생기는 전기 때문이라는 것이었지요. 이 견해는 곧바로 '동물 전기설'과 '접촉 전기설'의 논쟁을 불러왔습니다.

이후 1800년, 볼타는 이 이론을 입증하기 위해 세계 최초의 화학 전지인 볼타 전지Voltaic Pile를 발명했습니다. 구리판과 아연판을 번갈아 쌓고, 그 사이에 소금물이나 묽은 황산에 적신 종이나 천을 끼워 넣는 방식이었지요. 이렇게 하면 금속 사이에서 전위차가 발생하여 장치에 지속적으로 전류가 흐를 수 있었습니다.

[볼타 전지의 원리]

서로 다른 두 금속을 전해질 용액에 넣으면, 한 금속은 전자를 내놓고, 다른 금속은 전자를 받아들입니다. 이 과정에서 두 금속은 서로 반대 전하를 띠게 되지요. 볼타는 구리와 아연을 조합했는데, 아연은 전자를 내놓아 음극(anode, 산화)이 되고, 구리는 전자를 받아 양극(cathode, 환원)이 됩니다. 이렇게 두 전극 사이에 전위차가 생기고, 도선을 연결하면 전류가 흐르게 되는 거예요.

볼타는 실험을 거듭하면서 금속의 순서를 정리해 금속 전위차 서열(전기 화학적 서열)을 제시했습니다. 예를 들어, 아연-납-주석-철-구리-은-금 순서대로 배열하면, 왼쪽일수록 산화되기 쉽다는 것을 뜻해요. 따라서 아연과 구리를 조합하면 전류가 구리에서 아연 쪽으로 흘러요.

다만, 초기 볼타 전지에는 한 가지 문제가 있었습니다. 전류가 흐르려면 소금물에 젖은 종이나 천이 필요한데, 소금물이 말라버리면 더 이상 전류가 흐

르클랑셰의 건전지

르지 않는다는 점이었어요. 이 문제는 19세기 중반 프랑스 과학자 조르주 르클랑셰Georges Leclanché가 해결했습니다. 그는 소금물 대신 전해질 용액(염화암모늄)을 사용하고, 양극에는 탄소봉, 음극에는 아연을 사용해 훨씬 안정적이고 오래가는 건전지를 발명했습니다. 우리가 지금 쓰는 1.5V 건전지는 르클랑셰의 건전지를 토대로 개량을 거듭해 만들어진 것이랍니다.

옴의 법칙

19세기 초, 전류에 대한 연구는 여전히 초기 단계였어요. 전기가 흐른다는 것은 알았지만, '얼마나 많이 흐르는가'를 수학적으로 설명한 사람은 없었지요. 이때 등장한 인물이 바로 독일의 물리학자 게오르크 옴Georg Simon Ohm이에요.

옴은 독일 에를랑겐에서 태어나 열쇠 수리공의 아들로 자랐습니다. 비록 형편은 넉넉하지 않았지만, 아버지가 독학으로 배운 수학과 물리학을 옴에게 가르쳐 주며 학문의 기초를 닦아 주었지요.

젊은 시절 옴은 생활비를 벌기 위해 여러 학교에서 수학을 가르쳤습니다. 그러던 1817년, 쾰른의 예수회 김나지움에서 교편을 잡게 되었는데, 이 학교는 훌륭한 과학 교육으로 명성이 높았고 물리학 실험실도 잘 갖추

게오르크 옴

어져 있었어요. 그제야 옴은 제대로 된 과학 실험 기회를 얻었고, 본격적으로 전류 연구를 시작할 수 있었지요.

그는 당시 새로운 전류원으로 자리 잡은 볼타 전지를 이용해 다양한 금속 선에 전류를 흘려보내며 전압과 전류의 관계를 꼼꼼히 측정했습니다. 그리고 수년간의 실험 끝에, 1827년『갈바니 회로의 수학적 해석Die Galvanische Kette Mathematisch Bearbeitet』이라는 책에서 전압, 전류, 저항의 관계를 수학식으로 정리했어요. 그 식이 바로 오늘날 우리가 배우는 옴의 법칙이에요.

$$(전압) = (저항) \times (전류)$$

전압이 클수록 전류가 세게 흐르고, 저항이 클수록 전류가 약해진다는 단순하면서도 보편적인 법칙이지요.

옴의 발견은 처음에는 큰 환영을 받지 못했습니다. '너무 단순하다'라는 것이 그 이유였어요. 하지만 시간이 지나면서 그의 법칙은 전기학의 기초가 되었고, 오늘날 회로 설계와 전자공학의 모든 계산의 출발점이 되었습니다.

정전기 유도를 이용한 정전기 발생기

18세기 후반, 과학자들은 마찰로만 전기를 얻는 방식에서 벗어나 '정전기 유도'라는 원리를 이용하기 시작했습니다. 정전기 유도란, 가까이 있는 대전체의 영향으로 물체 내부의 전하 분포가 재배치(분극)되는 현상을 말해요. 이 원리를 활용하면, 마찰 없이도 전기를 모으고 증폭할 수 있었지요. 이 원리를 이용한 장치가 바로 알레산드로 볼타가 만든 전기쟁반Electrophorus입니다. 절연된 금속판을 이용해 전하를 유도·전달하는 단순한 장치였지만, 작은 전하를 반복적으로 꺼내 쓸 수 있다는 점에서 중요한 발명이었지요.

이후 여러 명의 과학자가 더 강력하고 정교한 장치를 발명하기 시작했습니다.

■ 아브라함 베넷Abraham Bennet

그는 작은 전하를 점점 키워내는 더블러Doubler를 고안했습니다. 아주 미약한 전하도 계속 유도하여 증폭할 수 있었기 때문에 정전기 연구에 새로운 길을 열었지요. 이후 이런 장치들을 통틀어 '영향 기계Influence Machines'라고 부르게 됩니다.

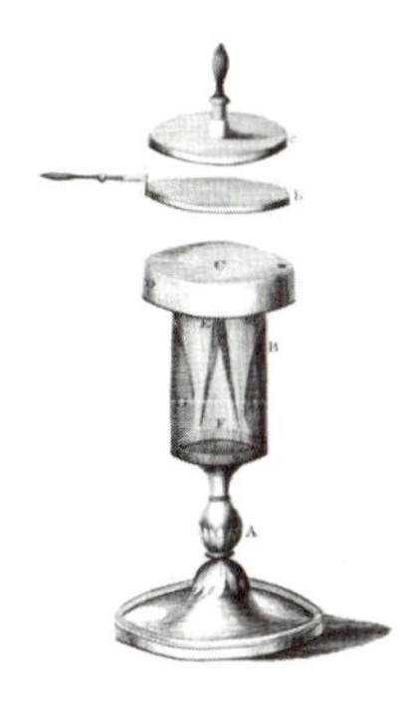

배넷의 더블러

● 윌리엄 니컬슨William Nicholson

베넷의 아이디어를 발전시켜 회전 더블러 Rotating Doubler를 만들었습니다. 디스크를 회전시켜 아주 미약한 전하를 계속 유도하면서 더 많은 전기를 모을 수 있었어요.

니컬슨의 회전 더블러

● 빌헬름 홀츠Wilhelm Holtz

독일의 홀츠는 수평축에 장착된 유리 디스크를 기어 장치로 회전시키는 새로운 유도기를 설계했습니다. 이 장치는 다른 유도판과 상호 작용을 하며 전하를 축적했는데, 당시 기준으로 가장 효율적인 정전기 발생기 중 하나로 꼽혔습니다. 이후 다양한 정전기 기계들의 기본 틀이 되었지요.

홀츠의 정전기 발생기

● 아우구스트 퇴플러August Toepler

홀츠의 장치를 개량해 이중 디스크 장치를 만들었습니다. 두 개의 유리 디스크가 같은 방향으로 회전하면서 더 안정적이고 강한 출력을 낼 수 있었지요.

퇴플러의 정전기 발생기

● 제임스 윔셔스트James Wimshurst

오늘날 과학 실험실에서 자주 보는 윔셔스트 기계를 발명했습니다. 반대 방향으로 회전하는 두 장의 디스크와 브러시, 수집기, 그리고 레이던병을 조합해, 눈에 보이는 불꽃 방전을 만들어냈지요. '탁!'하고 터지는 소리와 함께 번쩍이는 불꽃은 학생들에게 전기의 존재를 직관적으로 보여 주는 명실상부한 교육용 장치가 되었어요.

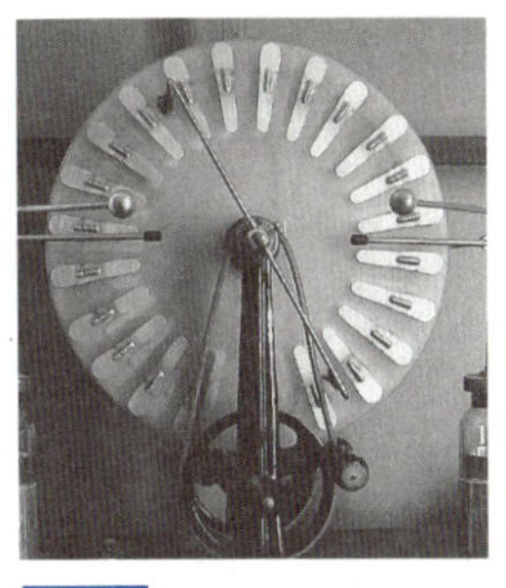

윔셔스트 정전기 발생기

[고전압의 시대, 밴더그래프]

마지막으로, 20세기 들어 로버트 밴더그래프Robert Van de Graaff는 완전히 새로운 형태의 정전기 발생기를 개발합니다. 1929년 10월, 밴더그래프는 '벨트식' 고전압 정전기 발생기를 처음 시연했어요. 그는 가게에서 구입한 실크 리본을 전하 운반용 벨트로 사용했는데, 이 리본이 바로 기계의 핵심이었지요. 벨트는 회전하면서 전하를 아래에서 위로 실어 나르는 역할을 했고, 위쪽에 있는 속이 빈 금속 구체(단자) 내부로 전하를 운반했습니다.

기계의 구조는 생각보다 단순하지만 매우 똑똑하답니다. 절연된 벨트가 회전하면서 정전기를 운반하는데, 벨트 아래쪽 빗이 벨트에 전하를 싣고, 벨트 위쪽의 빗이 벨트에서 전하를 긁어내어 단자에 넘겨주지요.

이 장치는 공기의 절연 한계를 이용합니다. 절연 한계 이상의 전기장이 생기면 공기 분자가 이온화되기 시작하고, 전기가 새어 나가면서 방전이 일어나요. 그래서 수십만에서 수백만 볼트까지 전압을 높일 수 있었지요. 실제로 1931년에는 무려 100만 볼트(1메가볼트) 이상을 생산하는 데 성공하기도 했습니다. 이 발전기는 이후 입자 가속기와 핵물리학

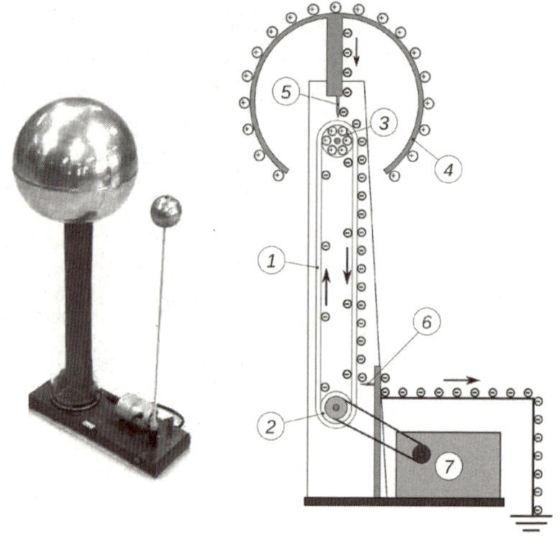

밴더그래프의 발생기와
그 모식도

연구에 활용되며 현대 물리학 발전의 중요한 기반이 되었어요.

이처럼 정전기 유도를 활용한 기계는 단순히 전기를 모으는 장치를 넘어서, 전기가 눈에 보이지 않는 힘이 아니라 실험으로 다루고 축적할 수 있는 에너지임을 증명했습니다. 볼타의 전기쟁반에서 시작해 윔셔스트 정전기 발생기, 밴더그래프 발생기에 이르기까지, 이 장치들은 오늘날 전기 과학과 공학 발전의 초석이 되었어요.

무엇보다 이런 기계들은 전기를 연구실 안에서 안정적으로 얻을 수 있게 해 주었고, 과학자들이 반복 실험을 통해 전기의 법칙을 체계적으로 밝혀낼 수 있도록 도왔습니다. 정전기는 이제 더 이상 호박을 문질러 얻는 신기한 장난감이 아니라, 과학적 탐구의 대상이자 인류가 길러낸 새로운 '에너지 자원'이 된 것이지요. 그리고 곧 전기와 자기가 하나로 연결되는 순간이 찾아오면서 과학은 또 한 번의 커다란 도약, 전자기 유도의 시대로 들어서게 됩니다.

생각의 가지

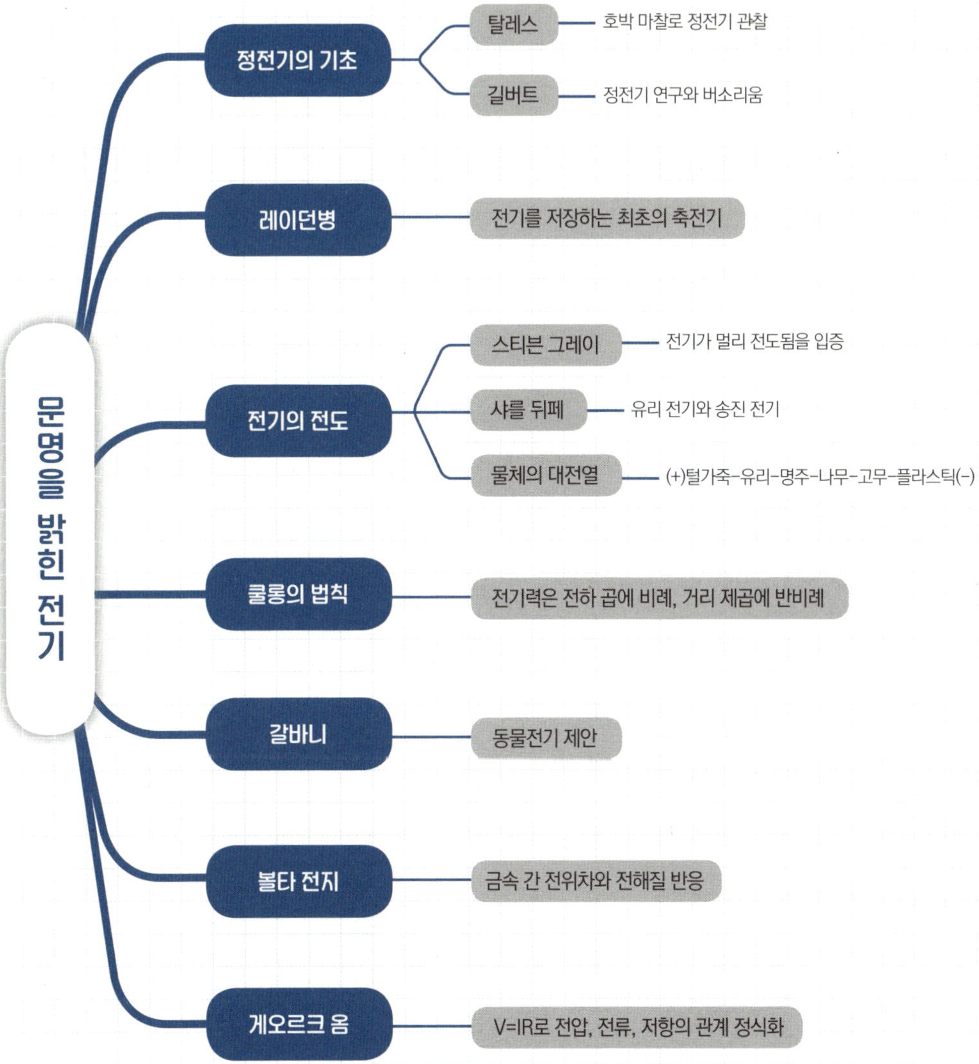

문명을 밝힌 전기

정전기의 기초
탈레스 — 호박 마찰로 정전기 관찰
길버트 — 정전기 연구와 버소리움

레이던병 — 전기를 저장하는 최초의 축전기

전기의 전도
스티븐 그레이 — 전기가 멀리 전도됨을 입증
샤를 뒤페 — 유리 전기와 송진 전기
물체의 대전열 — (+)털가죽-유리-명주-나무-고무-플라스틱(-)

쿨롱의 법칙 — 전기력은 전하 곱에 비례, 거리 제곱에 반비례

갈바니 — 동물전기 제안

볼타 전지 — 금속 간 전위차와 전해질 반응

게오르크 옴 — V=IR로 전압, 전류, 저항의 관계 정식화

전자기 유도의 발견

불꽃 대신 전자기 유도를 활용한 인덕션 레인지

정교수의 pick

◆자석　◆나침반　◆외르스테드　◆앙페르
◆패러데이　◆반자성　◆전자석

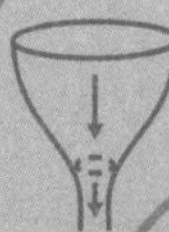

전류가 만든 힘의 언어

조용한 부엌 위에서, 유리 상판 아래에서 무언가가 일어나고 있습니다. 그 주인공은 바로 전자기 유도예요. 이 원리는 1831년, 영국의 과학자 패러데이가 발견했어요. 인덕션 레인지는 전자기 유도를 이용하는 똑똑한 조리기기예요. 불도, 열도 직접 만들지 않아요. 그 대신 코일에 흐르는 교류 전류로 빠르게 변하는 자기장을 만들고, 자기장의 변화가 냄비 바닥에 유도 전류를 일으켜 냄비를 뜨겁게 만듭니다.

물론 모든 냄비가 가능한 것은 아닙니다. 주철, 법랑 주철, 자성 스테인리스처럼 자성 금속에만 전류를 흐르게 할 수 있기 때문이에요.

인덕션은 냄비처럼 필요한 곳에서 열을 만드는 방식으로, 화재나 오염과 같은 위험한 일을 줄이고 주방 환경을 바꿔 주었어요. 모든 것이 과학자들이 밝힌 전자기 유도의 원리 덕분이지요.

자석

자성磁性이란 쇠붙이를 잡아당기는 성질을 말합니다. 이 성질을 지닌 돌을 자석이라고 부르지요. 자석의 원료가 되는 대표적인 광물은 바로 자철석Magnetite이에요. 자철석은 철의 산화물로 자연적으로 강한 자기력을 띠어요. 사람들은 이 돌이 쇠붙이를 끌어당기는 모습을 보면서 일찍부터 신비한 힘이 있다고 생각했어요.

자석의 발견은 매우 오래된 역사 속으로 거슬러 올라갑니다. 고대 그리스인들은 자석을 마그네시아의 돌이라는 뜻의 '마그네티스 리토스Magnetis Lithos'라고 불렀어요. 이 이름은 오늘날 튀르키예 마니사 지방인 소아시아의 마그네시아Magnesia에서 유래했어요. 이 지역에는 자철석이 풍부했기 때문에, '자석'이라는 이름도 이곳에서 비롯된 셈이에요.

소아시아는 오늘날의 튀르키예 아나톨리아 반도 지역을 말합니다. 이곳은 기원전 2천 년대부터 동서 문명이 교차하는 요충지였어요. 아시아의 서쪽 끝이면서 동시에 유럽과 닿아 있기 때문이에요. 특히 기원전 18세기경에는 철을 다루는 기술을 거의 최초로 개발한 히타이트 제국이 이곳을 중심으로 번성했어요. 히타이트인들은 철기 문화를 바탕으로 바빌로니아, 이집트와 어깨를 나란히 했고, 이 지역은 강한 군사력과 문명 교류의 중심지가 되었어요.

자석이 쇠붙이를 끌어당기는 힘을 자기력이라고 합니다. 이 자기력에 대한 기록은 동서양에서 모두 확인할 수 있어요. 중국에서는 기원전 239년경 편찬된 백과사전 〈뤼시 춘추呂氏春秋〉에 '어떤 광석은 쇠를 끌어당긴다'라는 표현이 등장해

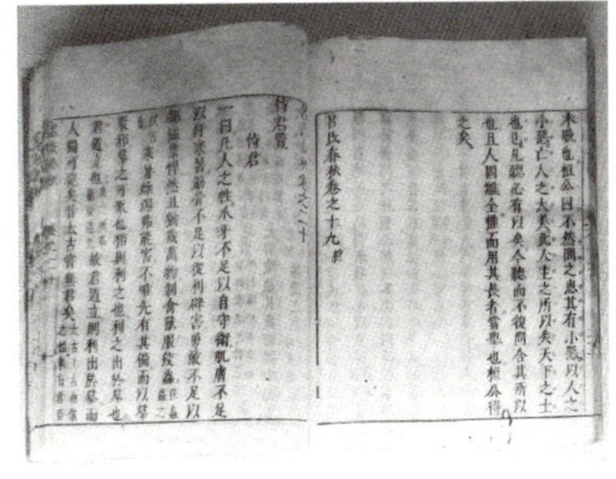
중국의 백과사전 뤼시 춘추

요. 이 책은 진나라의 정치가 뤼 부웨이가 학자들과 함께 집필한 책으로, 여기서 말하는 '광석'이 바로 자철석이었지요. 그리스의 철학자 대 플리니우스도 저서 『박물지Naturalis Historia』에서 마그네시아의 돌이 쇠붙이를 당긴다고 기록했어요.

자석은 단순한 호기심의 대상이 아니라, 방향을 알려 주는 도구로도 인식되었습니다. 중국에서는 자철석이 남북 방향을 가리킨다는 사실을 알았고, 이는 훗날 나침반 발명의 중요한 단서가 되었어요.

나침반의 발명

방향을 아는 일은 단순한 편리함을 넘어 생존과 직결된 일입니다. 지금은 스마트폰 GPS와 내비게이션으로 길을 쉽게 찾지만, 수천 년 전 사람들에게 '어디로 가야 하는가'는 곧 생과 사를 가르는 문제나 마찬가지였어요. 나침반은 바로 이 문제를 해결해 준, 인류 역사상 가장 위대한 도구 중 하나였습니다.

나침반의 기원은 기원전 2세기에서 기원후 1세기 사이, 중국 한나라 시대로 거슬러 올라갑니다. 당시 사람들은 자철석이 스스로 방향을 가리킨다는 사실을 알고 있었어요. 한나라의 기록에 따르면, 자철석을 숟가락 모양으로 깎아 평평한 청동판 위에 올려놓으면 숟가락의 손잡이가 늘 남쪽을 가리켰다고 해요. 이 도구는 '남쪽을 가리키는 숟가락(司南, 사남)'이라 불렸습니다. 하지만 처음부터 항해나 군사에 쓰인 것은 아니었어요. 주로 풍수지리, 점술, 제왕의 길흉 판단 같은 종교적·점성적 목적

중국 한나라 시대의 나침반

에 사용되었지요. 즉, '땅과 하늘의 기운을 읽는 도구'로 여겨졌던 거예요

시간이 흐르면서 나침반은 점점 실용적인 방향 도구로 바뀌었습니다. 중국 송나라 시대(10~11세기)에 이르러 나침반은 군대에서 방향을 찾는 데 사용되기 시작했어요. 기록에 따르면 1040~1044년경, 송나라의 지상 군은 안후이성과 허베이성 일대에서 북방 유목민과의 전투를 치렀는데, 이때 지형이 복잡한 평야와 강 사이에서 방향을 잡기 위해 나침반을 사용했다고 해요. 또한 같은 시기, 해상 무역의 발달과 함께 항해용 나침반이 등장했어요. 상인과 탐험가들은 나침반 덕분에 중국 연안을 넘어 동남아시아, 인도양, 심지어 아라비아 해안까지 항해할 수 있었어요. 이때부터 나침반은 '하늘의 기운을 읽는 숟가락'이 아니라, '바다를 가로지르는 생명의 도구'가 된 것이죠.

나침반은 곧 유럽에도 전해졌습니다. 영국의 시인이자 신학자인 알렉산더 네

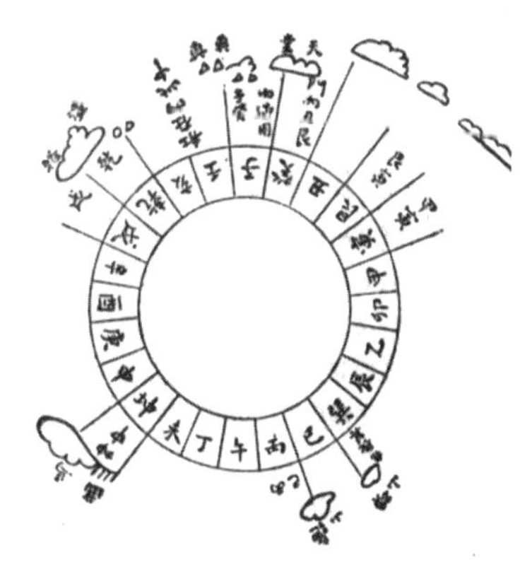

중국 명나라 시대, 선원의 나침반

캄Alexander Neckam은 저서 『자연에 관하여』에서 이미 영국 선원들이 자석 바늘을 사용했다고 기록했어요. 그는 이렇게 썼습니다.

> 구름이 끼어 태양이 보이지 않거나,
>
> 밤이 되어 바다가 어둠에 잠길 때, 선원들은 작은 바늘이
>
> 빙글빙글 돌다 멈추는 방향이 북쪽임을 알았다.

이는 12세기 무렵 유럽에서 나침반이 실제로 사용되었음을 보여 주는 최초의 기록이에요. 이후 십자군 전쟁과 무역의 확대로 나침반은 지중해와 대서양을 누비는 유럽 선원들의 필수 도구가 되었고, 대항해시대(15~16세기)를 여는 열쇠가 되었습니다.

중세의 자석 연구

13세기 프랑스의 수학자이자 물리학자인 페트루스 페레그리누스Petrus Peregrinus는 1269년에 저술한 『자석에 관한 편지Epistola de Magnete』에서 당시로서는 가장 체계적인 자석 실험을 제시했습니다.

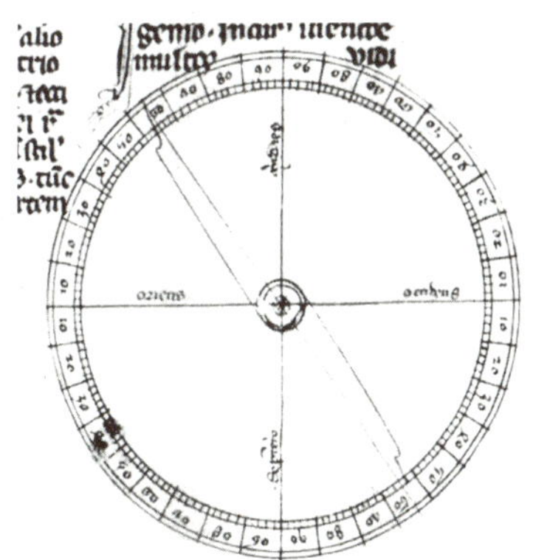

『자석에 관한 편지』에 실린 나침반 그림

● 자석의 양극이라는 용어 및 성질을 최초로 기술(1269): 페레그리누스는 자석에는 서로 다른 성질을 갖는 두 끝이 있으며, 같은 극끼리는 밀치고, 다른 극끼리는 끌어당긴다는 사실을 확인했어요. 그는 자석 표면을 분할·표시하며 어디서 끌어당기고 미는지 체계적으로 기록했습니다.

● 절단 실험: 자석을 잘라 만든 조각도 다시 두 극을 가진 완전한 자석이 된다는 점을 보여 주었어요. 자석성은 돌의 한쪽 끝에 고정된 무언가가 아니라, 물체 전체에 분포하는 성질임을 직관적으로 드러낸 실험이었지요.

● 구형 자석 실험: 페레그리누스는 구 형태로 깎은 자철석 표면에서 바늘이 정렬되는 것을 확인했어요. 일정한 방향을 따라 줄지은 것을 보며, 자석에 축과 축을 기준으로 한 자석의 '적도'가 있음을 알아냈습니다.

● 철침 자화법: 자철석의 특정 극으로 바늘을 문지르거나 가까이 두면 철침이 자성을 얻는다는 자화에 대해서도 기술했어요. 이 지식은 이후 항해용 나침반 제작의 기술적 기반이 되었지요.

● 나침반 장치 기술: 그는 회전축 위에 바늘을 세우고 판 눈금을 두른 '축지 장치'를 상세히 설명했어요. 유럽에서 축 위에 선 자침Compass Needle on a Pivot을 비교적 이른 시기에 구체적으로 묘사한 기록 가운데 하나로 꼽힙니다.

16세기에 살았던 로버트 노먼Robert Norman은 영국의 항해자이자 정밀 기구 제작자였습니다. 그는 1581년, 『The New Attractive』을 출간하면서 나침반 바늘의 '기울기자기 경사Magnetic Inclination'를 최초로 정량적으로 제시했어요. 노먼은 자화된 바늘이 지구 자기에 의해 아래쪽(북반구에서는 북쪽 끝)으로 기울어진다는 사실을 관찰합니다. 그리고 이를 세로 면에서 자유롭게 회전하는 '딥핑 니들'로 측정했는데, 런던에서는 약 71도의 경사 값을 보고한 것으로 널리 알려져 있어요.

자기장과 자기력선

어떤 장소에 자석을 하나 놓아두면, 그 주위는 보이지 않는 힘의 공간이 형성됩니다. 이 공간을 우리는 자기장磁氣場, Magnetic Field이라고 불러요. 자기장은 마치 자석이 '내 근처에 오면 너를 끌어당길 거야'라며 신호를 보내는 것과 같지요. 즉, 자석은 주변 공간에 언제든지 자기력을 작용시킬 준비를 해 놓고 있는 거예요.

그렇다면 자석 주변의 쇠붙이는 어디에서 가장 큰 힘을 받을까요? 바로 자석 가까이입니다. 가까우면 가까울수록 더 강한 자기력을 느껴요. 멀리 떨어진 쇠붙이는 힘이 약해지고, 가까운 곳에 놓인 쇠붙이는 강한 힘을 받지요. 과학에서는 이런 성질을 설명할 때, '자석에서 가까울수록 자기장이 강하다'라고 말해요.

자기장은 눈으로 직접 볼 수 없기 때문에 과학자들은 이를 '선'으로 표현합니다. 이 선을 자기력선Magnetic Field Line이라고 부르는데 자기장의 방향과 세기를 시각적으로 보여 줘요. 자기력선의 방향은 N극에서 나와 S극으로 들어가며 선이 조밀할수록 자기장이 강하다는 뜻이에요. 그래서 자석의 양 끝, 즉 극 부근이 자기장이 가장 강한 곳으로 나타납니다.

자기력선의 방향

자기장을 직접 관찰하는 대표적인 방법은 철가루 실험입니다. 막대자석 위에 플라스틱이나 유리로 된 투명한 판을 올리고, 그 위에 얇은 종이를 덮은 다음 고운 철가루를 살살 뿌려요. 판을 가볍게 두드리면 철가루가 줄을 서며 배열되는데, 이 모양이 바로 자기력선이에요. 자석이 없을 때는 철가루가 무질서하게 흩어지지만, 자석이 있을 때는 자기장의 영향을 받아 곡선 모양의 규칙적인 패턴을 만들지요.

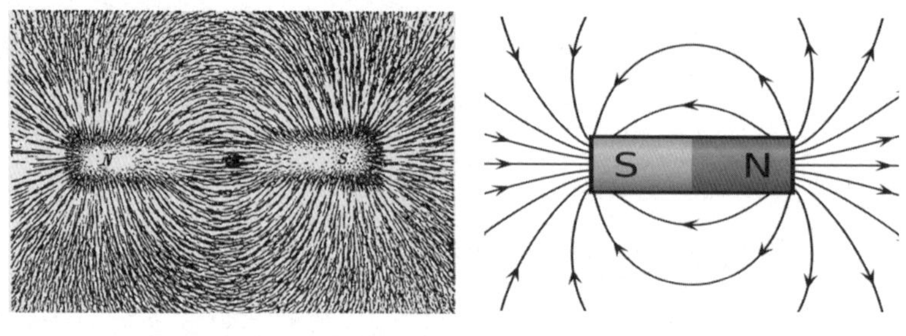

좌_ 철가루를 이용한 자기력선 확인 실험 우_ 자기력선의 방향

이 곡선들은 자석의 N극에서 나와 S극으로 이어지는 길을 따라 부드 럽게 이어집니다. 마치 자석이 자기력이라는 보이지 않는 길을 깔아 놓 은 것처럼 보여요. 또 하나 주목할 점은, 철가루가 N극과 S극 주변에 특 히 많이 몰린다는 사실이에요. 이는 바로 그 부분에서 자기장의 세기가 가장 강하다는 것을 보여 줍니다.

길버트의 자석 연구

1600년, 영국의 의사이자 자연 철학자 윌리엄 길버트William Gilbert는 서 양 과학사에서 자기학의 출발점으로 평가받는 『자석, 자성체, 그리고 거 대한 자석 지구에 관하여De Magnete, Magneticisque Corporibus, et de Magno Magnete Tellure』라는 책을 출간했습니다. 여기에서 길버트는 자석을 만 드는 방법 중 하나를 소개했는데, 대장장이들이 사용하던 방식과 비슷 했어요. 쇳조각을 빨갛게 달군 뒤 남북 방향으로 두고 망치질하면, 지구 자기장의 영향으로 쇳조각이 자기 성질을 갖게 되는데, 이렇게 만들어진 쇳조각은 식은 후에도 자성을 띠고 있었어요.

길버트는 자신의 시간 대부분을 지구 자기에 대한 탐구에 바쳤습니다. 당시 사람들은 나침반 바늘이 북쪽을 가리키는 이유를, 하늘의 북극성 자체가 거대한 자석이기 때문이라고 생각했어요. 하지만 길버트의 생각은 달랐습니다. 그는 지구 전체가 하나의 거대한 자석이라고 주장하며 이를 테렐라Terrella 모형으로

길버트의 『자석, 자성체, 그리고 거대한 자석 지구에 관하여』

설명했어요. 그리고 지구 내부에 보이지 않는 거대한 자석이 존재하며, 그것이 나침반의 N극을 북쪽으로 끌어당긴다고 설명했어요.

또한 그는 나침반 바늘이 북쪽을 정확히 가리키지 않고 약간 동쪽이나 서쪽으로 치우치는 편각 현상과 나침반 바늘이 수평에서 기울여 들어가

자석을 만드는 방법

는 복각 현상도 관찰했습니다. 길버트는 이런 사실을 근거로, 지구 내부의 자석이 단순히 지리적 남북극과 일치하지 않고 약간 어긋나 있음을 알아냈어요.

길버트의 연구는 단순한 자석 이야기만이 아니라, 지구가 살아 있는 하나의 자석처럼 작용한다는 새로운 세계관을 열어 주었습니다. 그리고 갈릴레이, 케플러 같은 과학자들에게도 깊은 영향을 주었고, 현대 지구물리학의 첫걸음이 되었지요.

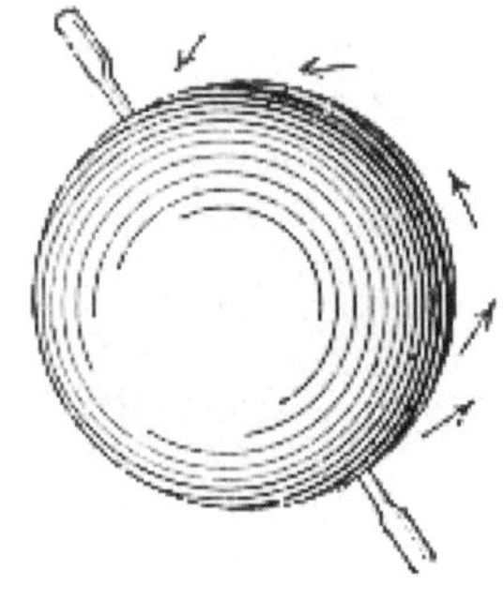

윌리엄 길버트의 테렐라 모형

외르스테드, 전기와 자기를 잇다

17세기 후반, 당시 사람들은 전기와 자기를 여전히 완전히 다른 현상으로 생각했습니다. 전기는 도선을 따라 이동하는 힘이고, 자기는 자석이 쇠붙이를 끌어당기는 힘이라고 여겼던 거예요. 하지만 1820년, 덴마크 코펜하겐의 한 강의실에서 이 두 세계를 이어 주는 역사적인 사건이 일어납니다. 그 주인공은 덴마크의 물리학자 한스 크리스티안 외르스테드Hans Christian Ø rsted예요.

한스 외르스테드

외르스테드는 1777년, 덴마크의 작은 마을 루드쾨빙에서 태어났습니다. 어릴 적 그는 약사였던 아버지를 도우며 다양한 약품과 광물, 도구를 접할 수 있었어요. 그리고 그 경험이 자연스레 과학에 대한 호기심으로 이어졌지요. 코펜하겐 대학에서 공부한 그는 1799년 박사 학위를 받고, 1806년부터 같은 대학의 교수로 임용되어 학생들을 가르치기 시작합니다.

독일의 과학자 요한 빌헬름 리터J. W. Ritter와 교류하던 외르스테드는, 전기와 자기가 반드시 연결되어 있을 것이라는 생각에 공감했지만, 당시는 아직 아무도 그 증거를 찾지 못한 상태였지요.

그리고 1820년 4월, 강의 도중 놀라운 일이 벌어집니다. 학생들에게 전류의 효과를 설명하던 외르스테드는 도선에 전류를 흘려보냈는데, 그 옆에 놓여 있던 나침반 바늘이 갑자기 움직인 거예요. 자석이 근처에 없는데 바늘이 움직였다는 것은, 전류가 자기장을 만들어낸다는 뜻이었어요. 외르스테드는 여러 번 반복 실험을 통해 이것이 우연이 아님을 확인했지요.

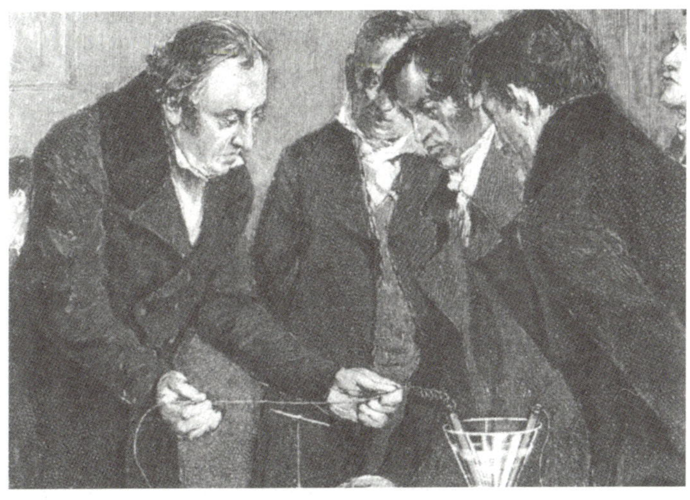

전류가 자기장을 만들어내는 현상을 발견한 외르스테드

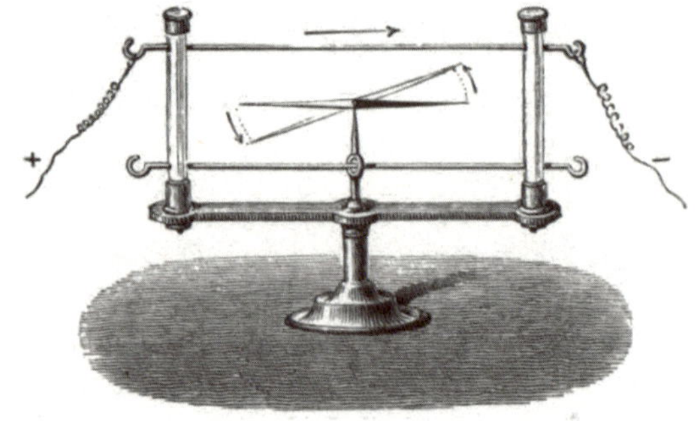

1820년, 런던에서 제작된
외르스테드의 실험 장치

원래 나침반 자침의 N극은 항상 북쪽을 가리킵니다. 그런데 주위에 전류가 흐르면 자침의 N극이 가리키는 방향이 달라졌어요. 이것은 아주 중요한 발견이었지요. 전류는 전기 현상이고 나침반은 자기 현상인데, 전류가 흐르는 곳 주위에서 자침의 방향이 바뀐다는 것은 전기 현상과 자기 현상이 서로 관계가 있다는 것을 뜻하기 때문이에요.

외르스테드는 직선 전류 주위의 자기장에 대해 다음과 같은 사실을 실험을 통해 알아냈어요.

1. 직선 전류 주위에는 원형의 자기장이 생긴다. (이때 자기장의 방향은 오른손 엄지손가락을 전류의 방향으로 세웠을 때 나머지 손가락을 감아쥐는 방향으로, 오늘날 '오른손 법칙'으로 설명한다).

2. 전류가 흐르는 직선 도선에서 일정 거리만큼 떨어진 곳의 자기장은 전류의 세기에 비례하고, 도선에서 떨어진 거리에 반비례한다.

$$(자기장) = (자기력 \ 비례 \ 상수) \times \frac{(전류)}{(거리)}$$

외르스테드의 발견은 전기와 자기가 별개라는 오래된 관념을 깨뜨리고, 두 현상이 하나로 연결된 전자기학이라는 새로운 분야를 열게 되었습니다. 그리고 외르스테드의 발견은 곧 앙페르, 패러데이, 맥스웰 같은 과학자들의 연구로 이어지며, 전자기 법칙과 현대 전기 기술의 기초가 되었어요.

앙페르, 전류 사이의 힘을 발견하다

앙드레마리 앙페르André-Marie Ampère는 전기와 자기의 결합, 즉 전자기학이라는 새로운 세계를 연 선구자였습니다. 프랑스 혁명 직전의 격동기 속에서 태어나, 계몽주의와 과학혁명의 정신을 이어받으며 그는 과학의 중요한 질문 중 하나인 '전기란 무엇인가, 자기란 무엇인가?'에 도전했어요.

[어린 시절과 학문적 성장]

앙페르는 1775년 1월 20일, 프랑스 리옹 근처 작은 마을 리옹 폴리미외에서 태어났습니다. 그가 태어난 해는 미국 독립전쟁이 시작된 해였고, 얼마 지나지 않아 프랑스 대혁명(1789년)이 유럽 전역을 뒤흔들게 됩니다.

앙페르는 어려서부터 수학과 자연에 깊은 관심을 가졌습니다. 그는 독학으로 라플라스, 오일러, 뉴턴의 저작을 탐독하며 수학과 물리학을 스스로 익혔어요. 그는 자신을 '나는 언제나 배우기를 멈추지 않는 호기심 많은 인간이었다'라고 표현할 정도였지요.

앙페르가 성장하던 유럽은 나폴레옹 전쟁의 격랑 속에 있었습니다. 전쟁이 끝난 뒤에는 빈 체제(1815)가 세워져 각국이 질서를 회복하려 했고 과학과 산업은 멈추지 않고 더 크게 발전했습니다. 프랑스에서는 생시몽주의와 과학기술 중심주의가 부상하며, 과학은 국가 경쟁력의 핵심으로 여겨졌어요. 영국에서는 산업 혁명이 2단계로 접어

앙드레마리 앙페르

들며, 전기·자기 기술이 폭발적으로 성장할 준비를 하고 있었지요.

그러던 1820년 7월, 덴마크의 물리학자 한스 크리스티안 외르스테드가 전류가 자기장을 만들어낸다는 사실을 발표했습니다. 그해 9월 4일, 프랑스 과학 아카데미 회의에서 프랑수아 아라고François Arago가 이 발견을 소개했고, 11일에는 그의 실험을 재연까지 합니다. 그 자리에 있던 앙페르는 큰 충격을 받았어요. 그는 곧바로 자신의 연구실로 달려가 볼타 전지를 꺼내어 외르스테드의 실험을 재현했습니다. 그리고 단순히 재현에 그치지 않고, 자신만의 실험을 시작했지요.

앙페르는 지구 자기장의 간섭을 배제해야 정확한 결과를 얻을 수 있다고 생각했습니다. 그는 지구 자기장의 영향을 최소화하는 장치를 고안하여 순수한 조건에서 실험을 진행했고, 그 결과 전류가 흐르는 도선 주변의 나침반 바늘은 언제나 도선에 직각으로 반응한다는 사실을 밝혀냈어요.

[전류 사이의 힘]

앙페르는 실험을 더 발전시켜, 두 개의 평행 도선에 전류를 흐르게 했

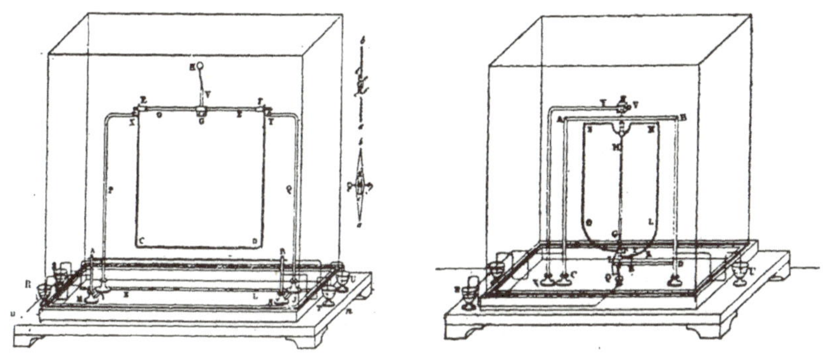

앙페르의 실험 장치

습니다. 놀랍게도 같은 방향으로 전류가 흐르면 두 도선은 서로 끌어당기고, 반대 방향으로 흐르면 서로 밀어낸다는 사실을 발견했어요. 이는 전류 사이에 힘이 작용한다는 것을 보여 준 실험으로, 전류가 단순히 도선 속을 흐르는 현상이 아니라 자기적 성질을 만들어 낸다는 것을 입증했습니다. 오늘날 국제 단위계(SI)에서 전류의 단위가 암페어Ampere로 불리는 이유도 앙페르의 업적을 기려 붙인 거예요.

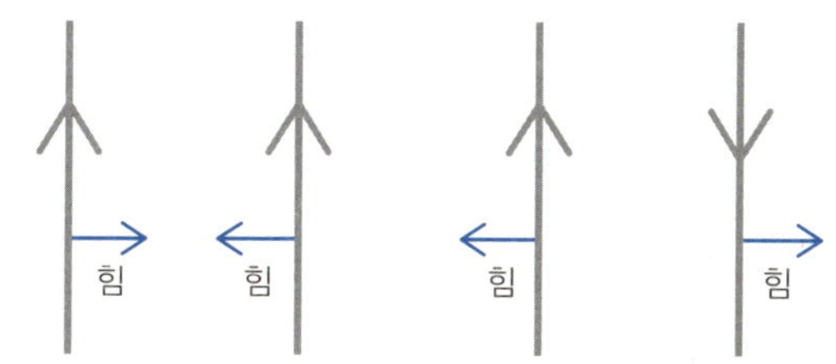

전류의 방향이 같으면 도선은 서로 끌어당기고, 방향이 다르면 서로 밀어낸다.

앙페르는 한 걸음 더 나아가 '모든 자성은 사실상 아주 작은 전류들의 결과다'라는 대담한 가설을 제시했습니다. 즉, 자석도 내부적으로는 원자 단위의 미세한 전류가 모여 형성된 것이라는 아이디어였지요. 그는 이러한 생각을 수학적으로 정리하려 했고, 그 과정에서 오늘날 우리가 앙페르의 법칙Ampère's Law이라 부르는 이론을 세웠습니다. 이 법칙은 전류가 만드는 자기장의 세기와 방향을 수학적으로 설명한 것으로, 후에 맥스웰Maxwell의 전자기 방정식으로 발전하는 기초가 되었어요.

앙페르는 외르스테드가 발견한 내용을 바탕으로 우리가 '오른나사의 법칙(오른손의 법칙)'이라고 불리는 원리를 정리합니다. 오른나사의 법칙은 어떤 도선에 전기가 흐를 때, 그 주변에 형성되는 자기장의 방향을 알 수 있는 법칙이에요. 전류 방향으로 오른손을 감싸 쥐면, 엄지손가락은 전류의 방향, 나머지 네 손가락은 자기장의 방향을 가리키지요.

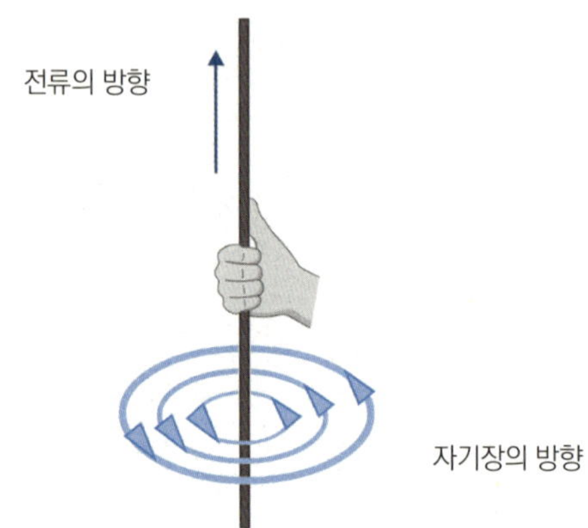

앙페르는 외르스테드의 발견을 단순히 확인하는 데서 멈추지 않고, 자신의 수학적 능력과 실험적 집요함으로 전류 사이의 힘과 전자기 법칙을 밝혀냈습니다. 그의 연구는 맥스웰, 패러데이와 같은 후대 과학자들의

연구에 많은 영향을 미쳤고 현대 전기공학과 물리학으로 이어지는 길을 여는 데 중요한 역할을 했답니다.

마이클 패러데이, 세상을 전기로 묶다

마이클 패러데이Michael Faraday는 흔히 '전자기학의 아버지'라 불립니다. 하지만 그의 삶은 단순히 과학사의 한 장면을 넘어, 19세기 영국 사회의 계급 장벽을 넘어선 과학 민주화의 상징이기도 해요.

패러데이는 9월 22일, 런던 남쪽 써리 주의 뉴잉턴 버츠에서 태어났습니다. 그의 아버지는 병약한 대장장이였고, 가정 형편은 넉넉하지 않았어요. 어린 패러데이가 다닌 학교는 글을 읽고 쓰는 기본 교육만 제공했기에, 정규 과학 교육을 받을 기회는 거의 없었습니다.

하지만 패러데이는 독학으로 지식을 넓혔습니다. 14살 때 그는 런던의 조지 리보George Riebau라는 제본업자의 가게에서 견습생으로 일하기 시작했어요. 그곳은 단순히 책을 만드는 작업장이 아니라, '지식의 창고'나 다름없었습니다. 패러데이는 세상을 바꾸는 책들을 만났는데, 그중 하나가 바로 아이작 와츠의 『마음의 개선The Improvement of the Mind』이었어요.

배우고자 하는 사람은 반드시 스스로 길을 열어야 한다.

패러데이는 책을 읽을 뿐 아니라, 그 책의 충고를 실천하려 애썼습니다. 책을 읽으면 노트를 만들고, 매일 복습했지요. 그는 단순한 독자가 아니라, 스스로 실험하고 질문하는 어린 과학자가 되어가고 있었어요.

마이클 패러데이

이 시기 영국은 산업혁명 한가운데 있었고, 도시화와 공업화가 빠르게 확산하던 때였습니다. 귀족과 부유층은 과학을 일종의 사회적 교양으로 소비했지만, 노동 계층이 과학을 접하는 기회는 거의 없었어요. 그러나 런던에는 '시민 철학 협회City Philosophical Society' 같은 열린 과학 토론장이 있었습니다. 패러데이는 그곳에서 과학 강연을 듣고 토론하며 지적 호기심을 키울 수 있었어요. 또 제인 마르셋Jane Marcet의 『화학에 관한 대화Conversations on Chemistry』라는 여성용 과학 입문서를 접하게 되었는데, 이 책은 패러데이에게 화학과 전기라는 세계를 향한 문을 열어준 첫 열쇠가 됩니다.

[왕립 연구소로 들어가다]

1812년, 20세가 된 패러데이는 여전히 제본공으로 일했지만 그의 진짜 관심은 종이가 아니라 책 속 지식이었습니다. 그는 런던에서 열리는 과학 강연을 찾아다녔고, 특히 화학과 전기에 깊은 관심을 가졌어요. 그 무렵 패러데이는 존 테이텀John Tatum의 강연을 듣고 감동을 받아 이를 책으로 정리합니다. 그 모습을 본 왕립 연구소Royal Institution의 회원이자 로열 필하모닉의 창립자 윌리엄 댄스William Dance는 패러데이에게 티켓을 선물합니다. 바로 왕립 연구소에서 열리는 험프리 데이비Sir Humphry Davy

의 강연 티켓이었어요.

강연을 들은 패러데이는 4일간 밤을 새워 강의 내용을 정리했습니다. 그는 300쪽에 달하는 정리 노트를 만들어 직접 편지와 함께 데이비에게 보냈어요. 편지에는 이렇게 쓰여 있었어요. "저는 제본공일 뿐이지만, 과학을 배우고 싶습니다. 제 노력이 제 진심을 보여줄 수 있다면, 저는 무엇이든 할 준비가 되

데이비와 패러데이

어 있습니다." 데이비는 그의 열정과 꼼꼼한 노트에 깊은 인상을 받았어요. 또 패러데이의 과학에 대한 이해도를 높이 평가했지요. 그리고 데이비는 이 인연을 잊지 않았어요.

1813년 어느 날, 데이비는 위험한 화학 물질인 삼염화질소NCl_3로 실험하다 시력을 잃을 뻔한 사고를 당하게 됩니다. 데이비는 조수의 도움이 필요했는데, 때마침 연구소에서 한 조수가 해고된 상황이었어요. 그때 데이비의 머릿속을 스치는 한 사람이 있었습니다. 바로 패러데이였지요. 그리고 1813년 3월 1일, 그는 정식으로 패러데이를 왕립 연구소의 조수로 임명했어요. 바로 '자기 자신을 실험으로 증명한 제본공'이 세계 과학의 무대로 들어가는 순간이었어요.

[연구자로 성장하다]

1813년부터 약 2년에 걸친 데이비와의 유럽 여행 이후, 왕립 연구소로

돌아온 패러데이는 실험 장비와 광물학 소장품의 관리자 겸 조수로 일하게 됩니다. 그 자리는 단순히 돕는 자리가 아니라, 배움과 관찰, 실험의 문이 활짝 열리는 공간이었어요. 패러데이는 도서관에서 수많은 과학 서적을 탐독했고, 연구소에서 열리는 저명한 과학자들의 강연을 들으며 지식과 영감을 끊임없이 흡수했습니다. 무엇보다도 중요한 것은,

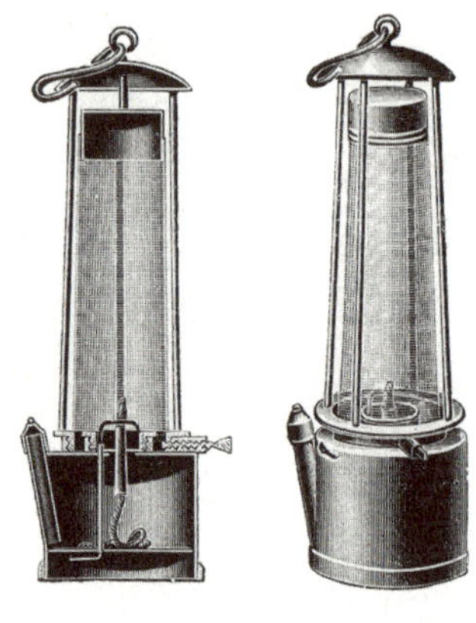

데이비램프

이곳에서 처음으로 자신의 실험을 설계하고 시도할 수 있는 여유를 얻게 되었다는 점이었어요.

당시 영국은 산업혁명 한가운데 있었고, 탄광은 국가의 심장이자 가장 위험한 장소였습니다. 광부들은 어둠 속을 밝히기 위해 촛불을 사용했

패러데이, 지식의 대륙을 걷다

1813년, 데이비는 유럽의 과학 기관과 학자들을 방문하는 장기 여행을 준비했습니다. 당시 영국과 프랑스는 전쟁 중이었지만, 나폴레옹은 세계적 명성을 지닌 과학자인 데이비의 방문을 허락했고, 패러데이는 이 여행에 동행하게 됩니다. 제본공 출신 청년에게는 과학의 최전선에 직접 발을 들여놓을 절호의 기회였지요. 그러나 현실은 기대와 달리 고단했습니다. 귀족 출신인 데이비의 아내 제인은 패러데이를 하인처럼 대했고, 그는 짐을 나르고 심부름을 하며 두 가지 역할을 동시에 수행해야 했습니다. 자존심이 상할 수밖에 없는 처지였지만, 패러데이는 불평 대신 배움을 택했지요. 그는 파리 과학 아카데미, 독일의 여러 도시와 연구 현장, 스위스와 이탈리아의 여러 연구 현장을 따라다니며 묵묵히 관찰하고 기록했습니다. 알프스의 빙하와 베수비오 등 화산 지형도 직접 눈으로 확인했어요. 여행 내내 그는 두터운 노트에 실험 장치, 과학 토론, 자연 풍경을 빠짐없이 적어 넣었습니다. 이 기록은 단순한 여행기가 아니라 과학적 통찰의 보고가 되었고, 후대에 공개된 여행기에는 패러데이가 얻은 철학적 사색과 자연에 대한 깊은 이해가 담겨 있답니다.

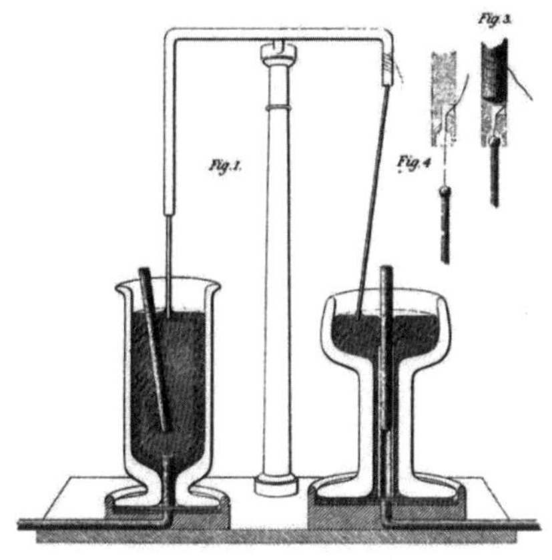

패러데이의 전자기
회전 실험(1821년)

지만, 탄광 안에는 메탄 같은 가연성 가스가 많아 작은 불꽃 하나로도 폭발 사고가 자주 일어났어요. 이를 해결하기 위해 데이비는 광부들을 위한 안전등Safety Lamp을 만들기 위해 연구에 착수했고, 패러데이는 곁에서 이를 도왔습니다. 그는 수없이 실험을 반복하며 금속망을 씌우는 방법을 고민했고, 불꽃이 어떻게 가스와 접촉해 폭발을 일으키는지 직접 확인했어요. 그 결과 만들어진 '데이비램프Davy Lamp'는 불꽃을 아주 가는 금속망으로 감싼 형태였는데, 금속망이 가스와 공기는 통과시키되, 불꽃의 열을 빼앗아 망 바깥쪽 가스의 온도를 발화점 아래로 떨어뜨리는 원리였습니다. 결국 불꽃은 금속망 밖으로 나가지 못하고 등 안쪽에만 머물게 되어 폭발을 막을 수 있었어요

1820년, 전류가 자기장을 만든다는 외르스테드의 발견이 런던에 전해졌습니다. 데이비와 윌리엄 울러스턴은 이를 바탕으로 전기 모터를 만들려 했지만, 번번이 실패했어요. 그들의 실험을 지켜보던 패러데이는 조용히 독자 실험을 시도합니다.

1821년, 패러데이는 간단한 장치를 만들었습니다. 자석이 담긴 수은

웅덩이에 전류가 흐르는 전선을 세로로 담그고, 전류를 흐르게 했더니 전선이 자석 주위를 연속적으로 회전하기 시작했어요. 이것은 바로 오늘날 '호모폴라 모터Homopolar Motor'라고 불리는 최초의 전자기 회전 장치예요. 그는 이것을 '전자기 회전Electromagnetic Rotation'이라 불렀어요. 이 실험은 처음으로 전기 에너지를 '연속적인 운동'으로 바꾼 장치, 즉 현대 전동기 기술의 기초가 된 발명이었어요.

[전자기 유도의 발견]

패러데이는 전자기 유도의 가능성을 끊임없이 고민했습니다. 그는 역으로 이렇게 물었습니다. "자기장은 전류를 만들 수 있을까?" 이를 확인하기 위해 패러데이는 간단한 실험 장치를 만들었어요. 하나의 회로에 자석을 가까이 두고, 전류가 생기는지를 관찰하는 실험이었지요. 회로에는 아무 변화도 일어나지 않았지만, 그는 실망하지 않았어요.

그리고 1831년 8월 29일, 역사적인 실험을 완성했습니다. 패러데이는 실험실에서 하나의 고리를 꺼냈어요. 그는 고리를 토러스 형태로 만들고 주위에 두 가닥의 전선을 감았습니다. 그리고 한쪽에는 배터리에, 다른

역사 속으로

패러데이와 데이비의 갈등

1821년, 패러데이는 전자기 회전 실험 결과를 논문으로 발표하며 독자적 성과임을 강조했습니다. 하지만, 여기서 문제가 생겼어요. 이 아이디어의 시작이 데이비와 울러스턴의 논의에서 비롯된 것이어서, 데이비가 불쾌하게 생각한 거예요. 당시 제자는 스승의 이름을 우선시해야 한다는 사회적 분위기 속에서 두 사람의 갈등은 깊어졌고, 결국 패러데이는 전자기 연구에서 배제되고 말아요. 하지만 그는 불만을 드러내지 않고 화학, 기체 확산, 전기분해 등 다른 분야 연구에 매진했습니다. 훗날 시간이 흘러 데이비를 이어 왕립 연구소의 정식 화학 교수가 된 패러데이는 이렇게 회상했다고 해요. "나는 진리를 발견하는 것 외에는 아무것도 원하지 않았다."

쪽에는 전류를 측정하는 검류계를 연결했어요.

전류가 흐르지 않는 동안에는 아무런 변화도 없었습니다. 하지만 전선을 배터리에 연결하거나 끊을 때마다, 검류계 바늘이 순간적으로 움직였어요. 패러데이는 이 현상을 보고 변화하는 자기장이 전류를 유도한다는 결론을 내립니다.

전류가 연결되면 자기장이 변하므로,

고리의 반대편에 있는 전선에 전류가 유도된다.

이것이 바로 오늘날 우리가 말하는 전자기 유도Electromagnetic Induction의 원리예요. 즉, 자기장의 변화가 도선에 전류를 유도하는 것이지요.

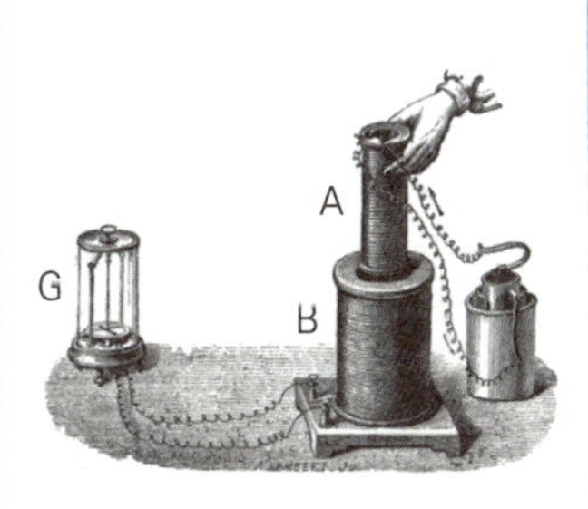

전자기 유도를 보여 주는 패러데이의 1831년 실험 중 하나. 액체 배터리(오른쪽)는 작은 코일(A)을 통해 전류를 보낸다. 작은 코일이 큰 코일(B) 안팎으로 이동할 때, 자기장은 코일에 순간적인 전압을 유도하며 이는 김류게(G)로 감지할 수 있다.

같은 해 10월에는 자석 옆에 놓인 금속 원반(디스크)을 회전시키는 실험도 했습니다. 그는 금속 원반을 회전시켜 지속적으로 한 방향으로 흐르는 전류(DC, 직류)를 얻을 수 있었어요. 이것이 바로 세계 최초의 발전기 실험으로 기록된 패러데이 디스크Faraday's Disk입니다.

최초의 발전기, 패러데이 디스크
말굽 모양의 자석(A)은 디스크(D)를 통해 자기장을 생성한다. 디스크를 돌리면 중심에서 가장자리를 향해 방사상 바깥쪽으로 전류가 유도되고, 전류는 슬라이딩 스프링 접점 m을 통해 외부 회로를 통해 차축을 거쳐 디스크 중앙으로 다시 흘러 나간다.

패러데이는 실험을 거듭하며 이 원리를 다음과 같이 설명했어요.

자기장은 그 자체로는 전류를 만들지 않는다.
다만 자기장이 변하거나 자기장이 통과하는 면의 넓이가 달라질 때 전류가 생긴다.

이것이 바로 패러데이의 전자기 유도 법칙Faraday's Law의 핵심이자, 훗날 맥스웰 방정식으로 이어지는 핵심 토대가 되었습니다.

반자성

자석이라고 하면 보통 철 같은 금속을 끌어당기는 성질을 떠올리지만, 그렇지 않은 경우도 있습니다. 어떤 물질은 자석에 가까이 두었을 때 오히려 살짝 밀려나는 모습을 보이기도 해요. 이런 신기한 현상을 반자성 Diamagnetism이라고 부릅니다.

　1778년, 네덜란드의 물리학자 브루그만스는 비스무트(Bi)라는 금속을 자기장 속에 두었을 때 다른 금속과 달리 자석에서 멀어지는 반응을 한다는 사실을 기록했습니다. 이것은 반자성이 관찰된 가장 이른 사례로 평가돼요.

　1830~40년대에 들어서 마이클 패러데이는 다양한 물질을 자기장 안에 넣고 정밀한 실험을 진행했습니다. 그러고는 곧 '모든 물질은 자기장에 반응한다. 단지 반응의 방식이 다를 뿐이다'라는 사실을 발견합니다. 패러데이는 철이나 니켈처럼 자기장을 끌어당기는 물질(강자성)만 있는 줄 알았는데, 일부 물질은 자기장을 살짝 밀어낸다는 것을 발견한 거예요. 그는 이 물질들을 반자성체Diamagnetic라고 불렀어요.

　실험으로 반자성을 쉽게 관찰할 수 있는 대표적인 예가 열분해 흑연Pyrolytic Graphite입니다. 이 흑연을 자석 위에 올려놓으면 자석의 양극에서 미세하게 밀려나며 공중에 뜨는 것처럼 보여요.

　1997년, 네덜란드 라드바우드 대학교에서는 개구리로 놀라운 실험을 했습니다. 초강력 자석(약 16~20테슬라)을 사용해 공중에 개구리를 띄운 거예요. 개구리 자체는 반자성체가 아니지만, 몸 대부분이 물로 이루어져 있고 물 분자가 반자성 성질을 지니기 때문에 가능한 일이었어요. 이 실험은 반자성이 단순한 이론이 아니라 실제 자연에서 관찰 가능한 힘임을 극적으로 보여 주었답니다.

공중에 뜬 개구리

스터전과 최초의 전자석

1820년, 외르스테드가 전류가 자기장을 만들어낸다는 사실을 발견한 뒤, 과학자들은 '전기를 이용해 더 강력한 자석을 만들 수 있지 않을까?' 라는 질문을 던졌습니다. 이 물음에 답한 사람이 바로 영국의 과학자 윌리엄 스터전William Sturgeon이었어요.

스터전이 만든 전자석은 말굽 모양의 철심을 절연 처리한 뒤, 구리 선을 약 18회 감은 구조였습니다. 전류가 흐를 때만 강력한 자기장이 생기고, 전류가 멈추면 곧바로 자성이 사라지는 방식이었어요. 오늘날에는 너무나 당연한 원리처럼 보이지만, 당시로서는 전류와 자기를 인위적으로 '켜고 끌 수 있다'라는 사실을 처음으로 입증한 엄청난 성취였지요.

당시에는 고무나 플라스틱 같은 절연체가 없었기 때문에, 스터전은 니스(절연용 바니시)를 발라 서로 닿아 합선되지 않도록 했습니다. 그의 전자석은 처음에는 겨우 200그램 정도의 철을 들어 올릴 수 있었지만, 전지 수를 늘리자 무려 4킬로그램에 달하는 철 덩어리까지 들어 올릴 수

윌리엄 스터전

- •1783년: 영국 휘팅턴에서 태어남.
- •1802년: 영국 육군 입대해 군 복무 중에도 수학·물리학을 독학함.
- •1820년: 제대 후 과학 연구와 교육에 전념
- •1824년: 애디스콤 군사학교 교사로 근무하며, 최초의 전자석 발명
- •1825년: 전자석으로 4킬로그램의 철을 들어 올리는 실험을 시연함.
- •1830년대: 강연과 저술을 통해 전자기학 대중화에 기여함.
- •1850년: 프레스틱에서 사망하였으며, 전자석의 창시자로 과학사에 기록됨.

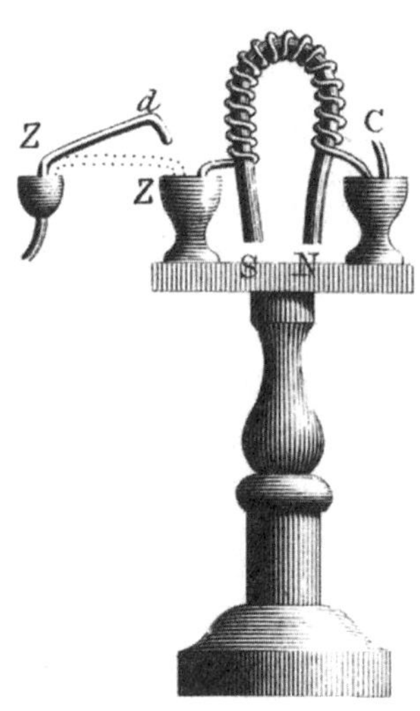

스터전의 전자석(1824년)

조셉 헨리의 전자석

철을 운반하는 데 사용된 공업용 전자석(1914년)

있었어요. 전류가 실제로 자기적 힘을 만들어낼 수 있음을 세상에 강렬히 증명한 사건이었어요.

스터전의 전자석은 단순한 실험 장치를 넘어 곧 다양한 분야로 응용되었습니다. 전신기, 전동기, 전자 벨, 발전기, 심지어 대형 전자석을 이용한 자기 기중기까지, 현대 문명을 가능하게 한 수많은 장치들의 기초가 되었지요. 특히 미국의 과학자 조지프 헨리Joseph Henry는 스터전의 아이디어를 발전시켜 훨씬 더 강력한 전자석을 만들었고, 이를 전신Telegraph에 응용해 오늘날 통신 기술의 토대를 놓았습니다. 이후 산업 현장에서는 거대한 전자석이 철을 들어 올리는 기중기로 사용되며, 전자석 기술은 실험실을 넘어 산업과 생활 속으로 확산했어요.

생각의 가지

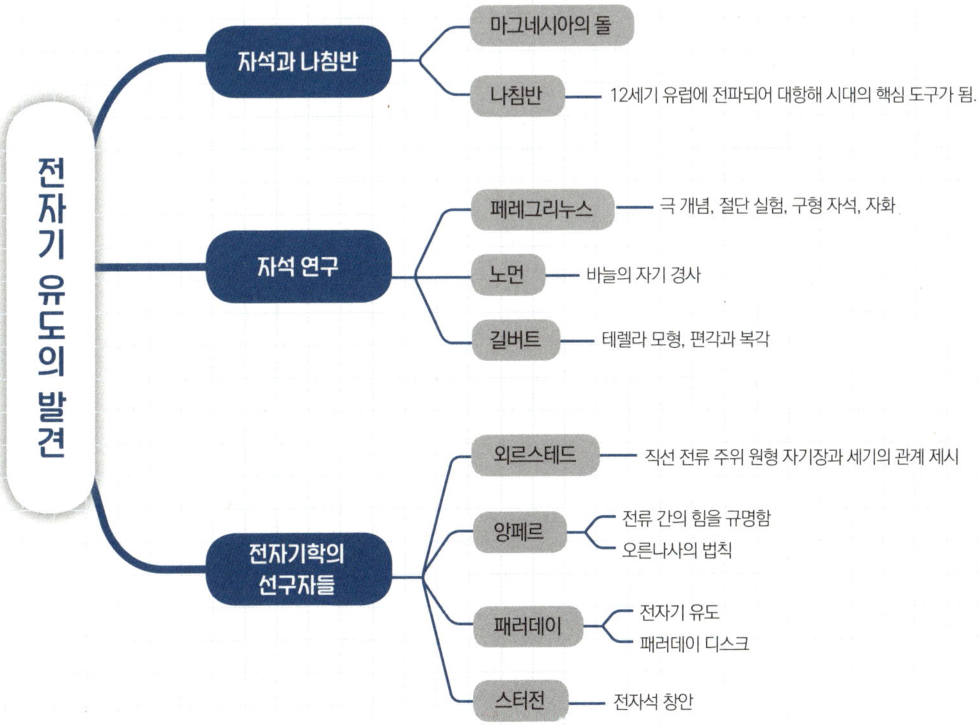

전자기 유도의 발견

자석과 나침반
마그네시아의 돌
나침반 — 12세기 유럽에 전파되어 대항해 시대의 핵심 도구가 됨.

자석 연구
페레그리누스 — 극 개념, 절단 실험, 구형 자석, 자화
노먼 — 바늘의 자기 경사
길버트 — 테렐라 모형, 편각과 복각

전자기학의 선구자들
외르스테드 — 직선 전류 주위 원형 자기장과 세기의 관계 제시
앙페르 — 전류 간의 힘을 규명함 / 오른나사의 법칙
패러데이 — 전자기 유도 / 패러데이 디스크
스터전 — 전자석 창안

전자기파의 발견

굴리엘모 마르코니와 그의 초기 무선 전신 장치

정교수의 pick

- ◆ 세마포어 ◆ 전신기 ◆ 전자기파
- ◆ 전화 ◆ 마르코니 ◆ 해저 케이블

보이지 않는 파동, 하늘을 타다

우리는 이미 전기의 세계를 탐험했습니다. 스위치를 켜면 빛이 들어오고, 전지가 전류를 흘려보내며, 자기와 전기가 서로 얽히는 신비한 현상까지 살펴보았지요. 그런데 전기는 단순히 전선 안에서만 흐르는 것이 아니었습니다. 전류가 흐를 때, 그 주위에는 눈에 보이지 않는 파동이 퍼져 나가고, 이 파동은 마치 파도처럼 멀리까지 전해질 수 있었어요.

19세기 후반, 과학자들은 전기와 자기가 만들어 내는 이 보이지 않는 파동이 곧 전자기파라는 사실을 발견했습니다. 이 파동은 우리가 흔히 보는 빛과도 같은 성질을 가지고 있었지요. 전기가 만든 파동이 공기 중을 건너가 사람과 사람을 잇게 된 것입니다. 이제 인간은 전신, 전화, 무선 통신을 통해 멀리 떨어진 이에게도 순간적으로 메시지를 보낼 수 있게 되었어요.

전자기파의 발견은 단순한 학문적 성취가 아니라, 인류 문명의 소통 방식을 근본적으로 바꾼 거대한 전환점이었습니다. 이 장에서는 전기가 어떻게 파동으로 확장되었는지, 그리고 그 파동이 어떻게 세상을 연결했는지를 함께 배워 보도록 합시다.

전신 이전의 통신과 샤프의 세마포어

전신電信, Electric Telegraph은 떨어진 곳에서 전류나 전파를 이용해 신호나 메시지를 주고받는 통신을 말합니다. 멀리 떨어진 곳으로 부호화한 신호를 빠르게 전달하는 기술로 좁게는 전기 신호를 가리켜요. 그 이전에는 연기·불빛·깃발·팔 신호처럼 눈으로 볼 수 있는 신호를 사용했지요.

연기와 불을 이용한 신호 전달법은 장거리 통신의 가장 오래된 형태 중 하나입니다. 기록에 따르면 중국 주나라 시대에 처음 시작되었다고 해요. 높은 산봉우리에 봉화대를 설치하고 밤에는 불로, 낮에는 연기로 신호를 보내는 것이지요. 우리나라도 봉화에 대한 기록이 있는데, 특히 조선 시대에는 봉화가 조직적으로 운영되었다고 해요. 이런 방식은 먼 거리에 신호를 빠르게 전달하는 데 큰 효과를 거두었습니다. 봉화가 이어지면 몇 시간 만에 국경에서 한양까지 급보가 전해지기도 했지요. 하지만 비가 오거나 안개가 짙게 끼면 신호가 잘 보이지 않는다는 한계도 있었어요. 그럼에도 봉화는 오랫동안 군사적 경계와 국가 방위를 책임지는 중요한 통신 수단으로 사용되었으며, 이후 전신과 같은 현대 통신 기술이 등장하기 전까지 장거리 의사소통의 핵심적인 역할을 담당했답니다.

중세 유럽에서도 영국을 비롯한 여러 나라에서 봉화를 사용했습니다. 봉화는 날씨나 지형의 영향을 크게 받았고, 보낼 수 있는 신호의 종류도 제한되어 있었어요. 이러한 한계를 극복하고자 근대 유럽에서는 기계 장치를 이용한 정교한 통신 수단을 고안합니다. 프랑스의 발명가 클로드 샤프Claude Chappe는 1792년, 프랑스 전역에 걸쳐 신호를 보낼 수 있는

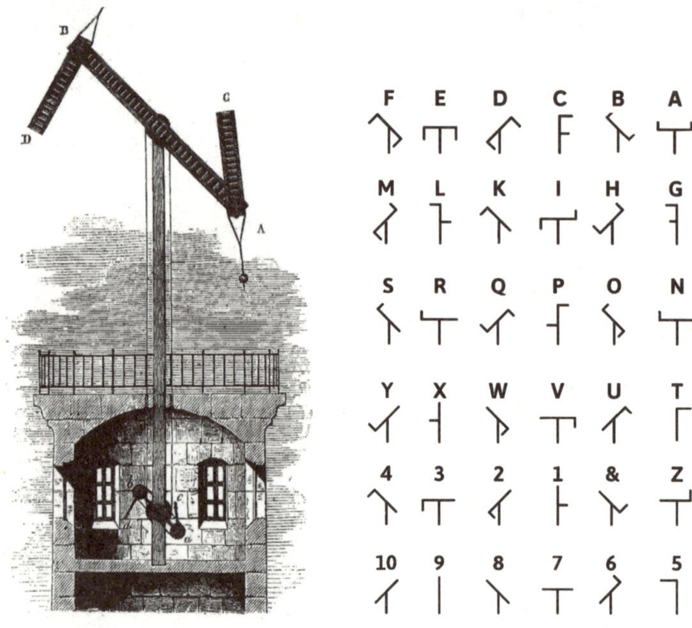

좌_ 샤프가 발명한 세마포어 통신   우_ 세마포어 통신 초기 코드

세마포어Semaphore 시스템을 만들었어요.

샤프는 중계탑에서 두 팔(인디케이터)을 이용해 다양한 신호를 만들고 다음 중계탑에서는 이 신호를 망원경으로 관찰해 팔의 각도를 똑같이 만드는 방법으로 신호를 전달했어요. 중계탑은 대략 5~20킬로미터 간격으로 배치되었지요.

1793년, 파리 인근에서 장거리 시연이 성공한 뒤, 1794년 '파리 - 릴Paris - Lille 노선'이 공식적으로 운영되면서 세마포어 통신은 군사·행정을 전문으로 하는 국가 통신망으로 자리 잡았습니다. 이후 1798년에는 '파리 - 스트라스부르' 구간(약 488킬로미터, 50개의 중계탑)이 완성되며 네트워크가 급속히 확장되었어요. 하지만 1840년대 중반에 이르러서는 더 빠르고 저렴하며, 보안성이 높은 전기 전신이 등장하면서 세마포어 통신은 역사 속으로 사라지게 됩니다.

전신기의 발명

불빛과 팔(인디케이터)을 이용한 신호는 분명 혁신적이었지만, 인간의 시각에 의존한다는 점에서 한계가 있었습니다. 그래서 학자와 발명가들은 새로운 매개체, 곧 전기를 이용한 통신 장치를 고안하기 시작했어요.

[르 사주의 초기 전신기]

1774년, 스위스 물리학자 르 사주Georges-Louis Le Sage는 알파벳 26자 각각에 전선을 하나씩 연결한 실험적 전신기를 만들었습니다. 송신기와 수신기는 같은 집의 각기 다른 방에 설치되었고, 각 알파벳에 해당하는 전선을 통해 전류를 흘려보내면 특정 알파벳을 보낼 수 있었어요. 원리는 단순했지만, 알파벳 수만큼 전선이 필요했다는 점에서 실용성은 떨어졌지요.

르 사주의 전신기 실험

[캄필로와 쇠머링]

스페인의 의사이자 과학자인 캄필로Francisco Salva Campillo는 1804년, 전기 화학 반응을 이용한 전신 개념을 제안했습니다. 독일의 쇠머링Samuel Thomas von Sömmering은 이를 더 발전시켜 1809년, 전류가 통과하면 수신기의 여러 유리관 속 물이 전기 분해되며 기포가 발생하는 장치를 제작했어요. 발생한 기포의 위치를 기록해 메시지를 해독하는 방식이었지요. 전선 수가 많고 반응 속도가 느려 대규모 실용화에는 이르지 못했지만, 전기 화학 반응을 이용해 신호를 주고받을 수 있다는 가능성을 보여 주었답니다.

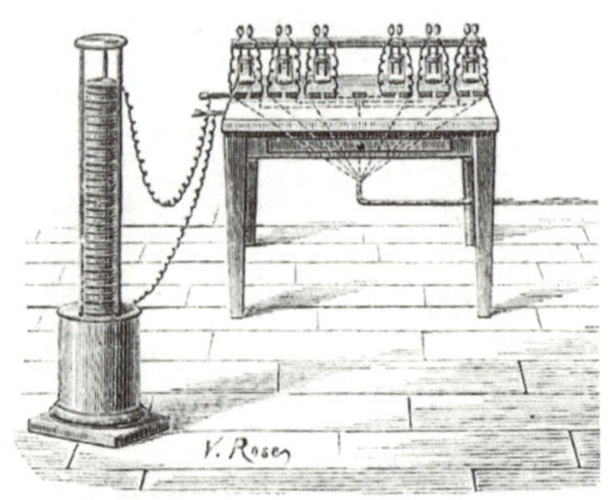

위_ 캄필로의 전신기 아래_ 쇠머링의 전신기

[프란시스 로널드]

1816년, 영국의 로널드Francis Ronalds는 자신의 정원에 약 13킬로미터 길이의 전선을 매단 전신기를 세웠습니다. 정전기를 발생시키는 장치를 통해 신호를 보내고, 수신하는 쪽에서는 정전기 방전으로 만든 시각적 표시를 읽는 방식이었어요. 이 실험은 전기 전신이 장거리 전송에 적합하다는 사실을 보여 주었지만, 당시 영국 정부는 군사적 필요성이 없다고 판단해 상용화되진 않았습니다.

로널드의 전신기

[파벨 실링]

　1832년, 러시아의 실링Pavel Schilling은 최초의 자기 바늘 전신기를 발명했습니다. 송신 장치는 16개의 흑백 건반으로 구성되었는데, 각 건반은 전류를 전환하는 역할을 했어요. 수신 장치에는 실크 실에 매달린 바늘이 있는 6개의 섬류게가 설치되어 있었지요. 전선은 총 8가닥이 필요했는데, 그중 6가닥은 검류계용, 1가닥은 리턴 전류, 1가닥은 신호 벨용이었어요.

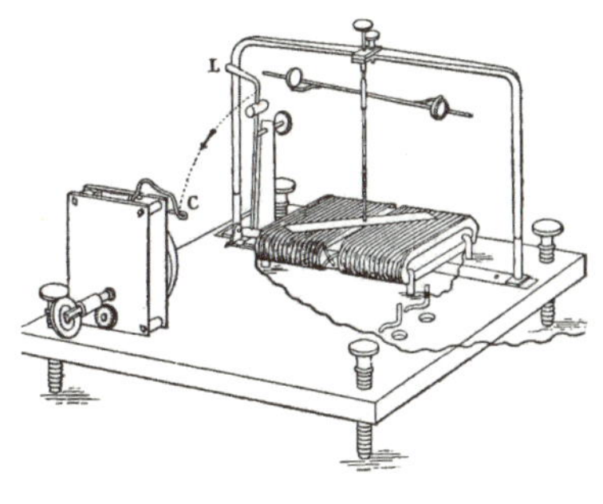

실링의 전신기

　실링의 전신기는 건반 입력에 따라 바늘이 움직이며 특정 부호를 표시하는 방식이었습니다. 송신 장치에서 작업자가 건반을 누르면 수신 장치에서 이에 해당하는 바늘이 돌아가는 식이었지요. 이러한 실링 전신은 '자기 바늘 편향'을 이용한 최초의 실질적 전기 전신으로 평가된답니다.

[쿡과 휘트스톤]

1837년, 영국의 쿡William Fothergill Cooke과 휘트스톤Charles Wheatstone은 바늘 여러 개가 설치된 보드를 이용한 전신 장치를 개발했습니다. 보드 위에는 알파벳이 배치되어 있는데, 전류가 흐르면 바늘이 움직이며 특정 문자를 가리키는 방식이었어요. 이 장치로 쿡과 휘트스톤은 1837년 5월, 특허를 받았답니다.

초기 모델은 5개의 바늘을 사용해 20개의 문자를 표시할 수 있었고, 나머지 문자 C, J, Q, U, X, Z는 생략되었습니다. 바늘의 수를 늘리면 나타낼 수 있는 문자 수도 증가했는데, 예를 들어, 바늘의 개수를 6개로 늘리면 30개의 문자를 나타낼 수 있었어요.

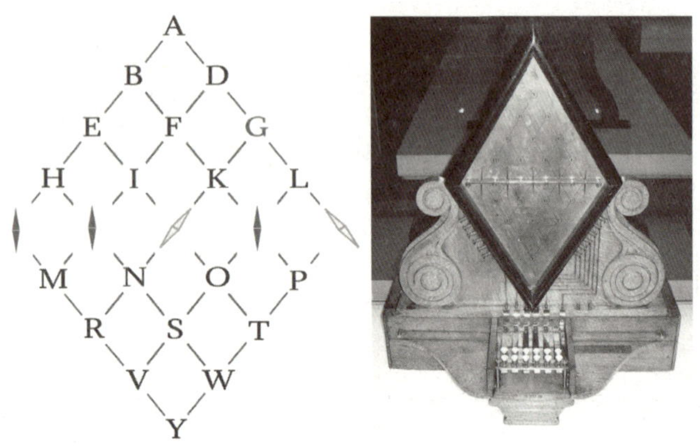

좌_ 쿡-휘트스톤 전신기에서 G를 나타내는 방법
우_ 바늘이 다섯 개인 쿡-휘트스톤 전신기

[사무엘 모스]

같은 시기, 미국의 화가이자 발명가인 모스Samuel Morse는 더욱 혁신적인 전신기를 발명합니다. 그는 전류를 단속적으로 흐르게 하여, 짧은 신호(dit)와 긴 신호(dah)를 조합해 알파벳을 표현하는 모스 부호를 고안했어요. 이진법적 원리를 이용한 이 방식은 전선 한 가닥만으로도 메시지를 전송할 수 있어 매우 경제적이었지요.

모스 신호를 받으면 수신기에서는 레지스터라는 장치가 종이테이프에 점과 선을 기록했고, 곧 사운더의 '딸깍'하는 짧은 소리와 일정 간격을 두고 이어지는 소리를 직접 해독했는데, 전류가 흐른 시간의 길이에 따라 점과 선을 구분할 수 있었지요. 이후 모스의 방식은 전 세계적으로 표준 전신 체계로 자리 잡습니다.

봉화에서 시작된 장거리 통신은 샤프의 광학 전신을 거쳐, 다양한 전기 전신 실험으로 이어졌습니다. 르 사주의 초기 전신, 쇠머링의 전기 화학 전신, 실링의 자기 바늘 전신, 쿡과 휘트스톤의 바늘 보드 전신 등은 모두 한계가 있었지만, 전류를 이용한 통신의 가능성을 보여 주었어요.

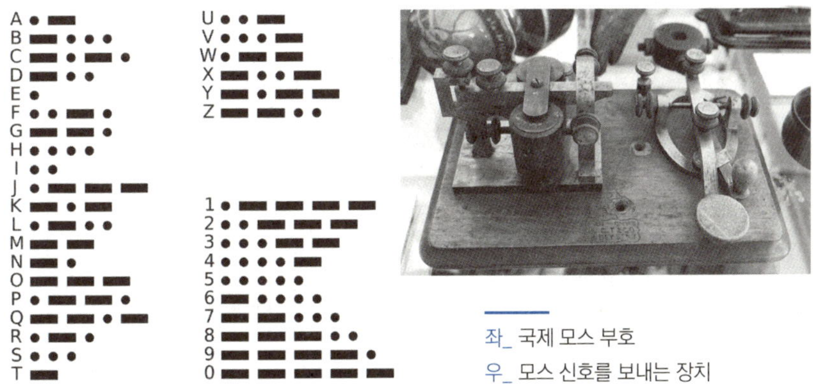

좌_ 국제 모스 부호
우_ 모스 신호를 보내는 장치

그리고 모스의 단순하면서도 효율적인 부호 체계가 등장하면서, 인류는 본격적인 전기 통신 시대로 들어서게 됩니다.

전화는 어떻게 탄생했을까

모스 부호로는 한 번에 한 메시지만 보낼 수 있었습니다. 사람들은 그 한계를 넘어서, "목소리 그 자체를 보낼 수 없을까?"라고 고민하기 시작했어요. 바로 이때, 세계 최초로 전화를 발명한 알렉산더 그레이엄 벨 Alexander Graham Bell이 등장합니다.

벨은 스코틀랜드 에든버러에서 태어났습니다. 그는 어릴 때부터 발명에 소질이 있었어요. 12살 때, 친구의 아버지가 운영하던 제분소에서 쓸 수 있도록 회전 패들과 네일 브러시를 결합한 껍질 제거 장치를 직접 만들기도 했지요. 이 장치는 제분소에서 실제로 사용되었고, 이에 감탄한 허드먼의 아버지는 두 소년에게 언제든 발명을 할 수 있도록 작업장을 내주었답니다.

감수성이 예민하고 음악·시·예술에도 재능이 있던 벨은 정식 교육을 받지 않고도 피아노를 쳤고, 성대모사로 가족과 손님들을 즐겁게 하곤 했습니다. 또 어머니의 난청을 계기로 수화와 음향학에도 관심을 넓혔어요.

아버지 알렉산더 멜빌 벨은 청각 장애 교육을 위해 '가시 언어Visible Speech' 체계를 만든 음성학자였습니다. 1871년, 미국 보스턴의 호레이스 만 청각 장애 학교의 교장 사라 풀러는 벨의 아버지에게 교원들을 위한 가시 언어 교육을 요청해요. 벨의 아버지는 아들인 벨을 대신 보냈고,

벨은 학교 교사들을 성공적으로 훈련시켰어요. 이후 그는 코네티컷주 하트퍼드에 있는 미국 청각 장애인 학교와 매사추세츠주 노샘프턴에 있는 클라크 청각 장애인 학교에서 가시 언어 교육 프로그램을 가르쳐 달라는 의뢰를 받기도 합니다.

이듬해 벨은 보스턴에 음성 생리학 및 언어 역학 학교School of Vocal Physiology and Mechanics of Speech를 열었고, 곧 보스턴대학교 웅변·음성 생리학 교수로 임용되었습니다. 낮에는 발성·언어 교육을, 밤에는 실험실에서 고조파(하모닉) 전신, 즉 서로 다른 주파수를 얹어 한 가닥 선으로 여러 신호를 보내는 방식에 대해 연구했지요. 이 아이디어는 훗날 주파수 분할의 씨앗이 됩니다.

1874년 무렵은 전신 이용량이 급격히 증가하는 시기였습니다. 웨스턴 유니온 전신 회사의 윌리엄 오턴William Orton은 전신을 '상업의 신경계'라고 부를 정도가 되었어요. 하지만 새 전선을 더 까는 데는 돈과 시간이 너무 많이 들었어요. 그래서 오턴은 토머스 에디슨Thomas Edison을 고용해 다중 전신을 추진했고, 엘리샤 그레이Elisha Gray 같은 발명가의 설계와 특허를 검토하며, 새 전선을 더 깔지 않고도 한 선에서 여러 통신을 동시에 처리하는 방법을 찾기 시작합니다.

이런 산업적 필요와 기술적 시도는 벨의 연구와 정확히 맞물렸습니다. 벨은 공명 현상을 이용해 여러 개의 전신 메시지를 동시에 보내는 아이디어에 매료되어 있었어요. 같은 모양의 소리굽쇠를 송·수신 양쪽 끝에서 서로 다른 주파수로 맞춰 두면, 해당 주파수 성분만 공명해서 반응해요. 벨은 이런 원리로 송신과 수신을 할 수 있는 전신기를 만들고 실험을 거듭했어요.

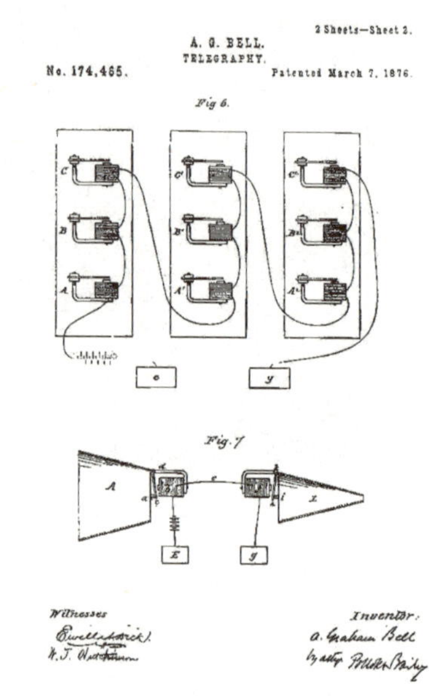

벨의 전화 특허 그림(1876년 3월 7일)

같은 해, 벨은 동시에 여러 메시지를 전송할 가능성을 실험적으로 입증했습니다. 그는 훗날 장인어른이 되는 가디너 그린 허바드Gardiner Greene Hubbard에게 이 성과를 알렸고, 허바드는 필요한 재정 지원을 해 주었어요. 젊은 전기 기술자 토머스 왓슨Thomas Watson을 고용한 것도 이 때입니다.

1875년 6월 2일, 다중 전신 실험을 하던 중, 결정적인 순간이 찾아옵니다. 옆방에서 왓슨이 금속 리드Reed를 수리하는 순간, 벨은 회로 너머에서 리드의 떨림소리를 들었어요. 전류가 연속적으로 흔들리는 파형을 실어 나르며 소리를 전달할 수 있음을 확인한 결정적 순간이었어요. 이것이 전화 발명으로 이어졌답니다.

특허 경쟁과 최초의 통화

1876년 2월 14일, 벨의 변호사가 전화 특허를 접수했고, 같은 날 엘리샤 그레이도 전화 관련 특허 유보 청구서Caveat을 냅니다. 하지만 벨의 서류가 몇 시간 먼저 도착해 전화에 대한 특허는 벨이 받게 되었어요(미국 특허 제174,465호). 그로부터 사흘 뒤인 3월 10일, 벨은 송신기에 대고 "Mr. Watson, Come here, I want to see you(왓슨, 이쪽으로 오게. 자네가 필요하네)"라고 말합니다. 옆방에 있던 왓슨은 벨의 목소리를 분명하게 들었어요. 이것은 최초의 공식 통화로 기록되었답니다.

1876년 여름, 벨은 캐나다 브랜트퍼드로 돌아가 야외 실험을 이어갔습니다. 8월 3일에는 브랜트퍼드 전신국에서 마운트 플레전트까지 약 4마일(6킬로미터) 떨어진 곳과 통화하는 데 성공했지요. 이어 8월 10일에는 브랜트퍼드와 온타리오주 파리 사이 약 8마일(13킬로미터) 전신선을 이용해 장거리 음성 전송에 성공합니다. 가을에는 무대를 미국으로 옮겨 10월 9일, 케임브리지 – 보스턴(약 4킬로미터) 구간의 야외 회선에서 최

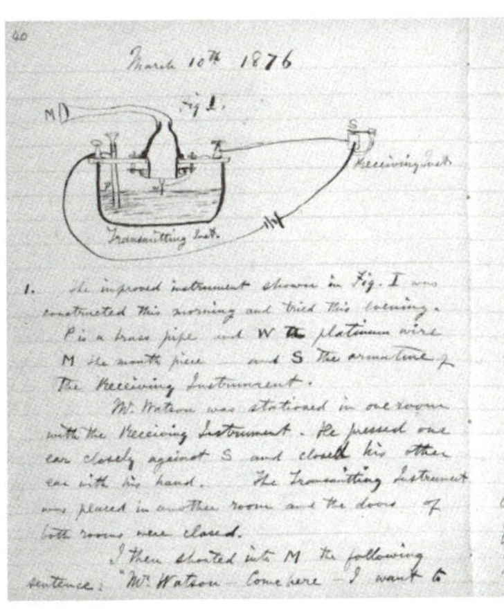

오른쪽 아랫줄에 "Mr. Watson, Come here, I want to see you"라는 메모가 기록되어 있다.

좌_ 1892년, 뉴욕에서 시카고까지 장거리 전화를
거는 벨   우_ 벨의 송신기

초의 쌍방향 전화 대화까지 이루어졌답니다. 이러한 실험 성과를 바탕으
로, 이듬해인 1877년 7월 9일 벨은 허바드, 샌더스, 왓슨과 함께 벨 전화
회사를 설립했어요. 이 일련의 실험들은 소리의 연속 파형을 전류로 바
꾸어 보내고 다시 소리로 되돌리는 원리를 실험실 밖 현실에서 입증한
과정이라 할 수 있어요.

더알아보기

엘리샤 그레이와 텔라오토그래프

전화 특허 경쟁에서 아쉽게 밀린 엘리샤 그레이는 손
글씨 경로(x, y 위치)를 전류로 보내 수신하는 쪽의 펜이 그대로 그리
게 하는 텔라오토그래프를 발명합니다. 이 장치는 팩스의 전신 같은
장치예요. 텔라오토그래프는 은행에서 문서에 서명하거나 기차역에서
일정을 바꿀 때 쓰였어요. 또 군대에서는 총소리가 너무 커서 전화로
명령을 내리는 것이 불가능할 때, 서면 명령을 보내는 데도 사용되었
답니다.

전자기파의 발견

우리가 흔히 '전파'라고 부르는 것은 물리학의 언어로는 전자기파입니다. 전자기파라는 생각을 이론으로 처음 세운 사람은 영국의 물리학자 제임스 클러크 맥스웰 James Clerk Maxwell이에요. 맥스웰은 1831년, 스코틀랜드 에든버러에서 태어났습니다. 1847년, 16살이 되던 해 에든버러 대학에 입학한 맥스웰은 자연 철학을, 1850년에

제임스 클러크 맥스웰

는 케임브리지 트리니티 칼리지로 옮겨 수학을 공부하지요.

맥스웰은 학위를 마치던 1854년경 패러데이의 전자기 연구에 본격적인 관심을 갖기 시작했습니다. 그는 마이클 패러데이의 실험을 수학으로 정리하는 데 매료되어 1856년 「패러데이의 역선에 관하여On Faraday's Lines of Force」라는 논문에서 패러데이가 정의한 '전기장'과 '자기장' 개념을 수학적으로 나타내기도 했어요.

맥스웰은 패러데이의 연구와 앙페르의 연구를 검토하는 과정에서 앙페르의 법칙에 문제점이 있음을 발견합니다. 그는 앙페르 법칙을 보정하는 개념을 제시했고, 마침내 1865년, 「전자기장에 관한 역학적 이론」에서 전기와 자기를 묘사하는 방정식을 만들어 내지요. 오늘날 우리가 '맥스웰 방정식'이라 부르는 식이 바로 이 흐름 속에서 탄생한 거예요. 이후 1873년에 쓴 「전기와 자기에 관한 논고」에서 비로소 이 체계가 완성됩니다. 이로써 '빛도 전자기파의 한 종류다'라는 큰 그림이 분명해졌어요.

맥스웰은 맥스웰 방정식을 이용해 전기장과 자기장이 빛의 속도로 이동하는 파동이라는 것을 알아냅니다. 이렇게 전기장의 진동과 자기장의 진동이 공간에 퍼져 나가는 파동을 전자기파라고 불러요.

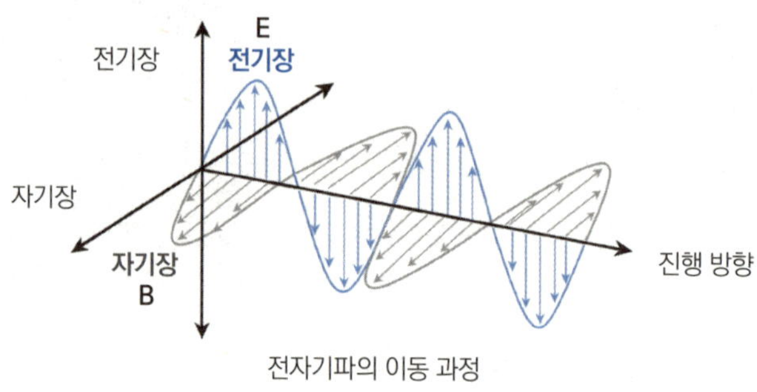

전자기파의 이동 과정

이론이 세워지면 실험이 뒤따르기 마련입니다. 독일의 하인리히 헤르츠Heinrich Rudolf Hertz는 카를스루에에서 전자기파를 실제로 만들고 받는 데 성공한 사람이에요.

헤르츠는 1857년, 독일 함부르크에서 태어났습니다. 그의 집안은 한자 동맹Hanseatic League이라는 전통 속에서 상업과 교양을 중시하는 부유한 도시 귀족 계층이었어요. 어릴 때부터 과학과 공학에 관심이 많았던 헤르츠는 드레스덴·뮌헨·베를린에서 공부하며 키르히호프와 헬름홀츠에게 물리를 배웠어요. 1880년, 베를린 대학교에서 박사 학위를 받은 뒤 3년간 헬름홀츠의 조교로 일하며 연구를 이어갔지요. 1883년, 킬 대학교를 거쳐 1885년에 칼스루에 대학교 정교수가 되었고 1889년, 본 대학교 물리학 교수 겸 물리 연구소 소장으로 부임해 세상을 떠날 때까지 강의와 실험을 하며 전자기파 연구를 주도했어요.

헤르츠는 유도 코일로 스파크가 튀는 진동 회로(송신기)를 만들고, 몇 미터 떨어진 곳에 아주 작은 틈이 있는 금속 고리(수신기)를 놓았어요. 금속 고리는 구리로 만들었고 실험 장치로부터 수 미터 떨어져 있었습니다. 헤르츠가 스위치를 연결하자 왼쪽 회로의 두 코일 사이에서 전자기 유도 현상이 일어나면서 전자기파가 발생했어요. 물론 이때 발생한 전자기파는 눈에 보이지 않는 파동이었지요.

하인리히 루돌프 헤르츠

그 순간 놀라운 일이 벌어집니다. 수 미터 떨어진 구리 선 수신기의 틈새에서 스파크가 일어난 거예요. 순식간에 벌어진 일이었어요. 헤르츠는 왼쪽 장치에서 발생한 전자기파가 수 미터 이동해서 구리 선 쪽으로 이

한자 동맹

'한자Hansa'는 본래 상인들의 조합 또는 길드를 뜻합니다. 12세기 무렵 북유럽의 장거리 상인들이 함께 이동하고 정보를 나누며 해적과 위험에 대비하려고 스스로 조직을 만들었고, 이 협력체가 점차 도시 단위의 연맹으로 커졌어요. 이 연맹이 바로 한자동맹Hanseatic League이지요. 한자동맹은 발트해와 북해를 잇는 무역 네트워크의 중심에 자리한 여러 도시를 묶었어요. 실질적 중심지였던 뤼베크Lübeck와 항만 도시 함부르크Hamburg를 비롯해, 브레멘Bremen · 쾰른Köln · 단치히Gdańsk 등이 핵심 도시로 활약했지요. 이

들은 해적 단속과 상선 호위, 공동 규약 제정, 필요할 때는 독자적 외교·조약 체결까지 수행하며 무역 특권과 안전을 지켜냈습니다. 특히 14세기에는 북유럽 제해권을 장악했고, 심지어 덴마크 왕과 전쟁을 벌여 승리한 적도 있어요. 이 시기의 한자 동맹은 독립적인 도시 연방체처럼 작동했어요. 중세 유럽에서 국가보다 강한 도시 세력의 대표 사례였답니다.

동해 스파크를 일으켰다는 것을 알아냈지요. 헤르츠는 더 나아가 반사·굴절·편광 같은 '빛의 성질'이 전자기파에서도 그대로 나타남을 확인해, 맥스웰 이론의 예언이 옳다는 것을 실험으로 확증했습니다.

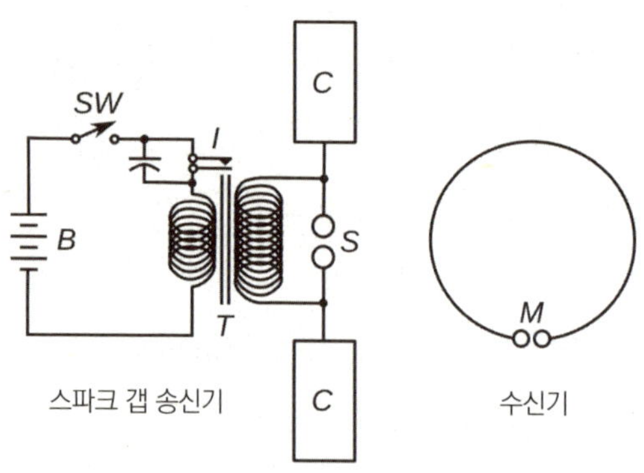

헤르츠의 초기 무선 통신 장치의 원리

보이지 않는 빛, 적외선과 자외선

빛은 전자기파Electromagnetic Wave예요. 쉽게 말하면, 전기장과 자기장이 함께 흔들리는 파동이지요. 이 파동은 파장에 따라 다양한 색깔을 띠는데, 이 중 사람의 눈으로 볼 수 있는 파장 범위를 우리는 가시광선Visible Light이라고 불러요. 사실, 보이지 않는 빛의 흔적은 19세기 초에도 포착되고 있었어요. 1800년, 윌리엄 허셜William Herschel은 프리즘으로 햇빛을 분해해 각 색깔이 내는 열의 정도를 온도계로 측정했어요. 빨간색 영역을 지나서, 눈에는 보이지 않는 어두운 공간에서 오히려 더 높은 온도가 측정된 거예요. 그는 거기에 보이지 않는 '열빛', 즉 적외선Infrared이 존재한다고 결론 내렸어요.

1801년, 요한 리터Johann Wilhelm Ritter는 보라색 바깥의 영역에도 빛이 있을 수 있다고 생각했습니다. 그는 빛에 반응하는 염화은AgCl을 바른 종이를 이용해 실험을 했어요. 염화은은 빛을 받으면 검게 변색되는데, 그는 이 종이를 보라색보다 바깥쪽에 놓고 실험한 거예요. 놀랍게도, 거기에는 아무것도 안 보였지만 종이는 빠르게 검게 변했습니다. 이 과정에서 리터는 화학 반응을 강하게 일으키지만 눈에는 보이지 않는 또 다른 빛, 즉 자외선을 찾아냈어요. 이 두 발견은 훗날 맥스웰 이론 속에서 '가시광의 양 끝에 있는 전자기파'로 제자리를 얻게 됩니다.

전자기파 가운데 우리 눈이 볼 수 있는 부분을 가시광이라고 해요. 사람 눈은 대략 380~750나노미터 파장의 빛을 감지하고, 이는 주파수로 400~790테라헤르츠 정도에 해당하는데, 파장이 길수록 빨강 쪽, 짧아질수록 보라 쪽으로 보이지요. 여기서 kHz, MHz, GHz, THz 같은 단위는 각각 10^3, 10^6, 10^9, 10^{12} 헤르츠라는 뜻이에요.

가시광의 파장과 진동수

색	파장(nm)	진동수 (THz)
빨강	625-750	400-480
오렌지색	590-625	480-510
노랑	565-590	510-530
초록	500-565	530-600
시안	485-500	600-620
파랑	450-485	620-670
보라	380-450	670-790

적외선은 여러 분야에서 활약합니다. 뜨거운 물체일수록 더 많은 적외선을 내보내기 때문에, 적외선 카메라는 물체가 스스로 내는 복사를 받아 색으로 바꿔 보여 줘요. 이 기술을 '서모그래피Thermography'라고 해요. 건축·설비 점검, 항공·우주, 의료·안전 등에서 멀리서도 온도 분포를 한눈에 파악하게 해 주지요. 예를 들

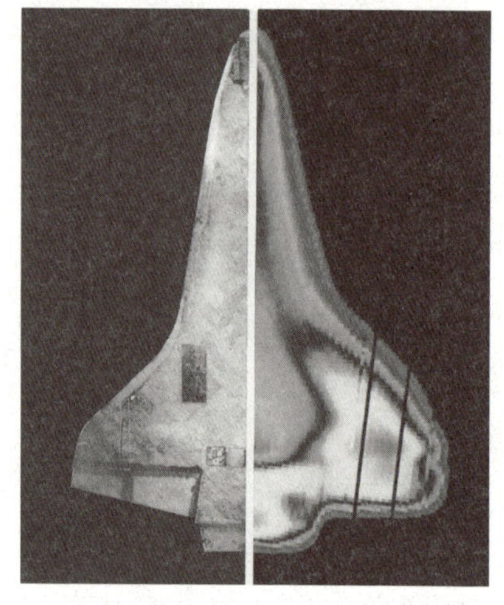

우주왕복선의 열화상 사진

어, 파란색은 차가운 부분, 빨간색은 뜨거운 부분, 하얀색은 매우 뜨거운 부분을 나타냅니다.

미술 보존에서는 '적외선 반사 촬영Infrared Reflectography'으로 표면 아래의 밑그림이나 수정 흔적을 읽어내는데, 모나리자 연구에서도 이런 적외선·다파장 분석이 널리 쓰였습니다.

밤을 밝히는 기술도 전자기파의 응용이에요. 야간투시경Night Vision Device은 미약한 별빛이나 달빛을 '광전 효과'로 전자로 바꾼 다음 마이크로채널 플레이트와 같은 전자증배관에서 증폭해 화면으로 보여줍니다. 또 다른 갈래는 아예 물체가 내는 열복사를 포착하는 '열 영상(적외선)' 방식이지요. 그래서 야간 투시에는 '빛을 키워 보는 방식'과 '열을 보는 방식'이 있다는 점을 기억하면 좋아요.

알다시피 그림은 일반적으로 여러 층으로 이루어져 있습니다. 가장 아래에는 스케치(밑그림)가 있고, 그 위에는 색을 채운 페인트층, 마지막

엔 광택이나 덧칠이 덮고 있어요. 적외선 반사 촬영은 이 중에서 표면 아래에 숨은 밑그림이나 수정된 레이어를 탐지할 수 있답니다. 적외선은 일부 색소나 페인트층을 통과하기 때문이에요. 레오나르도 다빈치는 밑그림(언더드로잉)을 탄소 기반 잉크나 흑연질 재료로 그렸습니다.

모나리자의 적외선 흡수 사진

이 재료들은 적외선을 흡수하기 때문에, 적외선 반사 촬영에서는 밑그림이 어둡게 드러나고, 그 위의 밝은 안료층은 투명하게 보여요. 그래서 밑그림이 투시되어 보이는 효과가 나지요.

자외선은 가시광선보다 파장이 짧고, 에너지가 더 강합니다. 이 때문에 화학 반응, 살균 작용, 태닝 효과 등이 나타나요. 너무 많이 노출되면 DNA 손상과 피부암 위험도 있지요. 리터의 발견은 훗날 자외선 살균등, 자외선 차단제, UV 카메라, 그리고 전자기파 스펙트럼의 확장 연구까지 아우르며 전자기파를 이해하는 길을 열어 주었답니다.

우연에서 탄생한 발명, 퍼시 스펜서와 전자레인지

우리가 매일 사용하는 전자레인지. 전자레인지는 하루도 빼놓지 않고 쓰이는 생활필수품이 되었습니다. 그런데 이 기기가 원래 군용 장비에서 탄생했다면, 믿을 수 있을까요?

전자레인지는 제2차 세계대전 당시 레이더 기술에서 탄생했습니다. 전자레인지의 심장인 마그네트론은 원래 항공기를 탐지하는 마이크로파를 만들어 내던 부품이었어요. 미국 레이시온Raytheon의 기술자였던 퍼시 스펜서Percy Spencer는 전쟁 동안 마그네트론의 대량생산 체계를 정비해 생산량을 하루 2,600개 수준으로 끌어올렸고, 이 공로로 미 해군의 민간 최고 공로상Distinguished Public Service Award을 받았지요.

전설처럼 전해지는 일화도 있습니다. 어느 날 스펜서가 가동 중인 레이더 장비 옆에서 일하고 있었어요. 그런데 스펜서는 장비가 가동되는 동안 주머니 속 초콜릿이 녹아버린 것을 눈치챕니다. 스펜서는 '혹시 마이크로파가 음식을 가열할 수 있지 않을까?'라는 생각을 하며, 팝콘을 가지고 와 장비 근처에 두었어요. 예상한 것처럼 팝콘은 튀겨졌고, 계란은 터져 버렸어요. 이 현상은 마그네트론에서 방출되는 마이크로파가 물질 내부의 분자를 진동시켜 열을 발생시키기 때문이었어요.

바로 이어서 특허와 시제품이 등장합니다. 1945년 10월 8일, 레이시온은 스펜서의 마이크로파 조리 방법에 대해 미국 특허를 출원했고, 이후 1950년 1월 24일에 '식품 처리 방법' 특허가 발행되었어요. 1946년에는 보스턴의 한 레스토랑에 시제품을 설치해 실사용 테스트도 했지요.

좌_ 마그네트론
우_ 초창기의 전자레인지

이후 1947년에는 세계 최초의 상업용 전자레인지 '레이더레인지 Radarange'가 출시됩니다. 초기 기종은 키 약 6피트(약 1.8미터), 무게 약 750파운드(약 340킬로그램)에 수랭식 냉각이 필요했고, 가격은 매우 비쌌습니다. 그래서 가정이 아니라 군 함정·병원·대형 주방 같은 곳에서 먼저 쓰였고, 이후 부품의 표준화, 소형화를 거치며 오늘날의 주방 기본 가전으로 자리 잡습니다.

하늘을 타고 날아간 무선 통신과 마르코니

지금 우리는 스마트폰으로 세계 어느 곳이든 연결할 수 있습니다. 하지만 이 모든 기술의 시작에는 작은 알파벳 'S' 하나가 있어요. 이 신호를 전선 없이 바다 건너로 보냈기에, 우리가 지금처럼 편하게 스마트폰을 사용할 수 있는 거예요. 이렇게 전선 없이 하늘로 신호를 날려 보낸 사람이 바로 이탈리아의 과학자 굴리엘모 마르코니Guglielmo Marconi입니다. 마르코니는 맥스웰과 헤르츠의 이론을 실용적인 장치로 구현하고, 바다 위에서 실험을 해 무선 통신의 시대를 열었어요.

마르코니는 1874년, 이탈리아 볼로냐에서 태어났습니다. 어린 시절에는 가정교사에게 교육받으며 물리와 전기에 흥미를 키웠어요. 특히 헤르츠의 전자기파 실험에 매료된 그는 다락방에서 발진기·안테나·코히러(입자 검파기)를 직접 꾸며 무선 신호 실험을 시작했지요. 1895년 여름, 집 뒤 첼레스티니 언덕(약 2킬로미터) 너머로 신호를 보내는 데 성공하면서 마르코니는 '전파가 지형을 넘어간다'라고 확신합니다.

무선 전신을 보내는
마르코니

1896년, 마르코니는 영국으로 건너가 영국 우정국 앞에서 시연합
니다. 그리고 무선 전신에 관한 첫 영국 특허(GB 12039)를 출원·취
득했어요. 이듬해 1897년에는 런던에 Wireless Telegraph & Signal
Company(1900년 이후 'Marconi's Wireless Telegraph Co.')를 세워
본격적으로 상용화를 추진해요.

현장 검증은 바다에서 더 빛났습니다. 1899년 3월 27일, 그는 프랑스
와 영국 사이 도버 해협을 무선으로 넘었고, 같은 해 가을에는 아메리카
스컵 요트 경기를 실시간으로 중계해 무선의 가능성을 널리 알렸지요.
1900년에는 서로 다른 주파수를 맞추어 간섭을 줄이는 튜닝 무선 특허
로 '더 멀리, 동시에' 통신하는 기술을 제시했답니다.

마르코니의 실험은 1901년 12월 12일에 정점을 찍습니다. 영국 콘월
에서 보낸 모스 부호 'S(•••)'신호가 북미 뉴펀들랜드의 연에 매단 안
테나로 포착된 거예요. 콘월부터 뉴펀들랜드까지의 거리는 약 3,500킬로
미터였어요. 당대 학자들은 지구 곡률 때문에 전파의 도달 거리가 수백
킬로미터를 넘기 힘들다고 생각했어요. 마르코니는 그 한계를 넘은 것이
지요. 이 실험은 장거리 무선 통신이 가능하다는 인식에 결정적 전환점

을 만들었습니다.

　마르코니는 곧 대서양 양안에 상설 무선국을 세우기 시작합니다. 1902년에는 캐나다 글레이스 베이(노바스코샤)에서 유럽으로 북미 최초의 대서양 횡단 무선 메시지를 보냈고, 1903년에는 미국 웰플리트(케이프 코드)에서 영국 콘월로 루스벨트 대통령이 영국 국왕 에드워드 7세에게 보내는 축전을 전달했지요. 이 무선망은 선박 통신, 국제 뉴스 전송, 해상 구조 등 현대 통신의 기반이 되었어요.

　그 공로로 마르코니는 1909년, 노벨 물리학상(브라운과 공동)을 받았습니다. 이후 1912년에 일어난 타이태닉호 참사 때에는 마르코니식 무선 전신이 조난 신호(CQD·SOS)를 퍼뜨려 수백 명을 구조하는 데 핵심 역할을 했어요. 과학 기술이 생명을 구하는 기술로 이어졌다는 사실을 보여 주는 동시에 무선 통신의 사회적 가치를 입증하는 사건이었어요.

대서양을 가로지른 전신의 꿈

　1907년 12월 17일, 영국 글래스고 근교 라그스Largs에서 한 위대한 과학자가 눈을 감았습니다. 윌리엄 톰슨, 후에 켈빈 경Lord Kelvin이라 불리게 된 인물이에요. 그는 빅토리아 시대 영국을 상징하는 물리학자로, 열역학 제2법칙의 정립, 절대 온도 개념 도입, 전자기학의 수학적 체계화, 정밀 측정 기술, 해양 공학에 이르기까지 방대한 업적을 남겼어요. 하지만 그의 이름을 대중에게 강렬히 각인시킨 사건은 다름 아닌, 대서양 해저 전신 케이블의 성공이었지요. 말로만 전해지던 대륙을, 전선으로 하나로

묶은 인간의 도전이 바로 그의 손끝에서 실
현된 것이지요.

윌리엄 톰슨

[대서양을 전선으로 잇다]

1856년, 대서양을 횡단하는 전신선을 깔
기 위한 Atlantic Telegraph Company가 설
립되었습니다. 목표는 당시로서는 거의 불
가능해 보이는 일이었어요. 2,500마일(약
4,000킬로미터)에 이르는 구리 케이블을 바다 밑으로 연결한다는 것은
단순한 공학의 문제가 아니었기 때문이에요. 해저의 압력과 암류, 그리
고 전신 신호의 특성에 대한 물리학적 이해가 필요했지요.

윌리엄 톰슨은 이 회사에 자문 물리학자로 초빙되었는데, 그에게 맡겨
진 첫 번째 임무는 바로 신호 약화와 왜곡을 계산하는 일이었습니다. 구
리 선이 수천 킬로미터 늘어졌을 때, 신호가 어떻게 퍼지고, 얼마나 약해
지는지를 설명할 수 있는 사람은 당시로서는 톰슨밖에 없었어요. 그는
이 계산을 통해 케이블 설계와 계측에 결정적 기여를 합니다.

문제는 분명했습니다. 해저 케이블을 통해 흐르는 전류는 매우 약했어
요. 기존의 검류계로는 바늘의 움직임조차 식별하기 어려웠지요. 이 난
관 앞에서 톰슨은 "신호가 약하다면, 그것을 빛으로 읽으면 어떨까?"라
는 기발한 아이디어를 떠올립니다.

1858년, 그는 거울 검류계Mirror Galvanometer를 고안합니다. 먼저 미세
한 자기 바늘에 가는 코일을 감고, 그 끝에 작은 거울을 붙입니다. 전류
가 흐르면 바늘이 아주 조금 움직이고, 그 거울에 반사된 빛의 점이 스케

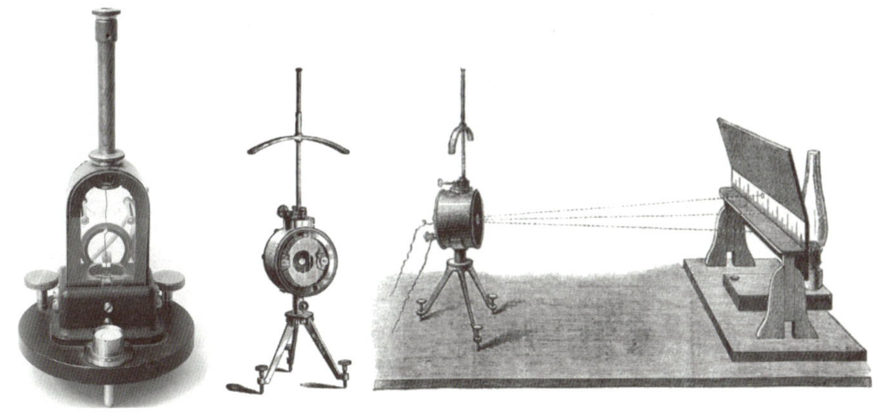

좌_ 거울 검류계 우_ 19세기 후반, 거울 검류계의 작동을 나타낸 그림

일 위에서 궤적을 남겨요. 이는 물리적 힘을 키운 것이 아니라, 빛의 반사를 이용해 시각적으로 증폭시킨 매우 정교한 발명이었어요. 마치 어두운 방에서 한 줄기 빛이 깜박이며 비밀 메시지를 드러내는 듯한 순간이었지요. 이 발명은 곧 전신 신호를 해독하는 눈이 되었고, 이후 수십 년간 해저 통신의 핵심 도구로 자리 잡습니다.

[실패와 절망을 딛고 다시 도전하다]

1857년, 첫 번째 케이블 부설 시도가 시작되었습니다. 영국의 아가멤논호와 미국의 나이아가라호가 각기 케이블을 싣고 대서양 양쪽에서 출발했지만, 폭풍과 기술적 문제로 실패하고 말아요. 1858년, 두 번째 시도 역시 케이블이 중간에 끊어져 버려 실패합니다. 결국 험난한 항해 끝에 8월 5일, 아일랜드 발렌티아섬에서 뉴펀들랜드(당시 영국령)까지 케이블이 이어졌어요.

8월 16일, 빅토리아 여왕은 이 케이블을 통해 제임스 뷰캐넌 미국 대통령에게 축전을 보냈고, 대서양은 처음으로 문자 메시지로 연결되었어요. 사람들은 인류 문명의 새로운 장이 열렸다고 환호했지요.

그러나 기쁨은 오래가지 않았습니다. 케이블은 곧 끊어졌고, 신호는 극도로 약해졌어요. 기술자들이 무리하게 전압을 높여 사용한 탓에 절연이 손상되면서 불과 몇 주 만에 신호가 급격히 약화되고 소실되며 침묵의 바다가 되고 만 거예요.

하지만 톰슨과 동료들은 포기하지 않았습니다. 1865년, 새로운 강철 장갑 케이블이 제작되었고, 이번에는 최신 기술을 집약한 거대한 증기선 그레이트 이스턴호도 투입되었어요. 첫 시도에서는 케이블이 또 끊어졌지만, 1866년 여름, 마침내 발렌티아와 하츠 콘텐트Heart's Content 사이에 안정적인 케이블이 완성됩니다. 신호는 안정적이었고, 통신은 끊기지 않았어요. 이후 단선되었던 케이블도 복구해 두 개의 케이블이 동시에 운용되기 시작했습니다. 대서양이 드디어 영구적으로 하나의 신경망으로 묶인 셈이지요. 이 장면은 단순한 기술적 성취가 아니라, 대륙과 대륙을 실시간으로 잇는 인류 문명의 첫걸음이었습니다.

이 성공 직후, 톰슨은 여왕으로부터 기사 작위를 받았고, 1892년에는 '켈빈 경Lord Kelvin'이라는 이름으로 불리게 되었어요. 그가 물리학자에서 통신 기술의 실용적 리더로 변화한 이 여정은, 19세기 과학자의 새로운 가능성을 열어준 상징적인 이야기예요.

생각의 가지

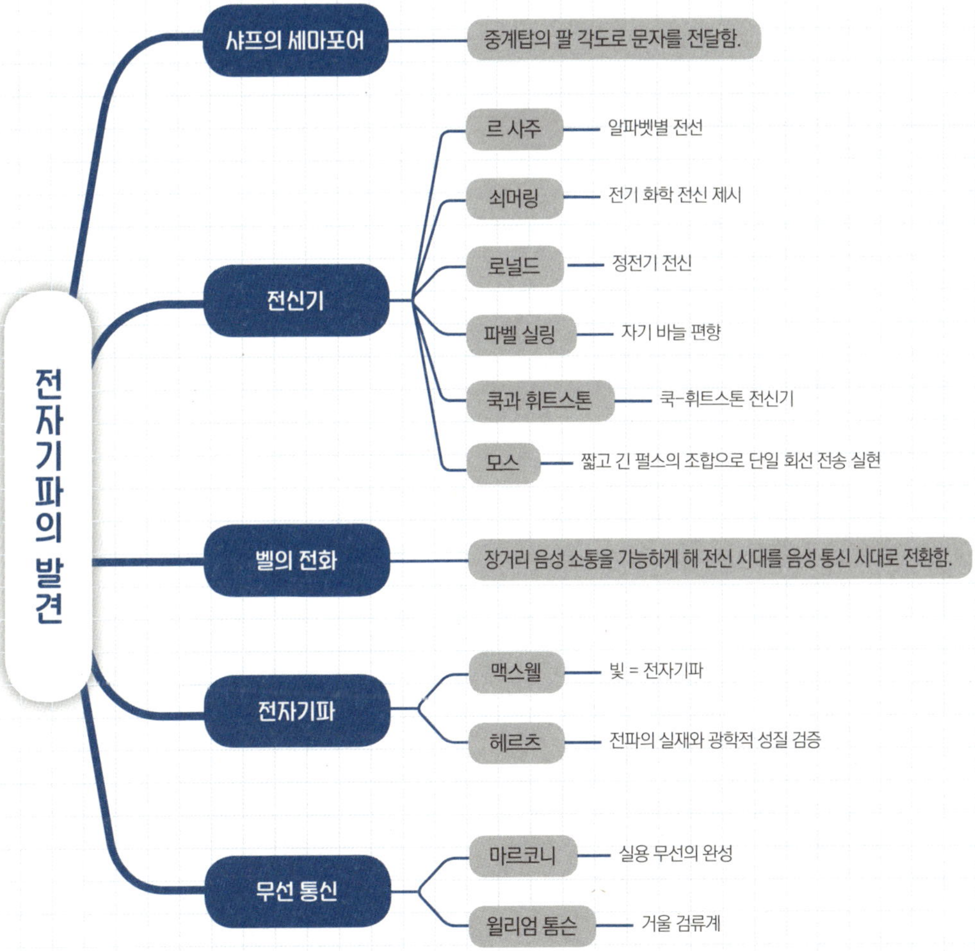

전자기파의 발견

샤프의 세마포어 — 중계탑의 팔 각도로 문자를 전달함.

전신기
르 사주 — 알파벳별 전선
쇠머링 — 전기 화학 전신 제시
로널드 — 정전기 전신
파벨 실링 — 자기 바늘 편향
쿡과 휘트스톤 — 쿡–휘트스톤 전신기
모스 — 짧고 긴 펄스의 조합으로 단일 회선 전송 실현

벨의 전화 — 장거리 음성 소통을 가능하게 해 전신 시대를 음성 통신 시대로 전환함.

전자기파
맥스웰 — 빛 = 전자기파
헤르츠 — 전파의 실재와 광학적 성질 검증

무선 통신
마르코니 — 실용 무선의 완성
윌리엄 톰슨 — 거울 검류계

전기가 만든 생활 혁명

21세기 전기 제품은 단순한 도구를 넘어 우리의 생활 동반자가 되었다.

정교수의 pick

◆ 전구　◆ 에디슨　◆ 조지프 스완　◆ 교류

◆ 직류　◆ 니콜라 테슬라　◆ 전기 제품　◆ 생활 혁명

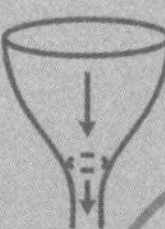

문명의 또 다른 선택, 전기

우리는 매일 같이 전기를 사용하는 기기를 사용하며 살아갑니다. 스위치를 누르면 불이 켜지고, 버튼 하나로 밥이 지어지며, 청소하라는 말 한마디에 로봇 청소기가 움직이지요. 이 당연한 장면 뒤에는 '전기를 어떻게 안전하고 멀리, 싸게 보낼 것인가'라는 19~20세기의 거대한 질문과, 그 질문에 답하려 한 수많은 발명가들의 시행착오가 겹겹이 쌓여 있어요.

19세기 말, 도시를 중심으로 가정에도 전기가 들어오기 시작했습니다. 이제 불 대신 전기가 집 안을 밝히게 된 거예요. 20세기에 들어서면서 전기다리미, 전기세탁기, 진공청소기, 전기토스터 등 수많은 가전제품이 등장해 전기는 가정의 중심 기술이 되었어요. 그리고 지금, 21세기 우리는 전기 제품의 제2의 혁명기를 살고 있습니다. 말을 알아듣는 AI 냉장고, 피부 상태를 분석하는 스마트 거울, 걸음걸이와 심장 박동을 실시간으로 측정하는 웨어러블 헬스 기기, 그리고 자율주행 기술을 탑재한 전기차까지. 이제 전기 제품은 단순한 도구가 아니라, 생각하고, 배워서, 사용자와 소통하는 존재로 진화하고 있어요.

전구의 태동

보통 전구를 발명한 사람을 생각하면 자연스럽게 에디슨을 떠올립니다. 하지만 전구의 출발점은 에디슨이 아니에요. 1761년, 에베니저 키너슬리Ebenezer Kinnersley는 황동(구리에 아연을 넣어 만든 합금)으로 만든 전선에 전류를 흘려보내면 붉게 달아오른다는 사실을 알아냈어요. 전기로 열과 빛을 낼 수 있다는 아주 이른 증거였지요. 그는 이 사실을 프랭클린에게 보고합니다. 이것이 전구 역사의 첫 시작이에요.

1802년, 영국의 험프리 데이비Humphry Davy는 당시로서는 최대 규모의 전지를 이용해 백열전구를 만들었습니다. 데이비는 녹는점이 매우 높은 백금 막대에 전류를 흘려보내 전구를 만들었는데, 충분히 밝지도 않았고 수명 역시 짧았어요.

위_ 제임스 보먼 린제이
아래_ 린제이의 백열전구

현대 전구의 원형이 된 발명품을 만든 사람은 스코틀랜드의 제임스 보먼 린제이James Bowman Lindsay입니다. 1835년, 린제이는 지속적인 전등Constant Electric Light을 공개 강연에서 선보여요. 그는 여러 차례에 걸쳐 백열전구를 개량했지만, 수명이 너무 짧거나 지나치게 열이 많이 나는 등 문제가 많아 결국 상품화하는 데는 실패하고 말아요.

이후 1840년, 영국의 발명가 워렌 드 라 루Warren de la Rue는 진공관에 백금 코일을 넣은 전구를 만들었습니다. 코일에 전류를 흐르게 해 빛을 내는 방식이었어요. 이 전구는 백금의 높은 녹는 점으로 인해 고온에서 작동할 수 있고 수명이 길었지만, 백금이 워낙 비싸기 때문에 역시 상업화에는 실패했어요. 1845년에는 미국인 존 W. 스타John W. Starr가 동업자이자 대리인인 킹King의 이름으로 두 가지 백열등을 만듭니다. 하나는 유리구 안의 '백금 띠' 램프, 다른 하나는 '수은 기둥 위 진공'에서 켜는 탄소 램프였지요. 하지만 그때는 백금이 너무 비싸고 진공이 불완전해서 전구가 금세 그을리고 수명이 짧았으며, 필라멘트와 유리 밀봉 기술도 부족해 상업화로 이어지지 못했어요.

1870년대에 접어들며 막혀 있던 길이 조금씩 열리기 시작합니다. 러시아의 알렉산드르 로디긴Alexander Lodygin은 1872년에 두 개의 탄소 필라멘트를 사용하는 전구를 고안했어요. 필라멘트 하나가 타면 다른 필라멘트를 이어 쓰는 '이중 필라멘트' 방식이었지요.

또한 영국의 조지프 스완Sir Joseph Wilson Swan은 린제이의 백열전구를 개량합니다. 그는 필라멘트의 재료로 탄소 종이를 사용했어요. 하지만 당시의 기술로는 여전히 전구 안쪽을 완벽한 진공 상태로 만들기 어려웠지요. 불완전한 진공 상태 때문에 전구의 수명이 짧았고 이는 전구의 상업화

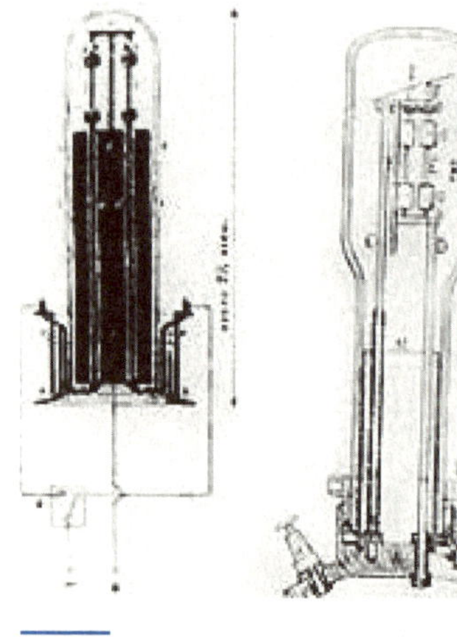

로디긴 전구

를 막는 큰 걸림돌이었어요. 이에 스완은 슈프렝 겔 펌프Sprengel Pump로 전구 속 공기를 더 완전히 빼내 보다 강력한 진공 상태를 만듭니다. 덕분에 1878~1879년에 걸쳐 오래 켜지는 전구를 공개 시연하고, 1880년에는 특허까지 받을 수 있었어요.

조지프 윌슨 스완

전구의 상업화, 그리고 텅스텐

사람들이 전구의 발명자를 에디슨으로 알고 있는 이유는 에디슨이 스완의 전구 아이디어를 자신이 발명한 것처럼 발표했기 때문입니다. 결국 전구에 대한 특허권을 가지고 있던 스완과의 재판에서 진 에디슨은 스완과 합작회사인 Edison & Swan United Electric Light Company을 차려 전구를 생산하기에 이릅니다. 이 회사는 줄여서 Ediswan이라고 불러요.

하지만 스완의 전구는 상업용으로 사용하기에는 수명이 너무 짧았습니다. 이에 에디슨은 세상에 존

에디슨과 스완의 합작 회사 광고

재하는 거의 모든 재료라 해도 과언이 아닐 만큼 수많은 물질로 필라멘트를 만들고 실험을 해요. 그 결과 1879년, 에디슨은 약 40시간 동안 빛나는 탄소 필라멘트 전구 실험에 성공했어요. 그리고 그해 12월 3일, 멘로파크 연구소에서 이 발명품을 세상에 공개했고, 다음 해인 1880년에 약 1,200시간을 견디는 전구를 성공적으로 만들어냅니다.

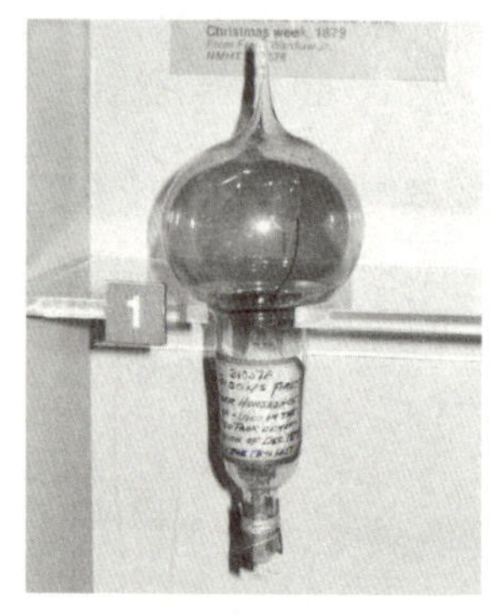

에디슨의 전구

오리건 철도 항해 회사Oregon Railroad and Navigation Company의 사장인 헨리 빌라드Henry Villard는 1879년, 에디슨의 시연에 참석해 깊은 인상을 받았습니다. 그는 에디슨에게 새로운 증기선인 컬럼비아호에 전기 조명 시스템을 설치해 달라고 요청했고, 컬럼비아호는 백열전구 조명을 사용한 최초의 사례가 되었지요.

텅스텐 필라멘트를 사용한 백열전구

1910년, 드디어 우리가 사용하는 전구가 발명됩니다. 미국의 물리학자 쿨리지William D. Coolidge는 텅스텐 필라멘트를 발명해 더 밝고 수명도 긴 전구를 발명했어요. 그것이 바로 우리가 사용하는 전구지요. 전구는 어느 한 사람에게 머무는 것이 아니라 여러 명의 과학자가 수십, 수백 번의 실험을 반복하여 탄생시킨 결과물이랍니다.

최초로 백열전구 조명을 사용한 컬럼비아호

직류와 교류, 그리고 문명의 선택

전기는 19세기 후반, 인간의 삶을 송두리째 바꿀 수 있는 신비한 힘으로 여겨졌습니다. 어두운 밤을 밝히고, 기계를 움직이고, 거리와 가정을 연결하는 이 보이지 않는 힘을 어떻게 다루느냐에 따라 문명의 방향이 결정될 수 있었지요. 그리고 그 핵심에는 전류를 어떻게 공급할 것인가, 즉 직류DC냐 교류AC냐를 둘러싼 이른바 전류 전쟁이 있었습니다.

가장 먼저 움직인 사람은 토머스 에디슨이었습니다. 그는 1882년, 뉴욕 맨해튼에 세계 최초의 상업용 직류 발전소 중 하나인 펄 스트리트 발전소Pearl Street Station를 세웠어요. 전기를 만들어 도시 가로등과 부유층의 집에 공급하면서 사람들에게 빛의 문명을 열어 주었지요. 그가 사용한 전류는 직류Direct Current, 즉 한 방향으로 일정하게 흐르는 전기였어요.

직류는 안정적이었고, 전구나 모터 같은 기기와도 잘 맞았습니다. 하지만 치명적인 약점이 있었어요. 전류를 멀리 보내면 보낼수록 전력 손실이 크고, 전압을 자유롭게 조절하기도 어려웠어요. 그래서 한 지역에 전기를 보내려면 수백 개의 작은 발전소를 따로 지어야 했지요. 에디슨은 이 방식에 집착했어요. 왜냐하면 그가 만든 모든 장비와 시스템이 직류에 맞춰 설계되었기 때문이에요.

이때 나타난 인물이 바로 니콜라 테슬라Nikola Tesla입니다. 세르비아 출신의 이민자 과학자로, 에디슨의 연구소에서 일했지만 그와 갈등을 겪다가 결국 그만두게 됩니다. 그는 교류Alternating Current, 즉 전류의 방향이 계속 바뀌는 방식이야말로 전력의 미래라고 믿었어요. 교류는 변압기로 전압을 높여 멀리 보낸 뒤 다시 낮춰서 안전하게 사용할 수 있었지요. 이 방식은 에디슨의 직류보다 훨씬 효율적이고 경제적이었어요. 테슬라는 사업가 조지 웨스팅하우스George Westinghouse와 손잡고 교류 송전 시스템을 실현하기 시작했어요.

이에 에디슨은 위협을 느낍니다. 그는 교류의 위험성을 강조하는 위험

니콜라 테슬라

- 1856년: 오스트리아 제국의 스미얀에서 태어남.
- 1884년: 미국으로 이민 후, 토머스 에디슨과 만남.
- 1887년: 교류AC 유도 전동기 특허 출원
- 1888년: 웨스팅하우스와 협업 시작
- 1891년: 테슬라 코일Tesla Coil 발명
- 1893년: 시카고 만국박람회에서 교류 시스템 시연

한 공개 감전 시연을 벌이기도 했어요. 심지어 사형수에게 전기의자를 사용한 처형 실험까지 감행하며 '교류는 사람을 죽일 수 있다'라고까지 주장했지요. 그는 이 전기 의자를 '웨스팅하우스하다to be westinghoused' 라는 단어로 부르기도 했습니다.

하지만 곧 결정적인 순간이 찾아옵니다. 1893년 시카고 만국박람회 조명 사업을 웨스팅하우스가 따내 교류 시스템이 대규모로 구현되며 대중의 인식이 급변한 거예요. 시카고 세계박람회의 전시장을 테슬라의 기술로 밝히는 데 성공하자 많은 시민과 언론은 이 눈부신 성과에 감탄했지요. 그리고 전기는 더 이상 에디슨의 직류가 아닌 테슬라의 교류로 가야 한다는 분위기가 형성되었어요.

또 1896년에는 나이아가라 폭포 수력 발전소에서 만들어진 전기 약 40킬로미터 떨어진 뉴욕 버펄로까지 교류로 송전하는 데 성공하면서 사실상 교류 방식이 표준으로 굳어지게 됩니다. 이것은 단순한 기술의 문제가 아니었습니다. 그것은 전기가 문명 전체를 어떻게 연결할지 보여주는 상징적인 장면이었어요.

오늘날 우리는 발전소에서 교류로 전기를 만들어 멀리 보낸 다음, 가정이나 기기에서는 필요한 부분에 직류로 변환해서 사용하는 체계를 쓰고 있어요. 즉, 직류와 교류는 결국 공존의 길을 걷고 있는 셈이지요.

바퀴 위의 전기, 전기자동차

같은 시기 전기자동차도 태동했습니다. 1881년, 구스타브 트루베

Gustave Trouvé는 독일 회사 지멘스Siemens가 개발한 전기 모터와 1859년, 프랑스 물리학자 가스통 플랑테Gaston Planté가 발명하고 포르가 개선한 플랑테 축전지를 얹은 3륜 전기차를 만들었어요. 이 자동차는 1881년 4월 19일, 파리 중심부의 발루아 거리에서 첫선을 보였지요.

이후 영국의 토머스 파커Thomas Parker(1884년)와 독일의 안드레아스 플로켄Andreas Flocken(1888년)이 각각 전기차를 제작하며 기술 저변을 넓힙니다. 미국에서는 1890년, 윌리엄 모리슨William Morrison의 6인승 전기 왜건이 관심을 모았어요. 이 전기 왜건은 시속 23킬로미터까지 속도를 낼 수 있었다고 해요. 이어 1899년, 카미유 제나치Camille Jenatzy의 라 자메 콩탕트La Jamais Contente는 시속 100킬로미터 장벽을 돌파하며 전기 구동의 가능성을 보여 주었어요.

전기자동차의 열기는 1890년대 후반~1900년대 초 정점을 찍습니다. 1897년에는 런던에서 버지Bersey 전기 택시가 운행을 시작했고,

테슬라 전기 자동차 사진

트루베의 3륜 전기차

토머스 파커의 전기 자동차

2011년 재현된 플로켄의
전기차

모리슨의 6인승 왜건

라 자메 콩탕트의 로켓 모양의
전기자동차

런던의 전기 택시(1897년)

독일의 전기차(1904년)

1912년 디트로이트의
전기차 광고

1896~1897년경에는 뉴욕에도 전기 택시가 운행을 시작해요. 전기 자동차는 가솔린 자동차에 비해 진동, 냄새 및 소음이 없다는 장점이 있어 부유한 고객들 사이에서 인기를 얻었어요.

다만 1920년대 들어 값싼 휘발유와 시동모터, 고속·장거리 주행의 이점이 겹치며 전기차는 주류에서 밀려나기 시작합니다. 도로 인프라가 개선되어 전기 자동차보다 더 긴 주행 거리를 가진 가솔린 차가 더 많은 인기를 끌었어요. 또 전 세계적으로 대규모 석유 매장량이 발견됨에 따라 저렴한 휘발유를 널리 이용할 수 있게 된 것도 전기자동차 산업의 쇠퇴를 불러왔지요.

한 세기 가까이 전기차는 틈새에 머물렀지만, 1990년대의 배출가스 규제와 2000년대 리튬이온 배터리·전력전자 기술의 발달이 판을 뒤집었습니다. 2008년 이후에는 테슬라의 로드스터가 리튬이온을 채용하며 상징적인 출발을 알렸고, 2010년에는 닛산 리프가 대량 생산형 전기자동차 시대를 열며 주행거리와 충전 인프라가 빠르게 개선되었어요.

플러그인 라이프, 가전의 역사

전기가 집마다 들어오기 시작하자, 교류 송전의 표준화와 변압기·소형 전동기·니크롬 발열선 같은 핵심 기술이 맞물리며 가전이 급격히 발달했습니다. 전기다리미나 토스터, 진공청소기, 세탁기, 믹서기까지 잇따라 등장하며 집안의 노동을 전기가 대신하기 시작했어요. 이렇게 전기는 단순한 조명에서 생활의 인프라로 자리 잡기 시작합니다.

[불을 이긴 발명 – 전기다리미]

옛날 사람들은 숯을 넣은 무거운 쇳덩이 다리미로 옷을 눌러 다렸습니다. 하지만 불을 이용했기에 항상 사고가 날 위험이 있었어요. 숯이 타면서 연기가 나고, 화재의 위험도 있었지요. 이 문제를 해결하고자 나선 사람이 있었습니다. 바로 미국의 헨리 실리Henry W. Seeley예요. 헨리 실리는 1882년 6월 6일, 전기 평다리미를 만들고 특허를 받습니다.

그는 금속판 아래에 전기 열선(발열체)을 설치하고, 전류를 흘려 열을 내도록 만들었습니다. 이제는 숯도 필요 없고, 불도 필요 없었어요. 전기만 있으면 다리미가 스스로 뜨거워졌기 때문이에요. 하지만 초기의 전기다리미는 지금처럼 편하지 않았어요. 너무 무거웠고, 예열에 시간이 오래 걸렸어요. 게다가 온도 조절 장치도 없었어요. 그래서 쉽게 옷을 태우기 일쑤였지요.

그러나 전기의 보급과 함께 전기다리미도 발전했어요. 1920년대 들어 온도 조절 기능이 보급되고, 더 가볍고 안전한 설계가 자리 잡았으며, 1920년대 중반에는 증기다리미가 등장해 더 쉽게 주름을 펼 수 있게 되었어요.

[전기토스터의 탄생]

아침에 토스터로 갓 구운 빵을 먹는 일은 이제 너무나 익숙한 풍경입니다. 그런데 이 단순한 기계 속에도 놀라운 과학의 역사가 숨어 있어요. 조용하고 정확한 '열', 그 정밀함이 빵을 바삭하게 만드는 토스터를 가능하게 한 거예요.

전기토스터는 1893년, 영국 첼름스퍼드의 크롬프턴사가 최초로 만들

1910년대 전기청소기 광고

었습니다. 하지만 실용적이지 못했고 내구성도 떨어졌어요. 이후 미국에서 제너럴 일렉트릭사가 GE D 12라는 제품을 내놓으며 상업적으로 큰 성공을 거둬요.

전기토스터는 가열선이 핵심입니다. 진공 속에서 타지 않게 쓰는 전구와 달리, 토스터의 가열선은 공기 중에서 빨갛게 달아올라야 해요. 이 어려움은 1905년, 니켈-크롬 합금 '니크롬Nichrome'이 발명되면서 풀립니다. 공기 중에서도 산화·단선 없이 오래 버티는 첫 진짜 '발열선'이었어요. 하지만 처음의 전기토스터는 단점이 많았습니다. 빵을 한 쪽씩만 구울 수 있었고, 자동으로 꺼지지 않았어요. 사람이 옆에 서서 타지 않도록 직접 꺼야만 했지요. 이 문제를 해결한 건 찰스 스트라이트Charles Strite라는 발명가였어요. 그는 1919년 자동 타이머와 팝업 기능이 있는 토스터를 만들어 특허를 출원했고, 1921년에 특허를 받았어요. 빵이 다 구워지면 튀어나오는 팝업 토스터가 이때 처음 등장한 거예요.

[먼지를 지우는 바람, 전기청소기의 탄생]

아마 진공청소기가 없는 집은 없을 정도로, 청소기는 이제 누구나 당연하게 생각하는 가전제품이 되었습니다. 하지만 먼지를 빨아들이기 위한 인간의 노력은 무려 160년 전부터 시작되었어요. 수동 브러시에서 전기 흡입기까지의 긴 여정은 바로 과학과 기술의 집합체나 마찬가지지요.

1860년, 미국 아이오와의 다니엘 헤스는 최초의 수동 진공청소기를 발명합니다. 그는 이 장치를 '카펫 스위퍼'라 불렀는데, 회전 브러시로 먼지를 긁어내고, 벨로우즈(주름진 공기주머니)로 공기를 흡입했어요.

1868년, 시카고의 아이브스 W. 맥가피Ives W. McGaffey는 'Whirlwind'라는 청소기를 발명했어요. 이 장치는 손으로 돌리는 팬과 벨트를 사용했지만, 무겁고 불편해 상업적으로 큰 성공을 거두지는 못했어요.

19세기 말에는 전동 장치가 도입되었습니다. 하지만 그 방식은 흡입이 아닌 공기를 불어내 먼지를 날리는 구조였어요. 1898년, 존 서먼John Thurman은 '공압 카펫 리노베이터'를 발명해 말이 끄는 마차에 청소기를 싣고, 고객의 집으로 가서 먼지를 불어냈어요.

진공청소기의 본격적인 전환점은 1901년에 찾아왔습니다. 영국의 허버트 부스Hubert Booth는 퍼핑 빌리Puffing Billy라는 대형 청소기를 만들었어요. 이 기계는 공기를 빨아들여 천 필터로 먼지를 모았고, 진공청소기라는 개념을 처음으로 완성했어요. 같은 시기, 미국의 데이비드 케니David Kenney도 고정식 흡입 시스템을 건물 내부에 설치해 중앙 청소 장치로 먼지를 빨아들이게 했어요.

1905년, 영국의 월터 그리피스Walter Griffiths는 현대적인 가정용 청소기를 발명합니다. 이 장치는 한 사람이 직접 조작할 수 있었고, 탈부착 가능한 파이프와 다양한 노즐을 사용할 수 있었어요. 오늘날의 진공청소기 구조와 매우 비슷한 걸 알 수 있지요.

1907년, 오하이오주 캔턴에서 백화점 청소부로 일하던 제임스 머레이 스팽글러James Murray Spangler는 청소 도중 발생하는 먼지 때문에 늘 기침과 알레르기로 고생했어요.

"내가 직접 먼지를 없애는 기계를 만들겠어!"

이런 다짐은 인류 최초의 휴대용 전기 진공청소기로 이어집니다. 스팽글러의 청소기는 오늘날의 기준으로 보면 다소 엉성해요. 그는 손 선풍기, 비누 상자, 그리고 베갯잇을 결합해 먼지를 흡입하고 포집할 수 있는 장치를 만들었는데, 여기에 회전 브러시를 달아, 먼지를 털고 빨아들이는 기능노 추가했지요. 비록 단순했지만, 회전 브러시, 팬 흡입, 필터 백 등 현대 진공청소기의 핵심 요소를 모두 갖추고 있었어요.

하지만 안타깝게도 스팽글러는 자금이 부족해 직접 생산에 나설 수 없었습니다. 결국 그는 1908년, 지역 가죽공장 사장이었던 윌리엄 헨리 후버William H. Hoover에게 특허를 판매했어요. 후버는 이 기계를 기반으로 강철 케이스, 주물 부품, 교체 가능한 부속품을 더해 1908년형 모델 O Model O 진공청소기를 출시합니다. 당시 가격은 무려 60달러(2025년 기준 약 1,900달러)에 해당하는 고가품이었지만, 부유층에서 큰 인기를 얻었어요. 동시에 회사는 빠르게 성장해 1922년에는 사명을 후버 컴퍼니 Hoover Company로 바꿉니다.

[스탠드믹서의 시대]

스탠드믹서는 20세기 초반 가정용으로 자리 잡기 전부터 여러 초기 형태가 있었습니다. 19세기에는 손으로 돌리는 혼합기와 전기를 이용한 시범 장치들이 등장했고, 1900년대 초에는 대형 제빵용 전동 믹서가 먼저 산업 현장에서 쓰였어요. 이어 1919년에는 허버트 존스턴 Herbert Johnston 이 만든 KitchenAid H-5 모델이 출시되며 가정용 스탠드믹서 시대가 열렸지요.

1937년에는 부속품 호환과 세련된 디자인으로 유명한 Model K가 등장했고, 1940년대에는 스웨덴의 일렉트로룩스 어시스턴트사 Electrolux Assistent가 볼 회전 방식을 도입해 새로운 흐름을 제시합니다. 이후 스탠드믹서는 반죽을 돕는 기계를 넘어 다양한 부속을 연결해 여러 요리에 활용되는 만능 도구로 발전했으며, 오늘날에는 성능뿐 아니라 색상과 디자인까지 주방의 상징처럼 사랑받고 있어요.

[텔레비전의 시작]

오늘날 우리는 리모컨 하나로 수백 개의 채널을 넘기며 영상을 보고 있습니다. 하지만 이처럼 멀리 있는 사람의 모습을 화면으로 실시간 전송한다는 발상은 100년 전만 해도 마법 같은 일이었어요.

1921년, 미국 유타주의 한 고등학생이 교실 칠판에 어떤 그림을 그렸어요. 그것은 빛을 선 Line 단위로 분해해서 전기 신호로 바꾸고, 다시 화면에 재구성하는 장치였다. 이 소년이 바로 필로 판스워스Philo T. Farnsworth였고, 그의 아이디어는 훗날 전자식 텔레비전의 핵심 구조가 되었어요.

1927년 9월 7일, 필로 판스워스는 마침내 세계 최초로 전자식 텔레비전 송수신 실험에 성공합니다. 그가 만든 장치는 영상 디스크나 회전판 없이, 전자빔으로 이미지를 분해하고 재생하는 순수 전자 시스템이었어요. 이 장치는 카메라관(이미지 디섹터)으로 빛을 받아 전기 신호로 바꾸고 연구소 내 다른 방에 있는 수신기(CRT)에 전달하는 데 성공합니다. 이것은 지금 우리가 보는 모든 영상 기술의 출발점이 되었어요.

[전기세탁기의 발명]

19세기 말까지 가정에서 세탁은 손이나 발로 돌리는 기계에 의존했습니다. 그러나 1907~1909년 무렵, 미국에서는 전기 모터를 세탁통 구동에 직접 쓰는 시도가 본격화돼요. 뉴욕주 빙엄턴의 1900 Washer Company는 1907년경 전기세탁기를 제조·판매하기 시작했고, 이 흐름을 타고 1908년, 시카고의 Hurley Machine Company가 전기 모터로 드럼을 돌리는 'Thor'를 상업 출시합니다. 물·세제·기계 동작을 표준화한 첫 대량 생산 전기세탁기라는 점에서 큰 의미가 있어요.

이렇게 전동화가 도입되면서 세탁 과정은 뚜렷하게 달라졌습니다. 모터가 일정한 속도로 세탁통을 왕복·회전시키자, 사람의 힘에 기대던 불규칙한 동작이 지속적이고 반복 가능한 기계 동작으로 바뀌었고, 그만큼 노동 부담은 줄고 처리량과 결과의 일관성은 높아졌어요. 이어 1910년대에는 여러 제조사가 용량과 구조가 서로 다른 전기세탁기를 잇달아 내놓으면서, 가정 세탁의 전동화가 보편화되는 길이 열렸어요. 전기세탁기의 발명은 단지 기계 발전에 그치지 않았습니다. 세탁기는 여성의 가사 노동을 줄여준 중요한 기술적 진보라고 할 수 있어요.

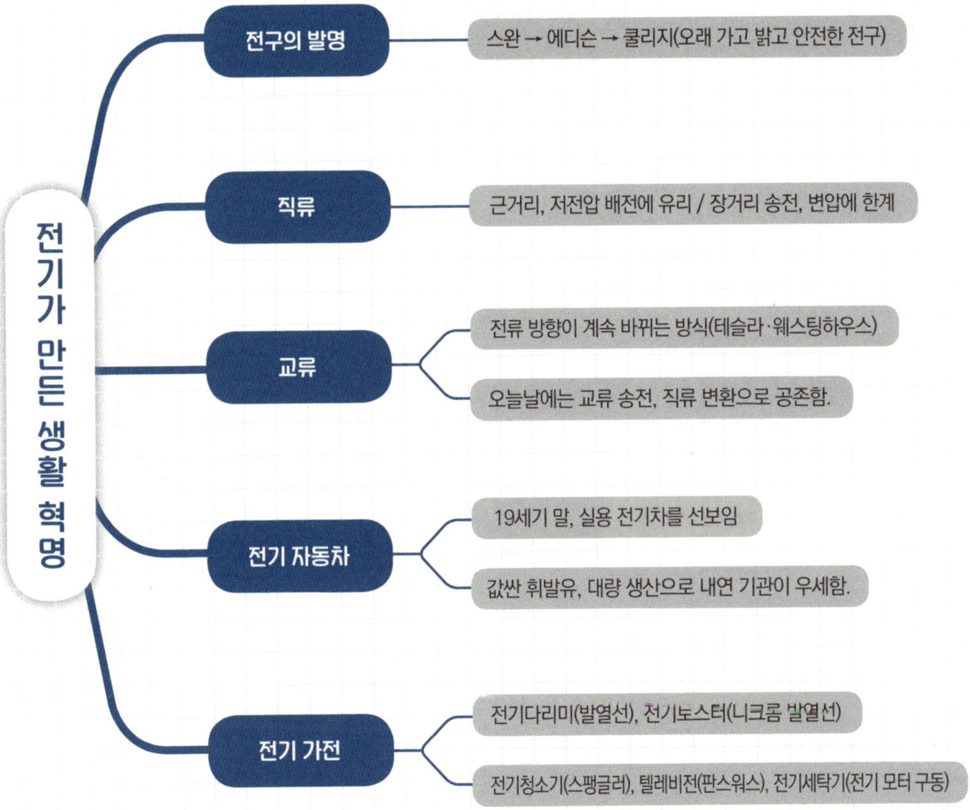

전기가 만든 생활 혁명

전구의 발명 — 스완 → 에디슨 → 쿨리지(오래 가고 밝고 안전한 전구)

직류 — 근거리, 저전압 배전에 유리 / 장거리 송전, 변압에 한계

교류
- 전류 방향이 계속 바뀌는 방식(테슬라·웨스팅하우스)
- 오늘날에는 교류 송전, 직류 변환으로 공존함.

전기 자동차
- 19세기 말, 실용 전기차를 선보임
- 값싼 휘발유, 대량 생산으로 내연 기관이 우세함.

전기 가전
- 전기다리미(발열선), 전기토스터(니크롬 발열선)
- 전기청소기(스팽글러), 텔레비전(판스워스), 전기세탁기(전기 모터 구동)

ⓒ 정완상, 2025

초판 1쇄 인쇄 2026년 1월 5일
초판 1쇄 발행 2026년 1월 15일

지은이   정완상
펴낸이   이성림
펴낸곳   성림북스

책임편집   신대리라
디자인   노영현

출판등록   2014년 9월 3일 제25100-2014-000054호
주소   제주특별자치도 제주시 한경면 고산서3길 135
대표전화   064-772-5762 **팩스** 064-773-5762
이메일   sunglimonebooks@naver.com

ISBN   979-11-24072-05-9 (03420)